DES CANAUX

D'IRRIGATION.

PARIS. — IMPRIMERIE DE FAIN ET THUNOT,
IMPRIMEURS DE L'UNIVERSITÉ ROYALE DE FRANCE.
Rue Racine, 28, près de l'Odéon.

DES CANAUX D'ARROSAGE

DE

L'ITALIE SEPTENTRIONALE

DANS LEURS RAPPORTS AVEC CEUX

DU MIDI DE LA FRANCE.

TRAITÉ

THÉORIQUE ET PRATIQUE

DES

IRRIGATIONS

ENVISAGÉES SOUS LES DIVERS POINTS DE VUE

DE LA PRODUCTION AGRICOLE, DE LA SCIENCE HYDRAULIQUE

ET DE LA LÉGISLATION ;

PAR M. NADAULT DE BUFFON,

INGÉNIEUR DES PONTS ET CHAUSSÉES,

CHEF DE LA DIVISION DES COURS D'EAU, USINES, DESSÉCHEMENTS, IRRIGATIONS ET SERVICES
AU MINISTÈRE DES TRAVAUX PUBLICS ; ASSOCIÉ ÉTRANGER DE L'ACADÉMIE
ROYALE DES SCIENCES DE TURIN.

TOME I.

PARIS.

CARILIAN-GOEURY ET V^{or} DALMONT,

LIBRAIRES DES CORPS ROYAUX DES PONTS ET CHAUSSÉES ET DES MINES,

Quai des Augustins, n°s 39 et 41.

1843

A

Monsieur Teste,

Ministre secrétaire d'État des travaux publics,
Membre de la Chambre des députés, etc.

AVANT-PROPOS.

Il n'existe, soit en France, soit en Italie, aucun ouvrage sur la pratique des irrigations. Des compilations d'anciens règlements, imprimées il y a plus de vingt ans ; des recherches historiques, des mémoires ou opuscules, sont tous les documents que l'on possède sur cette matière. Ils se résument constamment en cette seule conclusion : « Les grands arrosages peuvent produire des résultats merveilleux ; on ne saurait trop encourager cet art important. » Et toujours l'opinion publique a applaudi à cette excellente maxime ; mais personne jusqu'alors ne l'avait accompagnée des données nécessaires, pour qu'on pût la mettre sûrement à exécution.

M. Bruschetti, ingénieur milanais, qui a écrit, il y a sept ou huit ans, un vol. in-4°, sur l'histoire des irrigations dans cette contrée, eût été capable de traiter aussi la partie d'art. Il regrette, dans son ouvrage, de n'avoir pas eu, pour cela, les facilités nécessaires.

Par mes relations anciennes en Italie, par mes études spéciales sur la matière des eaux, je me trouvais, à cet égard, dans les conditions voulues. Je n'ai donc pas hésité d'entreprendre cette grande étude ; après plusieurs voyages, après de longues recherches, dans lesquelles je n'ai épargné ni peines, ni sacrifices, je m'empresse de publier cet ouvrage, dans l'espoir de faire profiter mon pays de l'expérience et des lumières acquises, sur une matière si importante, dans un pays étranger.

Ces conquêtes-là ne sont jamais suivies de revers.

Les descriptions exactes et complètes des grands canaux de la Lombardie, étaient le meilleur document possible, à produire en faveur des progrès de l'irrigation en France et en d'autres pays. On voit, par les détails qu'elles renferment, que ces grands ouvrages sont loin d'avoir eu jusqu'alors une existence paisible.

C'est le propre, au contraire, des canaux d'arrosage, d'être exposés à de grands désastres. Obligés de chercher une alimentation convenable dans des cours d'eau à fortes pentes, ils seront toujours plus ou moins exposés aux mêmes dangers. C'est aux progrès futurs de l'hydraulique et de la science des constructions, qu'il appartient de pourvoir à la sécurité de ces ouvrages, destinés à acquérir de plus en plus d'importance, aujourd'hui que l'agriculture ne peut plus prospérer que dans la voie des perfectionnements.

Voici le plan de mon travail.

Le tome I comprend la partie historique et statistique du sujet ; le tome II renferme la partie pratique et réglementaire. Ce dernier contient principalement l'exposé des formules usuelles et plusieurs procédés nouveaux pour le jaugeage des eaux courantes ; la description complète des *modules*, ou appareils exacts, usités dans les diverses provinces de l'Italie septentrionale, pour la distribution des eaux d'arrosage, en quantités déterminées ; les détails principaux de la pratique des irrigations dans ce pays ; ceux qui se rattachent à l'administration et au contentieux des canaux de cette espèce ; enfin des développements sur la législation qui leur convient, et notamment sur la servitude du droit d'aqueduc.

Comme dans la partie descriptive, il était utile, avant d'aborder l'étude des grands canaux d'Italie, de dire quelques mots de ceux du midi de la France, je prends l'irrigation à l'extrémité la plus occidentale des Pyrénées, sur les rives de l'Adour et des Gaves, et, en passant successivement de ce point à la partie orientale de la chaîne, qui finit dans les plaines de l'ancien Roussillon, de là aux rives de la Durance, puis dans le Piémont, et enfin dans le Milanais, j'arrive, par une marche constamment progressive, à la description des vastes canaux de cette dernière contrée.

Soit dans le discours préliminaire, soit dans le corps des chapitres, j'ai réduit généralement au stricte nécessaire les détails historiques applicables aux ouvrages décrits. Mais il eût été impossible de passer sous silence des faits essentiels se rattachant à l'origine et aux progrès d'un art aussi important que l'irrigation. Pour éviter la monotonie, qui était un écueil à craindre dans une série de descriptions calquées sur un plan identique, j'ai eu soin, en passant de l'une à l'autre, d'y mettre autant que possible de la variété, en développant plus particulièrement, pour tel ou tel canal, tantôt la partie descriptive, tantôt les conditions d'art, suivant les convenances particulières qui pouvaient motiver cette préférence.

Cet ouvrage étant destiné à être lu par des propriétaires, par des administrateurs, et par d'autres personnes peu familiarisées avec les termes d'art, une explication succincte de ces différents termes a été placée, en forme de vocabulaire, au commencement du tome Ier. Moyennant cette précaution, les détails donnés sur la pratique des irrigations en Italie, se trouveront intelligibles pour tout le monde, et il ne restera en dehors des connaissances communes à toutes les classes des lecteurs qu'un seul chapitre, celui qui traite du jaugeage des eaux courantes, dont les formules sont exclusivement à l'usage des ingénieurs.

Ces définitions, quoique relatives généralement à la même matière, ne font pas double emploi avec celles qui se trouvent données, sous un autre point de vue, dans mon ouvrage sur les usines hydrauliques ; elles les complètent, au contraire, par l'indication du grand nombre de mots techniques spécialement applicables à l'industrie des irrigations.

J'ai toujours eu le soin d'indiquer exactement les dimensions des canaux décrits. Ce soin était plus indispensable ici qu'ailleurs ; car, sous la désignation vague de canal d'arrosage, il peut être question de choses extrêmement différentes. Il existe de semblables canaux qui ont depuis 0^m,30 jusqu'à 50^m de largeur. Ils portent depuis dix litres jusqu'à soixante-et-dix mille litres d'eau par seconde. On voit donc combien on pourrait facilement abuser de l'attention des lecteurs, en les entretenant de canaux d'irrigation, sans les mettre préalablement à même de juger du degré d'intérêt qu'on peut attacher à l'objet dont il s'agit. Dans les descriptions que renferme ce volume, j'ai toujours cherché à proportionner, autant que possible, l'étendue des détails à l'importance des ouvrages décrits.

Depuis très-longtemps l'usage existe en Italie de mesurer les eaux d'irrigation d'après un certain volume que l'on appelle *once*; malheureusement cette mesure varie d'une province à l'autre, de sorte qu'il n'y aurait eu rien de comparatif dans les résultats indiqués, sans la précaution que j'ai eue d'adopter une seule et unique mesure des eaux, qui est l'once milanaise, équivalant à 0$^{m\,c}$,044 ou à 44 litres par seconde. J'explique au chapitre du tome II, consacré aux modules, les motifs de cette préférence.

Les cartes de l'atlas, faisant partie de cet ouvrage, sont dressées avec le soin et les détails nécessaires pour qu'on puisse y étudier, avec facilité, non-seulement le système des canaux existant, soit en France, soit en Italie, mais aussi les projets nouveaux d'irrigation qui peuvent être utilement conçus et exécutés dans ces deux pays.

Les nombreux ouvrages d'art dont je donne la description et le dessin, et qui sont tous caractéristiques des canaux d'arrosage, sont pris sur des constructions existantes, et, autant que possible, sur celles d'origine moderne. Ces ouvrages représentés d'une manière complète, avec plans, coupes et élévations, le sont généralement sur une grande échelle et sans aucune confusion, de manière à être intelligibles même pour les personnes les moins versées dans la science des constructions.

En un mot, je n'ai rien négligé pour remplir la condition principale de l'utilité des ouvrages spéciaux, en faisant entrer dans celui-ci une grande quantité de faits bien authentiques, que j'ai encore tâché de présenter dans le meilleur ordre possible.

DES CANAUX
D'IRRIGATION.

DISCOURS PRÉLIMINAIRE.

§ 1. *But et avantages de l'irrigation.*

Il est une grande et belle industrie, capable d'agir puissamment sur les progrès de l'économie rurale, et par conséquent sur la prospérité la plus réelle, de beaucoup de pays. Malheureusement trop peu connue jusqu'alors, l'irrigation, à laquelle chacun s'intéresse, est demeurée circonscrite dans un petit nombre de contrées, qui ont joui, comme à l'écart, des grands avantages qu'elle procure. Cette belle industrie demande à se propager; les procédés qu'elle emploie ont besoin d'être popularisés, au grand avantage de la richesse publique.

L'irrigation est l'art d'obtenir de la terre, par un bon emploi des eaux, des produits plus abondants, plus variés, et surtout plus réguliers que ceux auxquels on peut prétendre par la culture ordinaire. Son but est d'augmenter les facultés productives du sol

1`

par l'emploi d'un agent naturel. Elle est donc la plus réelle, la plus permanente des améliorations que réclame l'agriculture.

L'irrigation est un art; car sa pratique consiste dans une suite d'opérations dont le succès dépend beaucoup du plus ou moins d'intelligence, du plus ou moins d'habileté, qu'on y apporte. L'irrigation est une science; car, soit qu'on veuille envisager à fond le rôle qu'elle joue dans l'économie végétale, soit qu'on veuille s'assurer des moyens de la pratiquer avec ordre et économie, par une exacte distribution des eaux, on est ainsi conduit, d'une part, jusqu'aux considérations théoriques les plus délicates, les plus inexplorées, de la chimie agricole; de l'autre, jusqu'aux problèmes les plus ardus de l'hydrodynamique. Il en est ainsi peut-être de beaucoup d'autres opérations analogues; toutes ont du moins leur théorie et leur pratique. Mais ici la théorie et la pratique, ou, en d'autres termes, la science et l'art, se trouvent plus étroitement unis que partout ailleurs; et les découvertes progressives de la science n'ont été nulle part aussi immédiatement mises à profit.

C'est une vaste étude que celle de l'irrigation; non-seulement parce qu'elle se modifie d'une manière notable d'un climat à un autre, et dans des circonstances locales différentes, mais encore parce qu'elle comprend plusieurs pratiques essentiellement distinctes les unes des autres, dans leur but comme dans leurs moyens. Ainsi l'irrigation ordinaire d'été n'a absolument rien de commun avec celle que, dans quelques contrées d'Italie, on effectue au cœur même de l'hiver, avec certitude d'en tirer de grands avantages. L'usage de l'eau pour les rizières n'a aucun rapport avec celui qui a lieu sur les prairies et autres cultures irrigables de nature analogue. L'emploi des eaux claires et celui des eaux troubles se placent encore dans des conditions très-dissemblables. Les unes, tout en stimulant la végétation, fatiguent et appauvrissent le sol, qui a besoin d'être réparé en conséquence; les autres, quand elles sont de bonne nature, non-seulement suppléent à ces inconvénients, mais dans beaucoup de cas fournissent encore à la terre, en sus de ce que consomme immédiatement la végétation, un excédant de sucs nourriciers.

A l'un et à l'autre de ces deux états, l'eau présente des avantages et des inconvénients particuliers.

Le Milanais et l'ancienne Égypte, fournissent les exemples les plus saillants de l'usage des eaux claires et de celui des eaux troubles.

Aujourd'hui on peut encore faire la même comparaison entre les irrigations de la Lombardie, effectuées presque exclusivement au moyen d'eaux limpides, et celles de la Provence, où l'on n'opère que sur des eaux plus ou moins chargées de matières terreuses. Ces divers modes d'irrigation seront examinés chacun en son lieu et avec les détails nécessaires.

Le seul système d'arrosage dont je ne me sois pas occupé est celui qui s'opère à l'aide de machines à élever l'eau; ainsi que cela se voit particulièrement en Espagne. Il n'est donc question ici que de l'irrigation proprement dite, c'est-à-dire de celle qui s'effectue, avec ou sans barrage, au moyen d'eaux naturelles, coulant à un niveau convenable pour qu'elles puissent être dérivées, en quantité suffisante, sur toute l'étendue des terres à arroser.

On m'objectera peut-être qu'il n'y a pas, à proprement parler, d'irrigation qui puisse être réputée faite sans le secours des machines, attendu qu'un barrage, qu'un empèlement, doivent aussi être considérés comme des machines à élever l'eau. Mais il y aurait lieu de répondre à cette objection qu'en admettant même l'assimilation, un barrage et un empèlement ayant l'avantage d'agir d'une manière complétement efficace par leur seule inertie, sans emploi de force musculaire ni d'aucune force vive quelconque, seraient, dans tous les cas, des machines si peu analogues à celles dont je veux parler, qu'on ne saurait établir entre elles aucune analogie.

Nul doute que l'irrigation ne soit bonne et utile dans toutes les contrées et sous toutes les latitudes; il y a cependant quelques distinctions à faire sur ce point. Et d'abord on doit remarquer qu'en partant des zones tempérées, à mesure qu'on s'avance vers le nord, l'humidité naturelle et moyenne de l'atmosphère, entretenue par la fréquence des pluies, augmente de plus en plus. On rencontre là ce que l'on a appelé, avec raison, les climats équilibrés, c'est-à-dire dans lesquels les alternatives de pluie et de sécheresse se trouvent à peu près réglées d'une manière aussi favorable que possible au succès des cultures usuelles.

Dans ces contrées l'irrigation pratiquée en grand serait aussi coûteuse à établir que partout ailleurs, et ne donnerait que rarement des résultats capables de dédommager des frais qu'elle aurait occasionnés ; sans parler encore des cas où des étés presque constamment pluvieux devraient faire renoncer totalement à son emploi.

D'un autre côté, dans les régions intertropicales on rencontre un degré élevé de température qui cesse de convenir aux cultures irrigables, caractérisées par les prairies. Car, dans ces contrées, les conditions atmosphériques n'ont plus rien de commun avec ce qui a lieu sur le reste du globe. Chaleur, sécheresse et humidité, tout y est extrême ; les terres privées d'eau sont des déserts arides et brûlants : les terres humides le sont ordinairement à l'excès, et les prairies dégénèrent en savanes.

Ajoutons que la production de la viande, base principale de la nourriture de l'homme dans les régions septentrionales et tempérées, est demandée dans une proportion bien moins grande sous le climat équatorial, dont les populations peuvent, sans inconvénients, se contenter d'une nourriture principalement végétale. La pratique des arrosages s'adapterait donc encore plutôt aux régions boréales, qui jouissent d'étés courts, mais encore très-chauds, qu'elle ne le ferait à la partie du globe où la température se maintient constamment au degré le plus élevé.

Il résulte de là qu'il existe une région ou zone à laquelle l'irrigation est particulièrement favorable, par le maintien d'une température douce et par l'absence habituelle des pluies estivales. Dans notre hémisphère cette zone se trouve située entre le 47° et le 25° degré de la latitude, où elle occupe par conséquent une largeur de 550 lieues, comprenant, au nord, le centre de la France et le midi de l'Allemagne; au sud, la Basse-Égypte, le nord de l'Arabie et le midi de la Chine. En admettant la répartition à peu près égale de la température dans les deux hémisphères, on devrait avoir, dans la région du sud, une seconde zone irrigable de même largeur.

Ceci n'est, au surplus, qu'une approximation. Mais, ainsi que je vais l'expliquer à l'instant, les considérations relatives à la zone climatérique ne seraient pas suffisantes; la possibilité de l'irrigation sur une grande échelle réclame impérieusement des conditions hydrographiques toutes particulières; et, sous ce dernier rapport, la région éminemment propre aux irrigations dans notre hémisphère se place entre le 42° et le 46° degré de latitude. Elle comprend les deux versants des Pyrénées et tout le territoire situé au pied du versant méridional des Alpes, ce qui offre, avec les conquêtes des Arabes au moyen âge, une coïncidence remarquable, sur laquelle j'aurai prochainement l'occasion de revenir.

En traitant récemment des établissements sur les cours d'eau (1), j'ai fait voir l'influence funeste qu'a exercée le déboisement des montagnes et collines sur la détérioration du régime des eaux courantes, et j'ai fait sentir la nécessité de porter remède à ce mal, partout où la chose était possible. Or, la conservation et la régularité des eaux courantes son bien plus essentielles encore en matière d'irrigations qu'en matière d'usines. Mes observations à ce sujet sont donc également toutes applicables ici, et, en conséquence, j'y renvoie le lecteur afin de ne pas les reproduire. Mais pour arriver à comprendre tout le bien que les eaux peuvent produire en agriculture; pour expliquer, par exemple, les étonnants résultats de l'irrigation modèle du Milanais, ces observations ne seraient pas suffisantes; il faut s'élever à des considérations plus étendues; il faut remonter jusqu'aux cimes des plus hautes montagnes, au milieu des glaciers et des neiges perpétuelles, et pénétrer, sinon en réalité, au moins par la pensée, dans ce vaste laboratoire de la nature pour y chercher

______

(1) Des Usines sur les cours d'eau, 2 vol. in-8, 1841.

les causes de phénomènes naturels ayant la plus grande influence sur le succès des grands arrosages. Je dirai donc brièvement quelques mots sur cet objet.

Les groupes des principales montagnes réparties sur la surface du globe, s'élèvent à des hauteurs inégales dans les diverses contrées appartenant aux deux hémisphères. L'Asie et l'Amérique du Sud présentent les plus considérables. Des cimes s'élevant de 5ooo^m à 78oo^m au-dessus du niveau de la mer et des cols, offrant des passages praticables de 4ooo^m à 5ooo^m, donnent la mesure de leur grande élévation. Les montagnes d'Europe sont bien moins hautes ; les plus hautes cimes des Alpes s'élèvent de 4ooo^m à 48oo^m, et les plus hautes cimes des Pyrénées de 28oo^m à 34oo^m. Quant aux montagnes de l'Afrique, qui consistent principalement dans la chaîne de l'Atlas, leurs sommets atteignent à peine cette dernière hauteur.

Sans doute rien n'est plus inaperçu dans le système du monde que ces petites aspérités de notre planète ; puisqu'elles ne modifient pas plus sa forme générale que ne le font les inégalités de la peau d'une orange. Mais il n'en est pas moins vrai que, topographiquement parlant, l'existence des chaînes de montagnes joue un rôle de la plus grande importance dans la situation bonne ou mauvaise des contrées environnantes. Du point de vue dont il s'agit ici, le fait caractéristique de l'influence des hautes montagnes, consiste dans la propriété qu'elles ont, en pénétrant dans les régions froides de l'atmosphère, de conserver perpétuellement, autour de leurs points culminants et dans les hautes vallées qui s'y rattachent, des masses énormes de neiges et de glaces, qui paraissent être dans ces âpres régions, aussi anciennes que le monde. Toujours fondues en partie, par les chaleurs de l'été, toujours restaurées par le retour de l'hiver, on ne saurait dire si elles tendent à diminuer ou à s'accroître; plusieurs savants physiciens sont pour cette dernière opinion et l'appuient de faits incontestables, qui tendraient à établir, comme une chose avérée, le refroidissement successif de notre planète. Néanmoins il reste bien des incertitudes sur ce point important.

Quoi qu'il en soit, la fonte périodique de ces neiges, par l'effet de la chaleur solaire, est un phénomène naturel de la plus haute importance pour l'irrigation. En effet, dans nos climats, dès le commencement du mois de mars, par l'influence des premiers beaux jours qui annoncent le retour du printemps, les neiges commencent à fondre; comme elles coulent sur des pentes très-rapides et sur un sol déjà saturé d'humidité, l'eau qui en résulte arrive presque en totalité dans les récipients inférieurs. A mesure que la température s'élève la quantité d'eau augmente et arrive à son maximum, par l'effet des plus fortes chaleurs; puis elle décroît ensuite avec la même gradation jusque vers le milieu de l'automne, époque à laquelle les matinées fraîches et les nuits déjà longues ramènent pour les neiges des hautes régions un état de repos, auquel doit succéder un nouvel accroissement pendant la saison froide. Ces neiges et ces glaces s'accroissent donc pendant une seule époque, qui est celle de l'hiver: elles fondent et diminuent également d'une manière continue pendant une autre période, qui est celle de l'été, mais elles éprouvent deux fois dans la même année, c'est-à-dire au commencement du printemps et au milieu de l'automne, un même équilibre de température, pendant lequel elles n'éprouvent ni accroissement ni diminution. C'est nécessairement l'une de ces deux époques qui devrait être choisie dans le cas où il s'agirait de faire des observations ayant pour but d'étudier la question de l'accroissement ou de la diminution des glaciers. Mais de telles observations sont presque impossibles.

Ce qui est hors de doute, c'est qu'à part des variations accidentelles et toujours minimes, les deux périodes opposées de l'accroissement et de la fonte des neiges des hautes montagnes suivent la même marche que la température des contrées voisines. De sorte que c'est au milieu même des chaleurs solsticiales que l'on voit couler à pleins bords, au grand avantage de l'agriculture, les cours d'eau qui se forment dans les hautes régions, ainsi pourvues de neiges perpétuelles.

Dans la plupart des phénomènes de température qui s'observent à la surface du globe, il faut tenir compte, à la fois, de la chaleur solaire, et de la chaleur terrestre. Mais en ce qui touche la fonte des neiges des montagnes, on doit ne considérer que la chaleur atmosphérique, ou de l'air ambiant; car, sous une enveloppe considérable de neige et de glace, la température propre de la terre approche extrêmement d'une quantité constante; tandis que, dans les localités ordinaires, la température des couches superficielles, dans lesquelles s'opère la végétation, se compose toujours de la chaleur propre ou centrale du globe et de la chaleur solaire, qui est très-variable d'une saison à l'autre, et qui modifie beaucoup les effets de la première.

Il est des rivières qui participent plus ou moins au produit de la fonte des neiges, opérée dans les régions supérieures de leur vallée et des vallées affluentes. Pour le plus grand nombre, ce n'est là qu'un mode d'alimentation secondaire, et les pluies de la saison d'hiver conservent généralement leur influence prédominante sur leurs crues ordinaires ou extraordinaires. Dans le voisinage des Alpes et des autres grandes chaînes de montagnes, il n'en est pas ainsi; la fonte des neiges et des glaces, infiniment plus régulière et plus modérée que la chute des eaux pluviales, y forme, comme je viens de le dire, le principal régulateur du régime des rivières. Et lorsque celles-ci sont devenues déjà considérables par le tribut d'un certain nombre d'affluents, alors les pluies qui tombent généralement en abondance, hors de la saison d'été, complétent cette première ressource et viennent assurer à ces rivières un volume permanent et régulier pendant toute l'année. Or, c'est là, comme on doit le concevoir de suite, le plus grand avantage que l'on doive rechercher en matière d'irrigations.

Telle est la situation privilégiée du Milanais qui ne peut être comparé, sous ce rapport, à aucune autre contrée du monde. Mais, à des degrés moins avantageux, on trouve des situations analogues, notamment dans les autres provinces de la Lombardie, situées entre l'Adda et l'Adige; dans le Piémont; dans le midi de la France, soit au pied des Alpes, soit au pied des Pyrénées; en Suisse, notamment dans les plaines des cantons de Berne, de Lucerne et de Fribourg; enfin, depuis les bords du lac de Constance jusqu'au Danube, sur une très-grande étendue des territoires bavarois et autrichien, situés au pied du versant septentrional des Alpes-Tyroliennes.

Cette conservation des neiges sur les points culminants de notre planète est une des grandes harmonies de la nature, à laquelle on ne saurait attacher trop d'intérêt. Elle contribue puissamment à améliorer la situation hydrographique des lieux circonvoisins; car jamais les eaux courantes ne sont plus aptes à devenir une source féconde de richesses que lorsqu'elles remplissent bien ces deux conditions : abondance et régularité.

Il est remarquable que les principales divisions du globe jouissent, quoique peut-être à des degrés inégaux, de ce grand avantage d'avoir des régions assez hautes pour conserver des neiges perpétuelles. Seulement, on conçoit de suite que leur limite inférieure s'exhausse graduellement à mesure que la température du lieu est elle-même plus élevée.

Ainsi, cette limite, qui, dans les Alpes helvétiques et dans celles de la frontière de France, se maintient à peu près à une hauteur de 2.200 à 2.400 mètres, se trouve déjà remontée, par la différence du climat, de plusieurs centaines de mètres dans la chaîne des Pyrénées, où il reste fort peu de neige à la fin de l'été. La même limite, dans les Cordillières et dans les hautes montagnes du Thibet, régions beaucoup plus voisines de l'équateur, ne se rencontre qu'à près de cinq mille mètres d'élévation ; ce qui excède les cimes les plus élevées de nos montagnes d'Europe.

C'est donc par suite d'une admirable prévoyance du Créateur que les hauteurs absolues des principaux groupes des montagnes du globe se trouvent, à cet égard, dans un rapport convenable avec les latitudes sous lesquelles ils existent.

Si les plateaux des Cordillières et les pics de l'Himalaya, élevés de sept à huit mille mètres, eussent occupé la place des Alpes dans la région tempérée de l'Europe; ils n'y eussent pas conservé utilement une quantité de neige beaucoup plus grande que celle qui se maintient aujourd'hui aux abords du mont Blanc, et des autres sommités de ces montagnes. Tandis que celles-ci, étant impuissantes à en conserver toute l'année la moindre quantité, dans la région équinoxiale, les plaines et les riches vallées de cette région eussent été à jamais privées des grands avantages dont elles jouissent, sous le rapport de l'abondance et de la régularité des eaux.

Il serait peut-être utile de dire ici quelques mots sur les avantagesde l'irrigation.

Cette tâche me serait facile; car personne ne pourrait parler sur ce point avec une conviction plus profonde. Cependant je ne pense pas qu'il soit nécessaire de faire ainsi une sorte d'énumération préalable de ces avantages, si grands et incontestables qu'ils soient; puisqu'on doit les voir ressortir, d'une manière évidente et palpable, à chaque page de cet ouvrage. Et d'ailleurs, pour comprendre toute l'étendue du bien qui peut être fait à un pays par le bon emploi des eaux, il est nécessaire d'entrer dans des considérations accessoires, auxquelles le lecteur n'est pas encore initié. Il faut être, en quelque sorte, préparé à voir, comme cela se voit dans le Milanais, la même eau, employée successivement aux usines, à la navigation, et à plusieurs arrosages, n'arriver ainsi à la mer qu'après avoir rempli, quatre ou cinq fois de suite, l'emploi de force productive.

Il faut avoir vu l'agriculture de cette contrée, basée sur de rares avantages locaux, secondée en outre par des lois sages et libérales, parvenir à un degré vraiment surprenant de prospérité; et la classe des cultivateurs y atteindre à un degré d'aisance inconnu partout ailleurs.

C'est pour ces motifs que je me réserve de ne parler des avantages généraux et particuliers des irrigations, qu'en forme de résumé, à la fin de mon travail.

Beaucoup de personnes d'ailleurs ont eu soin de proclamer ces avantages. Mais par une sorte de fatalité, celles-là mêmes qui en ont parlé avec l'enthousiasme le plus grand, ont accompagné leurs opinions sur ce point de préceptes tellement erronés, que quiconque les aurait mis en pratique aura dû assurément être dégoûté pour jamais d'entrer de nouveau dans une voie présentée cependant comme si lucrative; quant à moi, j'accepte la mission d'envisager cette industrie dans un prisme moins flatteur, mais plus vrai.

On ne peut révoquer en doute qu'elle ne se trouve au premier rang de celles qui peuvent encore donner de très-grands bénéfices; mais on doit bien se garder malgré cela de l'assimiler à ces spéculations trompeuses qu'on annonce comme devant à coup sûr tripler, décupler, les capitaux qu'on leur confie. C'est cependant ce que l'on soutient assez souvent aujourd'hui. Il est bien vrai qu'il y a eu en cette matière, qu'il y aura probablement encore, des cas exceptionnels et hors de ligne, des succès dépassant les espérances. Mais, avant tout, il faut envisager les choses froidement et sagement; et, pour cela, l'on doit toujours raisonner, non pas sur des cas d'exception, mais sur les masses, en ne considérant que les résultats moyens. Or les positions les plus favorables naturellement au succès des irrigations sont aujourd'hui occupées; les positions moins avantageuses ne pourront être utilisées qu'avec plus de frais, et par conséquent avec moins de profits; enfin des difficultés accessoires de plus d'une espèce, telles que la grande division des héritages, et d'autres circonstances particulières aux habitudes de notre époque, existent actuellement comme autant d'entraves à la facile exécution des entreprises ayant l'irrigation pour objet.

S'il suffisait de déclarer que l'eau, employée avec opportunité en arrosages, est toujours profitable à la terre, on pourrait en toute confiance et sans hésitation se prononcer dans ce sens. Mais, en industrie, ce n'est pas ainsi que l'on raisonne. Pour qu'une entreprise quelconque puisse, sans incertitude, être réputée bonne et utile, il est essentiel qu'elle ne soit pas ruineuse pour ceux qui l'ont exécutée.

Il ne suffit pas qu'un propriétaire vous montre avec orgueil ses greniers pleins de gerbes, ses troupeaux bien nourris. S'il a dépensé un franc pour produire quatre-vingt-dix centimes, vous vous rirez de ses spéculations, et vous penserez avec raison qu'il serait bien malheureux que ce particulier fût imité par beaucoup d'autres. En effet, s'exposer légèrement à faire d'aussi mauvais calculs, ce serait agir en mauvais père de famille; je dirais presque en mauvais citoyen.

Supposons, par impossible, que la totalité des propriétaires d'un pays vienne ainsi à échouer en même temps dans diverses opérations analogues: non-seulement l'État serait fort embarrassé pour pouvoir recouvrer un impôt quelconque sur une masse d'individus obérés, mais ce qu'il y a de pis, c'est qu'il y aurait perte définitive de valeur; c'est que, pour cette année-là, il n'y aurait que du passif à inscrire au bilan des opérations agricoles du pays. Qu'on ne prétende pas que l'argent manquant, sous forme de profits, dans les mains du propriétaire, n'aurait fait que passer, à l'état de salaires, dans celles des travailleurs; cela n'est jamais entièrement exact; car rien ne peut suppléer à une récolte manquée, et une spéculation qui échoue est toujours dans ce cas.

Quoique ce soit là une vérité vulgaire, on ne saurait trop réfléchir sur la relation qui existe entre la situation des fortunes privées et celle de la fortune publique.

La direction plus ou moins bonne, plus ou moins sage, donnée aux principales entreprises, et surtout aux entreprises agricoles d'un pays, est donc d'une immense importance pour sa prospérité et sa richesse.

Or l'irrigation, qui constitue assurément l'amélioration foncière par excellence, est une entreprise de la nature de toutes les autres. Elle exige à la fois le concours de la terre, du capital et du travail ; c'est-à-dire des trois sources de toute production. Elle ne peut donc être réalisée qu'après avoir nécessité des avances et des consommations préalables de toute nature. Ici, comme ailleurs, les produits bruts ne sont pas la mesure réelle du succès d'une entreprise. Il faut qu'il y ait produit net.

Dans une industrie aussi importante et capable d'opérer sur une aussi vaste échelle, on hésiterait à désirer l'avantage des localités s'il ne devait être acheté que par la ruine des entrepreneurs. C'est cependant ce qui, malheureusement, s'est déjà rencontré bien des fois.

S'éclairer en pareille circonstance est assurément la marche la meilleure à suivre. Puissent les recherches auxquelles je me suis livré dans ce but, rendre désormais les irrigations aussi propices aux créateurs de canaux qu'elles le sont toujours à la terre.

§ II. *De l'irrigation chez les peuples de l'antiquité.*

L'irrigation paraît avoir une ancienneté égale à celle des premières sociétés humaines.

On peut suivre ses traces jusque dans les traditions des peuples primitifs qui se fixèrent, soit au nord de l'Afrique, soit au midi de l'Europe et de l'Asie ; régions où, d'après les principales croyances, s'est trouvé placé le berceau de la grande famille humaine.

Les Hébreux soumettaient à un arrosage régulier les champs et les jardins. Il est question de cette pratique dans les livres de Moïse ; et la Genèse, en parlant de l'Égypte, s'étend sur tous les avantages de cette terre fertile :

« Ubi aquæ ducuntur irriguæ »

Il suit de là que près de deux mille ans avant notre ère, l'art de corriger les inconvénients d'un climat sec et chaud à l'aide des irrigations, était déjà connu et exercé avec succès.

Les autres peuples dont l'origine remonte aussi aux temps les plus anciens sont successivement : les Égyptiens, les Chinois, les Persans, les Grecs et les Romains. Il est utile de dire quelques mots sur l'importance que ces différents peuples attachèrent tous à cet art essentiel.

Les Égyptiens occupent incontestablement le premier rang parmi les nations qui anciennement ont opéré la submersion des terres, comme moyen de fertilisation ; chez eux, cette pratique, placée dans des conditions éminemment favorables et effectuée sur une très-grande échelle, a donné de suite des produits étonnants. Ce fut là que les autres peuples de l'antiquité allèrent apprendre comment les mêmes eaux, qui sont si souvent pour l'agriculture un fléau dévastateur, peuvent devenir pour elle un puissant élément de prospérité.

L'abondance extraordinaire, ainsi que le retour périodique et régulier des crues annuelles du Nil, la facilité de répandre et de diriger à volonté ses eaux sur les vastes plaines de la Basse-Égypte, au moyen de digues d'une hauteur médiocre, ont été, depuis un temps immémorial, les causes déterminantes des grands résultats ainsi obtenus au profit de l'agriculture de ce pays, et de sa prodigieuse fertilité, passée en proverbe dans le monde entier.

Au surplus, très-peu de contrées se trouveraient dans les conditions voulues pour pouvoir tirer parti des eaux comme on le faisait dans l'ancienne Égypte.

Dans les circonstances communes, le mérite des grandes irrigations, qui consiste partout dans l'abondance et dans la régularité des eaux, se tire du mode d'alimentation des rivières, dans les neiges des régions élevées. En Égypte, rien de semblable n'a lieu ; car le Nil qui l'arrose prend ses sources dans les régions brûlantes de l'Abyssinie, où la neige, même sur les plus hautes montagnes, n^e résiste que quelques heures à l'action d'une atmosphère toujours tiède. Mais les crues de ce fleuve sont alimentées à peu près régulièrement par des pluies d'une durée et d'une intensité inconnues partout ailleurs que dans les régions intertropicales; par des pluies que les auteurs anciens ont nommées avec quelque raison les cataractes du ciel. Il résulte de là que le Nil, d'abord encaissé entre des montagnes et collines, formant l'immense vallée de plus de six cents lieues de longueur, qu'il traverse dans les royaumes de Sennaar et de Nubie, apporte sur les plaines de la Basse-Égypte une masse énorme d'eau, par laquelle ces plaines sont nécessairement submergées.

Or, toute inondation livrée à elle-même ne peut avoir qu'une influence fâcheuse sur le terrain qu'elle recouvre, d'un côté par l'entraînement du sol cultivable, occasionné par les courants; d'un autre côté, par l'inégale répartition des dépôts et atterrissements qui se forment en d'autres endroits. L'art des anciens Égyptiens consistait à savoir retenir et distribuer habilement les eaux des débordements du Nil, de manière à les répartir peu à peu sur la totalité de la plaine, non-seulement dans le but de la saturer d'humidité, et de la préparer ainsi à recevoir l'action fécondante du soleil, mais surtout pour y effectuer, aussi complétement que possible, le dépôt du limon précieux dont le Nil, après un si long trajet dans des terrains de toute nature, se trouve richement chargé à la partie inférieure de son cours.

Des digues transversales au cours du fleuve, et prolongées jusqu'aux parties les plus éloignées de la plaine, avaient donc été construites, pour arrêter temporairement les eaux des crues et leur laisser déposer sur les terres ce limon fertilisant.

D'après l'époque des pluies périodiques dont il vient d'être fait mention, le Nil commence à croître vers le solstice d'été, et sa crue parvient à son maximum au bout de trois mois, c'est-à-dire vers l'équinoxe d'automne. Il décroît en suite graduellement pendant les neuf autres mois de l'année. Lorsque les eaux de l'inondation avaient atteint une certaine hauteur, déterminée par les nilomètres, auxquels on a toujours attaché une grande importance, on coupait les premières digues, élevées quelque temps auparavant, à l'entrée des canaux de distribution établis sur les deux rives du fleuve, et dirigés dans la Haute-Égypte, sous des directions plus ou moins obliques, vers les limites de la vallée. Parvenus au pied des montagnes qui la bordent, ces canaux se prolongeaient longitudinalement ; mais d'autres digues transversales en interrompaient encore le cours par intervalles et obligeaient les eaux à submerger régulièrement, de proche en proche, de grandes étendues de terrain. Plus les eaux s'élevaient en amont des digues, par la hauteur naturelle de la crue, plus s'étendait au loin leur féconde influence.

Quand la submersion avait atteint sa plus grande hauteur et qu'il s'était écoulé un temps suffisant pour que le limon, tenu en suspension dans l'eau, eût pu se déposer sur le sol, alors les digues de retenue étaient elles-mêmes coupées, et les eaux, continuant de couler dans les canaux, allaient inonder les terrains situés en amont d'un nouveau barrage ; puis, ainsi de suite, jusqu'à la partie la plus basse de la plaine.

On conçoit aisément qu'on pratiquait ainsi un vaste système de colmatage plutôt qu'une irrigation proprement dite. Les canaux ne servant qu'à transmettre les eaux, d'un bassin de retenue à un autre, étaient moins essentiels que les digues qui servaient à les arrêter.

Toute l'agriculture de l'ancienne Égypte était basée sur cet unique moyen d'amendement et l'on attachait à juste titre un très-grand intérêt à tout ce qui concernait la marche de l'inondation annuelle du fleuve. Des nilomètres placés sur les points les plus importants servaient à en indiquer les progrès d'une manière certaine. Aux approches et pendant toute la durée de la crue, des préposés veillaient constamment sur ces nilomètres que des idées superstitieuses faisaient regarder comme profanés si le vulgaire se fût permis sur eux un seul regard de curiosité. Ces préjugés se conçoivent par l'importance extrême qu'avait le débordement, pour l'immense population qui en attendait ses moyens de subsistance.

Suivant le témoignage de Pline, la meilleure hauteur du Nil était de 16 coudées, d'environ o^m,5o de hauteur chacune ; mais au delà de ce point, elle devenait dangereuse pour la conservation des digues et même pour les nombreux villages qui se trouvaient entourés par l'inondation. Il y avait famine en Égypte quand les eaux n'atteignaient qu'à dix ou douze coudées, sur le principal nilomètre qui était placé à la pointe méridionale de l'île de Rhoda, vis-à-vis le vieux Caire. Au contraire quand l'inondation était complète et atteignait sa plus grande hauteur, de manière à pouvoir se répandre jusqu'au pied des premières collines formant la vallée du Nil, c'était le signe de grandes réjouissances dans tout le pays. Les crieurs publics, qui, dans tous les cas, devaient faire connaître au peuple les progrès des eaux, parcouraient alors les villes au son des instruments, accompagnés d'enfants qui agitaient des banderoles de diverses couleurs. Puis, s'arrêtant dans les carrefours de Memphis, Péluse, Hermopolis et Alexandrie, ils faisaient retentir ce cri de bon augure :

Dieu a tenu sa parole !

Le lac Mœris, ouvrage colossal, créé de maiu d'homme, aux temps les plus reculés, pour mettre en réserve, à l'usage de l'irrigation, un énorme volume des eaux du Nil destiné à subvenir au cas où la crue ordinaire de ce fleuve ne serait pas assez abondante, était regardé avec raison, dans l'antiquité, comme une merveilleuse entreprise.

Suivant Pomponius Mela, sa superficie n'aurait été que d'environ 600 hectares, mais, d'après les autres historiens, tels que Pline, Strabon, Hérodote, Diodore, elle n'eût pas été au-dessous de 12.000 h.

Si les auteurs anciens ne s'accordent pas sur les dimensions de cet ouvrage extraordinaire, tous s'accordent sur sa destination, qui ne pouvait être l'objet d'aucun doute, tant à cause du canal alimentaire d'environ 20 kilomètres de longueur, avec lequel il communiquait à la partie supérieure du Nil, que par l'existence des deux grandes pyramides de plus de 100 mètres de hauteur chacune, qui étaient établies au milieu même de ce vaste lac; et qui formaient, toujours sur la même échelle colossale, deux immenses nilomètres, gradués sur les quatre faces, et servant à régulariser, dans des proportions fixées par l'expérience, la distribution des eaux sur les terres qui se trouvaient privées de participer à l'inondation naturelle du fleuve.

Mais ce n'était pas seulement à des ouvrages gigantesques de cette nature que les anciens Égyptiens consacraient leur industrie ; les travaux les plus modestes étaient aussi en usage parmi eux quand ils étaient nécessaires pour remplir le grand but des arrosages. Ainsi la meilleure partie des terres de la Haute-Égypte, de même qu'un grand nombre de points des terrains inférieurs, n'étaient irrigués qu'à l'aide de machines au moyen desquelles les eaux étaient élevées au-dessus de leur niveau naturel.

Les historiens s'accordent à établir que la vis d'Archimède fut inventée, par ce célèbre mathématicien des temps antiques, dans un des voyages qu'il fit en Égypte, et qu'elle eut spécialement pour but l'irrigation.

Il est également hors de doute que les nombreux ouvrages d'art relatifs à la même industrie, tels que les aqueducs, ponts, ponts-canaux, siphons, etc., ont été tous connus et employés en Égypte, au temps de l'ancienne prospérité de cette contrée.

D'après la marche habituelle des eaux du Nil et les travaux qu'il fallait faire, plus de trois mois étaient consacrés chaque année à la submersion proprement dite. Ce temps, loin d'être perdu pour l'agriculture, était au contraire celui où la terre s'enrichissait le plus, au moyen des dépôts qu'elle recevait des eaux rendues stagnantes.

Dès que les inondations étaient terminées, par l'ouverture des digues inférieures, il n'y avait plus alors qu'à retourner légèrement la terre, en y mêlant au besoin un peu de sable pour l'ameublir, puis à la semer immédiatement, sans engrais, sans aucune autre préparation.

La première influence du soleil sur cette terre ainsi fécondée presque sans travail, suffisait toujours pour y développer une végétation exubérante ; de sorte que, deux mois à peine après le retrait des eaux, les campagnes se montraient toutes couvertes de grains, de fourrages, de légumes ; ne donnant jamais moins de trois récoltes chaque année ; et cela, on ne saurait trop le remarquer, sans aucun autre engrais que celui des eaux troubles du Nil, sans aucun autre labour que celui qui se pratique pour les jardins.

Ce peu de mots suffisent pour faire concevoir aisément que l'emploi des eaux pour l'agriculture dans l'ancienne Égypte a dû jouir d'une immense célébrité, et que l'aspect de cette contrée, soit pendant soit après l'inondation, devait être aussi admirable que nous l'ont retracé les historiens.

Le Nil continue toujours d'amener périodiquement des eaux fertilisantes sur cette terre classique ; mais le temps et les révolutions ont détruit les ouvrages que l'antiquité avait fondés, et les ressources actuelles du pays ne suffiraient plus pour les rétablir sur une aussi vaste échelle ; d'autant plus que le défaut d'entretien des digues et canaux a donné lieu depuis longtemps à des colmatages irréguliers qui ont modifié notablement les anciens niveaux de la vallée inférieure du fleuve. A la vérité une partie notable des terres de la Basse-Égypte est encore fécondée de cette manière, mais ces travaux ne sont presque rien, à côté de ceux qui existaient au temps des Pharaons.

La conclusion à tirer de ces détails, c'est qu'ainsi que cela a eu lieu pour la plupart des autres arts, l'irrigation doit être regardée par nous comme originaire de l'ancienne Égypte. Dans les paragraphes suivants nous examinerons par quelles voies et dans quelles circonstances elle s'est propagée en Europe, en commençant par les localités où son emploi offrait le plus d'avantages.

La Chine est un des pays où l'irrigation paraît avoir été le plus anciennement pratiquée. Placée entre le 25° et le 40° degré de latitude, la Chine jouit de la température moyenne la plus favorable aux arrosages, et la grande chaîne de montagnes par laquelle elle est traversée alimente des eaux vives qui sont très-propres à les entretenir. Le petit nombre de voyageurs qui ont pénétré dans l'intérieur de ce pays ont remarqué que de nombreux canaux en sillonnaient les principales vallées, et que ces canaux servaient autant que possible à la navigation et à l'irrigation; que les plus petits ruisseaux y étaient utilisés dans le même but; et enfin que là où les eaux courantes n'étaient pas assez abondantes ou assez régulières, de nombreux réservoirs artificiels, formés dans la partie supérieure des vallons, venaient y suppléer et recueillaient ainsi les eaux pluviales, toujours abondantes en hiver, pour les distribuer sur les terres, pendant le temps de la vé-

gétation. Dans ce pays toute source pérenne, coulant à un niveau un peu élevé, est considérée, avec
raison, comme un trésor pour l'agriculture, et les
eaux en sont soigneusement utilisées. En un mot,
depuis un temps immémorial, l'art des irrigations a
été regardé chez les Chinois comme une des bases
del'agriculture, et les travaux qu'elle exige, comme
un des emplois les plus assurés des bras de la classe
ouvrière. *Voir* la note à la fin du tome II.

Les anciens Persans, pour favoriser l'agriculture,
avaient mis en honneur l'irrigation des terres, à l'aide
d'immunités et de priviléges devant à coup sûr en
faciliter l'extension. L'adapter à un terrain qui n'en
avait pas joui encore donnait droit, pendant plusieurs années, d'être dispensé de certaines charges publiques. Si l'on en croit le témoignage de Polybe, les
particuliers qui créaient des irrigations nouvelles sur
des terres improductives, appartenant au souverain
ou à l'État, en acquéraient, par cela seul, la pleine
propriété pendant cinq générations consécutives.

De tels encouragements montrent combien ce
peuple avait su apprécier l'utilité de favoriser,
par tous les moyens possibles, un art aussi important.

Des traditions authentiques ne permettent pas de
révoquer en doute que les Étrusques, et autres peuples très-anciens qui ont habité soit l'Italie soit
l'Asie Mineure, avant la domination romaine,
n'aient aussi pratiqué l'irrigation. Ces peuples in-

telligents ont eu leurs historiens; les monuments qu'ils ont laissés prouvent que plusieurs d'entre eux avaient porté à une grande perfection tous les arts relatifs à l'agriculture.

Enfin les Grecs et les Romains, c'est-à-dire les deux peuples de l'antiquité dont les institutions et les mœurs nous sont les mieux connues, considérèrent cet art non-seulement comme une des sources de la richesse agricole, mais même comme un des principaux soutiens de la prospérité publique. Les détails qui suivent vont justifier cette assertion.

L'ancienne Grèce, ainsi que le nord de la Chine, avait son climat sous la zone la plus favorable au succès des irrigations. Aussi les divers peuples qui occupèrent jadis cette contrée se livrèrent-ils avec un soin particulier à l'irrigation des prairies, parce que celles-ci étaient la base de la nourriture du bétail, qu'ils regardaient avec raison comme leur principale richesse.

Les fêtes instituées en l'honneur de Palès, déesse qui présidait aux prairies et aux troupeaux, ont pris naissance dans les montagnes de la Thessalie; et les Romains, qui les ont adoptées depuis, les trouvèrent en usage dans cette contrée.

Chaque année une grande fête pastorale se célébrait dans la Grèce en l'honneur de cette divinité, pour invoquer sa protection spéciale.

Les poëtes de l'antiquité nous ont transmis quelques curieux détails sur cette coutume d'une contrée dont les souvenirs se retracent toujours avec de vives couleurs même aux imaginations les plus froides. Ils s'expriment à peu près en ces termes :

Dans une belle journée des kalendes d'avril, quand l'aquillon et les frimats avaient cessé d'attrister la terre et quand le zéphir, agitant ses ailes parfumées, commençait à rappeler la verdure et la vie sur les campagnes, les populations joyeuses sortaient de leurs villages ; les troupeaux, en grandes masses, étaient conduits dans les prairies et sur le penchant des montagnes ; les bergers, en habits de fête, les suivaient en faisant retentir l'air du son des instruments champêtres, se livrant à divers jeux dans lesquels la force et l'adresse étaient l'objet d'encouragements publics. Puis ils se rendaient aux lieux consacrés, où des feux allumés attendaient les offrandes qu'ils allaient faire à la déesse ; et tandis que l'encens des sacrifices fumait sur les collines, les plus belles d'entre les jeunes filles nées dans les campagnes de l'Attique, vêtues de blanc et formant des groupes entrelacés de guirlandes de verdure, essayaient des danses légères sur les rives fleuries de l'Eurotas et de l'Ilissus.

Héritiers, par leurs conquêtes, des traditions et des coutumes de la Grèce antique, les Romains conservèrent soigneusement les fêtes de Palès, mais modifiées d'abord d'une manière assez bizarre ; c'est-à-dire que, bien qu'ils désirassent appeler les bienfaits du ciel sur tout ce qui concernait les prairies et les troupeaux, leur principal objet était la multiplication du bétail, attendu qu'un grand accroissement de population faisait déjà sentir chez eux la rareté de cette base essentielle des subsistances, qu'ils finirent par payer à un prix fort élevé.

C'était donc non-seulement à Palès, mais surtout à *Palès génératrice*, qu'ils adressaient leurs hommages. Certains emblèmes, figurant dans ces cérémonies, témoignaient à cet égard leur pensée d'une manière peu équivoque. Mais dans la suite les Romains, mieux éclairés sans doute sur ce qui devait distinguer les cérémonies publiques d'un peuple éminent dans la civilisation, renoncèrent à cette manière trop primitive d'invoquer la divinité et se rapprochèrent du rite plus chaste, plus idéal, que leur avait légué la Grèce. Du reste, le fond du cérémonial restait le même ; toujours des offrandes, des danses, et des jeux publics ; et pour principal coryphée, un berger qui, après diverses ablutions, et après avoir sauté plusieurs fois par-dessus les flammes, était censé purifié par l'eau et par le feu, et pouvait alors parler à la déesse.

Cette deuxième époque des fêtes de Palès, chez les Romains, se trouve élégamment décrite dans le 4ᵉ livre des Fastes d'Ovide. Voici l'invocation du poëte :

« Bienfaisante Palès, sois favorable à celui qui chante tes fêtes sacrées et qui a toujours montré pour ton culte un zèle religieux. Peuple, va chercher tes offrandes purifiées sur l'autel de Vesta. Berger, purifie également tes troupeaux qui ont brouté l'herbe aux premières lueurs du jour. Que tes bergeries soient ornées de feuillages et de rameaux verts ; que le soufre enflammé répande dans les étables les vapeurs colorées et provoque le bêlement des brebis ; brûle au milieu d'elles des torches résineuses, ainsi que le romarin et la sabine ; que le laurier enflammé petille au milieu du foyer ; que le panier de millet accompagne les gâteaux de même substance, car c'est le mets favori de la déesse champêtre ; ajoute enfin le lait tiède et écumeux dans le vase même qui vient de le recevoir et fais ton invocation à Palès. »

Voici l'invocation du berger :

« Protége à la fois, ô déesse ! le troupeau et son maître ; éloigne les accidents de mes étables. Si mes brebis ignorantes ont brouté l'herbe des tombeaux, si ma serpe a dépouillé un bois sacré de quelques rameaux et que ma présence y ait mis en fuite les nymphes ou le dieu aux pieds de chèvre, si j'ai conduit mon troupeau, à l'abri de la grêle ou de la pluie, sous quelque temple champêtre, s'il a terni le cristal d'une fontaine sacrée ou les lacs qui servent aux bains de Diane ; Nymphes, Driades, et vous divinités éparses des bois, j'implore le pardon de ma faute.

» Chasse loin de nous les maladies ; conserve la santé aux hommes, aux troupeaux, et aux chiens vigilants. Fais que le soir je ramène au bercail les brebis aussi nombreuses qu'elles l'étaient le matin et que je n'aie pas la douleur de rapporter leurs toisons arrachées à la dent meurtrière des loups. Loin de nous la faim cruelle ; qu'il y ait en abondance des herbes et du feuillage, de l'eau bonne à boire et à laver. Que ma main presse des mamelles toujours pleines, que nos fromages se vendent bien ; que le bélier soit ardent, que sa femelle soit féconde ; que de nombreux agneaux remplissent nos étables. Que mes troupeaux me donnent une laine douce et fine qui ne blesse point la main délicate des jeunes filles. Que ces vœux soient exhaussés, et chaque année nous apporterons nos offrandes à Palès, la déesse des bergers. »

Le type des coutumes de la Grèce, passées plus tard dans les mœurs romaines, se trouve fidèlement conservé dans ce naïf fragment de la vie pastorale des anciens peuples.

On voit par ces détails combien était grande l'importance qu'attachaient les Grecs et les Romains, à tout ce qui avait rapport aux troupeaux aux prairies, et à la multiplication du bétail. De cela seul on pourrait induire qu'ils s'étaient beaucoup appliqués à la pratique de l'irrigation. Mais des monuments encore sur pied et des traditions certaines ne laissent aucune incertitude à cet égard. Le traité d'agriculture de Caton et les écrits de Virgile en fourniraient seuls des preuves nombreuses. Le premier de ces écrivains, consulté sur l'espèce de propriété qu'il regarde comme préférable à toutes les autres, la désigne sous le nom de *solum irriguum*; l'autre recommandant aux bergers le soin de leurs prairies, leur dit : « *Claudite jam rivos...*, *sat prata biberunt.* » Plusieurs autres passages des Géorgiques de Virgile ont un rapport direct avec l'irrigation des prairies; ce qui s'explique aisément puisque le poëte, dès son enfance, avait eu sous les yeux les pratiques de cet art, exercé depuis une époque immémoriale dans les plaines de Mantoue, sa patrie.

En fait de monuments relatifs à l'irrigation, chez les Romains, il existe dans diverses contrées, et notamment en Italie, de nombreux vestiges de barrages, canaux, aqueducs et autres ouvrages d'art, qui paraissent remonter à l'époque des empereurs, depuis le règne d'Auguste jusqu'à celui de Théodose. Une inscription consulaire, gravée sur une plaque de marbre, actuellement incrustée dans une des faces latérales de la porte romaine de Milan, fait mention du barrage qui existait autrefois au pont de l'Archetto, comme un des ouvrages les plus remarquables qui eussent été construits par les Romains, pour effectuer des irrigations.

Comment s'expliquerait-on d'ailleurs que ce peuple, qui s'est signalé d'une manière particulière dans la conduite des eaux destinées pour l'usage des villes, par les constructions grandioses d'aqueducs, que l'on admire encore après plus de deux mille ans, ait négligé les travaux plus simples, mais non moins utiles, que réclamaient les conduites d'eau destinées à l'agriculture ?

Ces faits authentiques démontrent avec évidence que l'irrigation des terres a été constamment envisagée avec l'importance qu'elle méritait par tous les peuples qui ont marqué dans l'histoire.

Mais si, après avoir constaté ce point important, on se demande de quelle manière les anciens pratiquaient l'irrigation ? à quel degré la science et l'art contribuaient, chez eux, au succès de cette pratique ? on n'arrive pas à un résultat aussi satisfaisant ; car, en exceptant les Égyptiens qui, dès les temps les plus reculés, exercèrent sur une grande échelle, mais dans des circonstances toutes particulières, l'art d'améliorer les terres par l'emploi des eaux, tout ce que les autres peuples anciens ont laissé de vestiges ou de traditions sur cet objet atteste qu'ils n'ont jamais créé, en matière d'irrigations, quelque chose de grand et de monumental qui pût être comparé à ce que les Romains ont fait, par exemple dans l'architecture civile.

La vraie cause de cette infériorité, qui pourrait paraître étonnante, provient de ce que l'antiquité, si bien partagée sous tant d'autres rapports, n'avait pas à sa portée les connaissances nécessaires pour pouvoir également réussir en cette matière. Le défaut de connaissances mathématiques, l'im-

perfection des instruments propres aux opérations sur le terrain, condamnaient nécessairement
les anciens à une grande médiocrité dans l'art
de tracer les canaux d'irrigation , et plus encore
dans l'art très – important d'en bien distribuer les
eaux.

Chez les Égyptiens mêmes , où un si puissant
intérêt avait appelé l'attention publique sur l'aménagement des eaux, leur distribution se fit toujours,
plutôt d'après une simple routine que d'après les
règles de l'art. La grande affaire était l'examen des
nilomètres ; tout consistait dans une question de
niveau d'eau.

Dans les anciennes possessions romaines on trouve,
en quelques endroits , des vestiges d'ouvrages d'art,
qui ont servi à la distribution ou plutôt au partage
des eaux, tant pour l'irrigation que pour l'usage des
villes. Ces ouvrages dont j'ai visité plusieurs dans
les environs de Rome, et encore ailleurs, établissent
d'une manière certaine que les distributions ou
partages d'eau , d'un volume un peu considérable,
entre divers intéressés, puisant dans un réservoir
commun, se faisaient au moyen de déversoirs de
superficie, dont les longueurs étaient partagées dans
les mêmes parties aliquotes, que le volume d'eau à
distribuer. C'est là effectivement le principe sur
lequel s'opèrent encore aujourd'hui les partages
les plus exacts. Mais autre chose est de savoir diviser, dans des proportions définies, un certain vo-

lume d'eau courante, ou bien de savoir attribuer exactement à divers intéressés des volumes partiels, connus et bien déterminés.

C'était là, tout à la fois, la chose la plus importante et la difficulté la plus réelle de la matière. Aussi le problème est-il resté bien longtemps sans solution. Cette solution, délaissée dans l'antiquité, fut au contraire vivement désirée et recherchée dans le moyen âge ; mais le siècle de la renaissance devait avoir seul la gloire de sa découverte.

§ III. *De l'irrigation chez les peuples du moyen âge.*

En abandonnant Rome pour Constantinople les derniers empereurs avaient laissé l'Occident non-seulement faible et mal défendu, mais livré aux concussions et aux déprédations des agents d'un gouvernement corrompu. Pour renverser un empire si ancien et fondé au prix du sang de tant d'illustres guerriers, il ne fallait, dit Machiavel, ni moins d'impéritie dans les souverains, ni moins de corruption dans leurs ministres, ni moins de force et de persévérance dans les populations qui conjurèrent sa ruine.

Suivant ce prince des historiens, ces peuples, nés dans les régions situées au nord du Rhin et du Danube, régions *génératives* et saines, se multipliaient d'une manière si rapide qu'à certains intervalles une partie des leurs étaient obligés d'abandonner

les foyers paternels pour aller chercher ailleurs des
terres à habiter, des biens à posséder. Au moment
de ces émigrations, ils procédaient, entre eux, d'a-
près certaines formes légales, pour arriver à se dé-
charger ainsi de l'excédant de population qu'ils ne
pouvaient plus nourrir. Généralement, la totalité
de la nation était partagée en trois classes, sensiblement égales, dans chacune desquelles toutes les
conditions sociales se trouvaient représentées. Puis
le sort décidait quelle serait celle de ces trois classes
qui irait chercher fortune ailleurs, tandis que les
deux autres continuaient à jouir des biens de la
patrie.

Après les Cimbres, qui furent défaits par Marius,
les premiers peuples qui, partis des contrées du
Nord, se dirigèrent ainsi vers les vastes possessions
romaines, furent les Goths de l'Occident, plus connus sous le nom de Wisigoths. Ce peuple qui eut
longtemps le siége de son empire sur les bords du
Danube, avait déjà assailli plusieurs fois, mais en
vain, les principales provinces romaines, et la puissance impériale, quoique sur son déclin, était par-
venue à le tenir en respect. Après les avoir glorieu-
sement et longtemps combattus, Théodose les avait
même définitivement réduits à son obéissance ; de
sorte que satisfaits de marcher sous ses enseignes, les
Wisigoths avaient cessé de faire aucune entreprise
contre l'empire romain.

A la mort de ce prince, arrivée l'an 395 de

J.-C. , Arcadius et Honorius succédèrent au trône, mais non à l'habileté et à la fortune de leur père ; de sorte que les choses changèrent soudainement de face. Par la trahison des trois gouverneurs que Théodose avait institués en Orient, en Occident et en Afrique, et d'après des conseils perfides qui furent donnés aux faibles successeurs de ce grand roi, les Wisigoths, imprudemment privés de leurs subsides, non-seulement se détachèrent de la cause impériale, mais tournèrent immédiatement leurs armes contre les provinces romaines, qu'ils avaient depuis longtemps convoitées. Dès lors l'édifice croula de toutes parts sur ses fondements ; car les Francs, les Alains, les Bourguignons, les Vandales et autres peuples du Nord, déjà mus par le besoin de chercher, eux aussi, de nouvelles terres à conquérir, furent appelés à prendre part à ce grand et dernier assaut que devait subir le colosse fondé par la puissance romaine.

Les Wisigoths, après avoir choisi Alaric Ier pour leur roi, remportèrent plusieurs grandes victoires dans l'Italie, qu'ils ravagèrent, et finirent par prendre Rome, qni fut pillée et saccagée peu de temps avant la mort d'Alaric, arrivée l'an 412.

Le règne de ce conquérant qui le premier enseigna aux peuples barbares le chemin de l'ancienne capitale du monde, est un des plus remarquables de l'histoire du moyen âge. Placé à la tête d'hommes turbulents et indisciplinés, avides de butin et de conquêtes il ne put se servir d'eux que pour détruire. Néanmoins, pendant sa vie errante et dans le cours de ses expéditions, il parvint à jeter les fondements d'une monarchie militaire qui s'établit pour plusieurs siècles, en Espagne et dans la Gaule Narbonaise, où elle laissa, sous le point de vue dont il s'agit ici, des souvenirs fort importants. Alaric II, qui fut le dernier roi des Wisigoths, régna non-seulement sur la Péninsule, mais sur l'Aquitaine et sur l'ancienne Province Romaine ; ce qui étendait sa domination le long des Pyrénées et sur toutes les provinces du Midi, depuis les Alpes du Dauphiné jusqu'au golfe de Gascogne.

Longtemps alliés des Romains, les chefs des Wisigoths étaient versés dans la connaissance des lois récentes qui venaient d'être codifiées, pour la première fois, sous le règne de Théodose. Voulant mettre ces lois en vigueur dans ses nouvelles possessions, Alaric II ordonna la rédaction d'un code particulier qui, à de légères modifications près, ne fut que l'abrégé du code théodosien. Ceci explique comment, bien longtemps après le moyen âge, ces provinces méridionales continuèrent d'être régies par le droit romain, ou droit écrit, tandis que les provinces du Nord et du centre de la France étaient régies par le droit coutumier.

Au commencement du VIe siècle, Clovis, devenu puissant par ses victoires, ayant défait l'armée des

Wisigoths et tué de sa main Alaric II , dans les plaines de Poitiers, se trouva maître de tout le pays situé au delà de la Loire. Les vaincus continuèrent cependant de posséder au pied des Pyrénées une partie de l'ancienne province de Septimanie ainsi que le Roussillon et la Provence.

Il est remarquable que ce territoire est précisément la région du Midi de la France qui jouit de la faculté d'être facilement irrigable , soit au moyen des nombreux cours d'eau qui descendent du flanc des Pyrénées , soit par les eaux de la Durance. De plus on ne saurait révoquer en doute l'origine des nombreux petits canaux qui , depuis le bassin de l'Adour jusqu'aux plaines de l'ancien Roussillon , vivifient les belles prairies que possède la France méridionale au pied des Pyrénées ; car plus de la moitié de ces canaux remontent au temps des Wisigoths. L'un d'eux a conservé le nom d'Alaric, sous le règne duquel il fut créé, dans les premières années du VI° siècle. D'autres canaux semblables furent également ouverts dans cette contrée par les mêmes habitants, dans le VII° et le VIII° siècle.

Sans doute les Wisigoths avaient dû être réputés barbares quand , sous la conduite d'Alaric I°, ils avaient pris et saccagé Rome , dévasté la Grèce, détruit et mutilé les chefs-d'œuvre des arts. Mais une fois arrivés à leur but , qui était la destruction de la puissance romaine , une fois installés paisiblement dans les plaines de la Provence et dans les riches vallées des Pyrénées, dans ces régions si favorisées du ciel, ils prirent une tout autre allure. Voulant fonder une domination durable, ils suivirent pour cela la meilleur marche. Traitant avec modération les habitants, et surtout les cultivateurs, des pays conquis, ils y firent régner la justice et les lois; ils y firent fleurir l'agriculture et se gardèrent bien de détruire les monuments utiles fondés par le peuple qui les avait précédés. La monarchie des Wisigoths, qui a duré trois siècles, n'a donc laissé que de bons souvenirs dans les provinces faisant actuellement partie du midi de la France. Elle aurait pu subsister bien plus longtemps.

Mais au commencement du VIII* siècle, un peuple nouveau qu'animait la soif des conquêtes, vint prétendre à son tour à la possession de ces riches contrées; et, après une courte résistance, le royaume des Wisigoths y fut détruit pour toujours.

L'empire, fondé par Mahomet depuis à peine un siècle, avait grandi rapidement. A cette époque, l'Arabie, devenue la métropole des sciences, des arts et de la civilisation, voyait le croissant victorieux s'étendre du golfe Persique aux Pyrénées, sur les meilleures provinces de l'Europe méridionale et du nord de l'Afrique.

On ne peut se dispenser de remarquer encore que ces nouveaux conquérants semblèrent s'attacher, plus particulièrement que ne l'avaient fait les peuples précédents, à la possession des contrées où l'irrigation pouvait être pratiquée avec succès. Cela s'explique facilement. Les Arabes Nabathéens, habitant, sur les bords de la mer Rouge, les plaines voisines de la Basse-Égypte, avaient vu, par l'état florissant de cette contrée, ce que l'emploi des eaux peut produire de merveilles en agriculture. D'un autre côté, les Chaldéens, peuple pasteur de la même contrée, s'étaient, dès les temps les plus anciens, signalés par des découvertes étonnantes dans l'astronomie et les mathématiques. Héritiers des traditions de ces deux peuples, les Arabes conquérants du VIIIe siècle, nés pour la plupart au milieu des plaines de sables constamment desséchées par le vent du désert, et bien convaincus d'ailleurs des avantages que produisait l'introduction de l'eau sur les terres des climats chauds, ne pouvaient manquer d'attacher une immense importance à la possession des régions irrigables de l'Europe méridionale. Aussi est-ce précisément vers ces mêmes régions qu'ils ont surtout dirigé leurs efforts.

Leur intention de tirer tout le parti possible des ressources de l'irrigation se montra avec évidence dès les premiers temps de leur conquête, et si leurs efforts n'eussent été en partie paralysés par trois siècles de guerres et d'anarchie, principalement dus au schisme qui résultait de la double puissance des califes d'Arabie et des califes d'Espagne, ce peuple eût signalé son arrivée en Europe par de grandes entreprises d'irrigation. Malgré tant d'empêchements les Arabes n'ont pas tardé à faire faire à cet art les progrès les plus notables, par la continuation et l'agrandissement du système d'arrosage que les Wisigoths avaient eux-mêmes amélioré sur les Romains.

Dès que les premiers troubles qui suivirent leur conquête du midi de l'Europe commencèrent à s'apaiser, toutes les ressources de la paix furent dirigées vers l'amélioration de l'agriculture et notamment vers la création de nouveaux canaux d'arrosage. Une grande partie de ceux de l'Espagne et de ceux que nous possédons encore en deçà des Pyrénées remontent à cette origine. Mais ces pacifiques et utiles travaux durent de nouveau cesser au moment des guerres acharnées, qui, dès la fin du XIe siècle, éclatèrent entre les Maures et les Chrétiens. Ceux-ci s'étant emparés dans le cours du siècle suivant des villes de Saragosse, de Cordoue, de Lisbonne, et de plusieurs autres, le XIIIe siècle fut pour la puissance, des Maures en Europe, une époque de déclin rapide, dans laquelle ils perdirent, l'une après l'autre, toutes les provinces qu'ils avaient conquises. En vain, après la prise de Valence, en 1238, le calife Mahomed-al-Haman, prince éclairé et brave, tenta de relever l'empire des Maures, par la fondation du royaume de Grenade. Leur puissance en effet sembla renaître pendant quelque temps et brilla encore d'un assez vif éclat; mais la lutte se prolongeait toujours entre les deux nations, et devenait de plus en plus inégale, par les secours que la chrétienté entière se croyait obligée de fournir contre les infidèles. De sorte qu'après la conquête de Grenade, dernier rempart des Maures, conquérants de l'Espagne, cette nation, qui avait dominé pendant sept siècles dans la Péninsule et dans le midi de la France fut presque anéantie. L'entière expulsion des Maures n'eut lieu, il est vrai, que sous le règne de Philippe III, dans les premières années du XVII⁰ siècle ; mais bien avant cette époque leur influence en Europe était totalement détruite.

Les Arabes passent avec raison pour avoir été le peuple qui a le mieux connu le sol des provinces qu'ils avaient choisies pour leurs conquêtes. En effet, ils avaient donné à l'agriculture de ces contrées une impulsion qui, depuis, n'a pas été égalée. De tous les peuples du moyen âge ils sont celui qui a attaché la plus grande importance à l'irrigation, et l'on peut les regarder comme les principaux fondateurs de cette belle industrie dans le midi de l'Europe.

Il est infiniment remarquable de voir que, de nos jours encore, elle est pratiquée avec un soin et un succès remarquables dans diverses vallées des montagnes de l'Asie Mineure, par les Kourdes et par quelques autres peuplades indépendantes, car on présume que ces peuplades ont été originairement formées des derniers débris du peuple Maure, expulsés de l'Europe ; et dans tous les cas elles remontent, ainsi que lui, à la souche commune des Chaldéens.

D'après les observations qui précèdent on s'explique aisément comment, sous la domination des Wisigoths et sous celle des Arabes, les provinces faisant aujourd'hui partie du midi de la France, notamment le long des Pyrénées, se couvrirent d'une multitude de canaux d'irrigation dont la plupart subsistent encore aujourd'hui. Mais ils ne sont intéressants que par leur nombre et n'ont rien de remarquable ni par leur construction ni par leurs ouvrages d'art.

Du XIIIᵉ au XVᵉ siècle des dérivations importantes furent établies dans le comtat Venaissin, sur les territoires de Cavaillon et de Vaucluse; tandis que, de l'autre côté des Alpes, plusieurs ouvrages analogues étaient entrepris vers la même époque dans le Piémont, le Novarrais et la Lumelline. Parmi ceux-ci on distingue encore les Roggie *Busca* et *Gattinara*, exécutées dans le courant du XIVᵉ siècle; le canal Langosco, dérivé de la rive droite du Tessin, territoire qui faisait jadis partie de celui du Milanais. Quelques autres canaux, dans cette contrée, ont eu une origine contemporaine.

Mais il n'est pas nécessaire de tant se rapprocher de nous pour trouver l'époque la plus remarquable de l'histoire des irrigations. Ce fut vers la fin du XIᵉ siècle, c'est-à-dire environ trois cents ans après l'envahissement des provinces du Midi par les Sarrasins, que les premières Croisades amenèrent un immense concours des populations européennes vers ces mêmes contrées d'Orient où l'irrigation avait pris naissance. Alors l'impulsion que l'influence arabe avait déjà donnée aux entreprises de cette nature se trouva complétée, et les résultats s'en ressentirent bientôt.

Le fait capital de l'histoire des irrigations en Europe consiste assurément dans la création des deux vastes canaux qui, sur le territoire milanais, furent dérivés du Tessin et de l'Adda, l'un à la fin du XIIe siècle, l'autre au commencement du XIIIe. A eux seuls ils portent un volume d'eau régulier plus considérable que celui que formeraient par leur réunion tous les canaux d'arrosage du midi de la France.

On ne saurait trop remarquer que ces grands ouvrages, antérieurs à l'invention de l'imprimerie et à celle des écluses de navigation, remontent à l'époque reculée où les connaissances en mathématiques, et surtout en hydraulique, étaient encore nécessairement dans l'enfance.

Peu importe qu'ils présentent quelques imperfections dans leur tracé, que leurs pentes rapides offrent des difficultés à la navigation, qui s'est établie sur l'un d'eux longtemps après son ouverture. Le but principal a été pleinement atteint. Ces deux canaux procurent ensemble l'irrigation *à près de cent mille hectares* de terrain, aujourd'hui d'une valeur inappréciable et avant eux presque exclusivement formé de cailloux et de grèves sablonneuses.

Véritablement l'imagination s'effraye en pensant à tout ce qu'il a fallu d'efforts et de persévérance pour la réalisation d'une telle conception à une pareille époque. Tout ce qu'on peut se dire de satisfaisant sur ce point, c'est que ces canaux sont contemporains des vastes et admirables basiliques dont l'art chrétien a su tirer un si grand parti; car ils ont eu comme elles les ouvrages arabes pour modèles, la fin du moyen âge pour époque, et pour créateurs des architectes inconnus.

§ IV. *De l'irrigation chez les peuples modernes.*

Le milieu du XV⁰ siècle, époque en quelque sorte mitoyenne entre le moyen âge et la renaissance, fut témoin de découvertes et de travaux qui occupent une place importante dans l'histoire de la science hydraulique.

On fait remonter à l'année 1444 le remplacement de l'ancien barrage à pertuis de *Viarenna*, sur le canal intérieur de Milan, par une écluse de navigation, à sas et à doubles portes busquées. Cette construction faite sous le duc de Milan, Philippe-Marie, le dernier des Visconti, serait la première application des écluses à sas qui eût été faite en Italie et probablement en Europe, car les plus anciennes des écluses analogues qui existent sur le canal de la Brenta, près de Padoue, ne remontent qu'à l'année 1481; et quant à celles qu'on dit avoir été employées en Hollande dès la fin du siècle précédent, elles étaient construites en bois, avec des portes d'un autre système, et ne pouvaient remplir le même but que les écluses d'Italie, qui ont au contraire été conservées sans modification jusqu'à nos jours.

Quoi qu'il en soit sur l'époque de cette grande découverte, les incertitudes qui peuvent exister ne porteraient, dans tous les cas, que sur un espace de trois ou quatre années, car il est hors de doute que les écluses à sas étaient connues dans le Milanais, et déjà appliquées, avec un plein succès, sur le canal intérieur de Milan, lorsque le duc François Ier Sforce succéda, en 1450, à son beau-père Philippe-Marie Visconti. François Sforce, prince éclairé et ami des arts, remplit le rôle de conciliateur dans les guerres continuelles qui avaient lieu alors en Italie. On doit à son zèle pour le bien public les deux canaux entrepris dans les premières années de son règne, savoir celui de la Martesana et celui de Bereguardo, qui complètent si heureusement pour le territoire milanais le bienfait des irrigations, déjà en partie réalisé par les canaux du Tessin et de la Muzza.

Ces deux grands canaux, ouverts dans le moyen âge, antérieurement à l'invention des écluses, ont dû se passer de leur secours. Le premier cependant reçoit une navigation fort active qui s'y effectue, à la remonte comme à la descente, mais elle y est gênée par les trop fortes pentes. Les canaux de la Martezana et de Bereguardo ayant eu leur origine postérieurement à cette belle invention, sont au contraire pourvus d'écluses. Le premier, qui en avait d'abord deux, n'en a plus qu'une aujourd'hui et conserve encore de fortes pentes. Le second, au contraire, a onze écluses sur un trajet de moins de dix-neuf kilomètres, et il ne reste à ses biefs qu'une pente presque insensible ; ce qui ne l'empêche pas de fonctionner très-bien aussi, comme canal d'irrigation.

Le XVIe siècle fut une admirable époque dans laquelle tout ce qui tenait au domaine de l'intelligence, aux nobles conceptions du génie, prit un essor capable de faire faire à la civilisation européenne, stationnaire depuis plus de dix siècles, ce pas immense que l'on a nommé la renaissance des arts et des lettres.

Cette époque fut signalée en Italie par des hommes vraiment extraordinaires ; car la plupart des grands artistes qui ont fait la gloire de cette contrée ne bornaient pas leurs succès à la peinture, à la sculpture et à d'autres branches des beaux-arts ; ils excellaient aussi dans l'architecture, et plus particulièrement encore dans l'architecture hydraulique. Admis tous dans l'intimité de leurs souverains, qui eurent con-

stamment pour eux la haute estime que méritaient
leurs talents, ils leur étaient doublement utiles,
dans les loisirs de la paix et dans les nécessités de
la guerre; car l'Italie à cette époque était très-agitée,
et les papes du XVIᵉ siècle devaient savoir revêtir
le casque aussi bien que la tiare.

Bramante, Raphaël, Peruzzi, remplissaient à la
fois les fonctions d'ingénieurs militaires et hydrauliciens près des pontifes Jules II, Léon X et Clé-
ment VII. Ils les accompagnaient dans toutes leurs
campagnes. Julien de San-Gallo rétablit les fortifications d'Ostie, par ordre du cardinal de la Ro-
vère, qui fut depuis Jules II. Son frère, Antoine de
San-Gallo, reçut d'Alexandre VI l'ordre de trans-
former en forteresse le mausolée d'Adrien, qui est
aujourd'hui le château Saint-Ange. Ce même ingénieur construisit pour Paul III la citadelle d'An-
cône, les fortifications de Perouze, celles de la ville
et du port de Civita-Vecchia. Ce fut lui aussi qui,
parmi tous les ingénieurs de l'Italie, et d'après les
profondes connaissances qu'il avait sur l'hydraulique, fut désigné par son souverain pour résoudre
une question des plus graves qui s'était élevée au
commencement du XVIᵉ siècle entre les habitants
de Terni et ceux de Narni, relativement au débouché des eaux du lac de la Marmora. Dans le
même temps, Léonard de Vinci résolvait, par la
jonction des canaux de la Martezana et du Tessin,
une difficulté regardée jusqu'alors comme insurmon-

table ; tandis que Jules Romain, qui avait fui de Rome, à la suite de certaine faute que la cour papale ne pouvait pas voir avec indulgence, utilisait dans son exil ses talents comme ingénieur militaire et hydraulicien, en exécutant avec un plein succès, pour le duc de Gonzague, les fortifications de Mantoue et l'assainissement de cette ville au milieu même des eaux du Mincio qui viennent baigner ses murs.

On voit par ces détails à quels talents d'élite étaient confiés les grands travaux publics de l'Italie à l'époque de la renaissance. La plupart de ces hommes illustres ont été témoins de leur immense réputation. Les uns ont fourni une longue carrière et ont conservé jusqu'à un âge très-avancé une existence honorée et brillante. D'autres ont vu leur vie troublée par des chagrins que leur suscita l'injustice ou l'envie. Quelques-uns enfin furent enlevés à la fleur de l'âge et dans le cours des plus éclatants succès. On dit que le poison ne fut pas toujours étranger à ces morts prématurées.

Par une similitude remarquable, cette destinée fut celle du fondateur du plus grand canal d'irrigation qui ait été créé jusqu'à présent sur le sol de la France, et qui date précisément du milieu du XVIe siècle.

En 1482, lorsqu'à la mort de Charles d'Anjou ce fief fut définitivement réuni à la couronne de France, par la donation testamentaire faite en faveur de Louis XI, une noble famille italienne, originaire de Toscane, jusqu'alors attachée à ce duc, vint s'établir en Provence. C'est par suite de ces divers événements qu'Adam de Crapone vit le jour en 1519 dans la petite ville de Salon. Né avec la plus heureuse aptitude pour les sciences mathématiques et surtout pour celle de l'hydraulique, plus que toute autre en honneur à cette époque, cet homme remarquable avait vu dès son enfance que l'eau, partout si essentielle à la prospérité de l'agriculture, était, sous le ciel brûlant de la Provence, d'une nécessité plus absolue encore. Ensuite les grands talents qui honorèrent l'Italie à cette époque, et qui s'étaient surtout consacrés à cette même science, vinrent lui fournir un puissant motif d'émulation.

Dès lors, tous ses efforts furent portés avec une rare persévérance vers les moyens de doter sa patrie du bienfait d'un grand canal d'arrosage. En 1554 il obtint des lettres patentes d'autorisation pour dériver de la Durance le canal qui a conservé son nom, mais qui, de son vivant, ne fut pas achevé, faute de fonds.

Henri II avait d'ailleurs apprécié les talents de cet homme, qui de prime abord s'était placé au rang des plus célèbres ingénieurs de son temps. Des projets grands et utiles, pour la canalisation du midi de la France, avaient été conçus par lui; de ce nombre était un premier projet de canal des deux mers, qui eût réuni la Saône et la Loire par le Charolais, dans une direction plus courte que celle du canal du Centre. Adam de Crapone avait aussi rédigé le projet d'un canal de Provence qui devait porter les eaux de la Durance sur le territoire de la ville d'Aix. Le roi de France s'était attaché ce grand ingénieur aussi particulièrement que les souverains d'Italie l'avaient fait eux-mêmes pour ses illustres contemporains. Il lui donnait en conséquence la haute direction de tous les travaux considérables qui s'exécutaient alors ; on doit citer en première ligne le desséchement de plusieurs marais sur le littoral de la Méditerranée depuis Arles jusqu'à Nice.

En 1559, des dépenses énormes ayant été faites pour construire à Nantes une citadelle, qui se trouvait fondée sur un mauvais terrain, Adam de Crapone, envoyé sur les lieux, n'hésita point à constater les vices de construction qui entraînaient la démolition des ouvrages. Mais, peu de jours après cet accomplissement consciencieux de sa mission il mourut empoisonné, victime de la vengeance des premiers entrepreneurs. La mort de Henri II, qui eut lieu dans la même année, fit abandonner plusieurs canaux, commencés dans le midi de la France sur les plans de ce savant ingénieur, travaux qui, sans ces événements, auraient probablement reçu leur exécution.

L'époque comprenant la fin du XVe siècle et la durée du XVIe, vit fonder en Piémont et dans le Novarais plusieurs des anciens canaux qui y existent encore aujourd'hui. Tels sont le canal d'Ivrée, dont les premiers travaux remontent à 1468, les Roggie *Mora* et *Biragua*, dérivées de la rive gauche de la Sesia ; et la Roggia *Sforzesca*, dérivée de la rive droite du Tessin. Au milieu du XVIe siècle le maréchal de Cossé-Brissac fit exécuter en Piémont le canal de Caluso, qui fait aujourd'hui partie des canaux royaux de ce pays.

Vers la même époque on s'occupait en France des premiers projets du canal de la Brillanne, le plus élevé de ceux qui puisent leurs eaux dans la Durance ; on s'occupait aussi d'un grand canal, qui, sous le nom de canal de Provence, devait porter, pour l'usage exclusif des arrosages, les eaux de cette rivière sur les territoires d'Aix et de Marseille. Le canal de la Brillanne, dont les travaux furent plusieurs fois ruinés et repris sans résultat, ne fut sérieusement remis à exécution que dans ces dernières années, et ses travaux sont encore en cours d'exécution. Il en est de même du grand canal anciennement projeté en Provence, lequel est remplacé aujourd'hui par le canal de Marseille, actuellement en construction, mais réduit, comparativement aux projets primitifs, à des proportions exiguës, surtout si l'on considère qu'il n'est plus destiné que d'une manière très-accessoire à l'usage de l'irrigation.

Dans le courant du XVIIe siècle, des lettres patentes de Louis XIV furent délivrées au duc de Guise et au prince de Conti pour l'ouverture des

canaux d'irrigation des Alpines et de Pierrelatte,
mais le premier ne fut exécuté que plus d'un siècle
après, par les États de Provence, et le second, après
beaucoup de tentatives, successivement avortées,
vient tout récemment d'être repris par une compagnie qui s'occupe de l'établir dans une situation
plus favorable que cela ne résultait de sa première
concession.

Le XVIII⁰ siècle vit ouvrir dans le midi de la
France les canaux de Peyrolles et de Crillon, dérivés, l'un de la rive gauche, l'autre de la rive droite
de la Durance.

Enfin le siècle présent ne compte qu'une seule
entreprise vraiment remarquable en matière d'irrigation : c'est l'achèvement du grand et beau canal
qui sert à la fois à la navigation et aux arrosages
entre Milan et Pavie. Le canal Charles-Albert,
exécuté dans le Piémont, par une compagnie, et
terminé tout récemment, ne remplit pas bien son
but et ne peut être regardé comme une bonne opération. En France, depuis le commencement de ce
siècle, il n'y a rien non plus que l'on puisse citer.
Le gouvernement de l'empire et celui de la restauration n'ont rien fait, sur le territoire national, en faveur de l'irrigation. Le gouvernement
actuel se montre, au contraire, animé du plus vif
désir de mettre en valeur cette source féconde de
la richesse agricole. Un assez grand nombre de
concessions récentes ont déjà fait droit aux justes

désirs des localités les plus intéressées. Le gouvernement s'empressera sans doute de concourir à l'adoption des mesures législatives qui peuvent seules lever les entraves que rencontre l'irrigation. Espérons donc que les questions de cette nature, qui ont une importance si grande pour le pays, recevront prochainement une solution favorable.

Je terminerai ces observations préliminaires par quelques réflexions sur un point que je considérerai toujours avec l'importance que l'on doit attacher aux questions primordiales : je veux parler du mode de distribution des eaux d'irrigation.

Le moyen âge avait bien pu ouvrir, avec les deux premiers canaux du Milanais, une large source de prospérité à l'agriculture du pays ; mais le but n'était pas encore rempli. En effet, obtenir des eaux courantes là où il n'en existe pas naturellement est sans doute la première condition à remplir ; mais établir pour ces eaux une distribution de détail, bonne et équitable, dans l'intérêt de l'agriculture n'est pas une chose moins essentielle. Or, il n'appartenait qu'aux lumières du XVIe siècle de remplir cette importante lacune.

L'absence d'un mode précis et rigoureux de distribution des eaux eut d'abord dans le Milanais les mêmes inconvénients qui se reproduiront toujours en pareil cas. Les premiers usagers auxquels il fut concédé des quantités d'eau nominales, imparfaitement réglées, par des vannes, souvent même par de simples bouches ou pertuis, abusèrent immédiatement de cette latitude, pour s'attribuer sans utilité des volumes d'eau plus considérables que ceux qui leur étaient concédés; plus considérables même que ne le réclamaient les besoins réels de leurs propriétés. Il résulta de là un appauvrissement prématuré dans la masse considérable des deux grandes dérivations qui étaient destinées à étendre bien plus loin leur puissante influence, sur les progrès de l'agriculture milanaise. De sorte qu'au milieu du XVI° siècle ce pays, si admirablement doté par la nature, voyait le trésor, en apparence inépuisable, de ses eaux courantes, devenu stérile par les abus sans nombre qui s'y commettaient. L'essor rapide qu'avait d'abord pris l'irrigation se trouvait ainsi paralysé dans cette contrée, appelée cependant à en retirer encore de si immenses avantages. C'était là une difficulté des plus graves; car, il ne s'agissait pas seulement de voir le mal et d'en signaler la cause, il fallait trouver et appliquer le remède. Lorsqu'on a découvert et creusé une mine, il s'agit encore de la bien exploiter, et cette seconde période des travaux est presque aussi essentielle que la première au succès de l'entreprise.

Déjà le milieu du siècle précédent avait vu naître l'admirable découverte des écluses à sas; découverte dont l'importance, il faut le reconnaître, est bien au-dessus de celle qui nous occupe et qui ne fut faite qu'un siècle plus tard, pour assurer l'exacte distribution des eaux destinées aux arrosages. Je ne prétends donc pas établir de parallèle entre ces deux inventions. On peut dire cependant que le mécanisme des écluses à sas étant fondé sur un principe de la plus grande simplicité, sur un principe connu de tout le monde, l'application de ce mécanisme était une idée qui pouvait naître spontanément dans l'esprit d'un homme de génie, quel que fût d'ailleurs l'état des connaissances de son temps; tandis que l'invention d'un module de distribution des eaux courantes exigeait des méditations plus longues, des combinaisons plus délicates, et surtout la connaissance des principes de l'hydrostatique, science qui venait à peine de naître lorsqu'une si utile application en fut faite dans le Milanais.

Je n'hésite donc pas à considérer la seconde moitié du XVIe siècle comme une des plus importantes époques de l'histoire des irrigations, par cela seul qu'on doit à cette époque l'application du module régulateur de la distribution des eaux, présenté pour la première fois aux autorités milanaises, en 1570, par l'ingénieur Soldati, dont je retrace, dans un des chapitres suivants, l'intéressante histoire.

Les lumières de la renaissance avaient déjà brillé du plus vif éclat. Cette foule de grands hommes, parmi lesquels on comptait les Bramante, les San-Gallo, les Raphaël, les Jules Romain, les

Michel-Ange, etc., qui semblaient s'être donné rendez-vous, pour naître tous en Italie à la fin du XV⁰ siècle, avaient répandu sur cette contrée la gloire de leurs nobles travaux.

Soldati, homme laborieux, modeste et profondément versé dans l'hydraulique, n'était pas sur la même ligne que ces grands talents, qui furent ses devanciers dans l'étude des sciences mathématiques, mais il n'en eut pas moins un immense mérite à faire une découverte qui devait être si féconde en résultats utiles.

Léonard de Vinci était alors le seul génie créateur qui eût fait faire un pas notable à la science des eaux et à celle des machines ; mais ses principaux écrits ne furent publiés que longtemps après sa mort. A cette époque, Galilée méditait encore ses merveilleuses découvertes qui, pour être fécondées, semblaient n'attendre que le baptême de la persécution. L'ingénieur milanais ne put donc tirer qu'un bien faible avantage des recherches qui avaient été faites avant lui.

Je me plais à rapprocher les noms de Soldati et de Galilée, car il existe des analogies dans la destinée de ces deux hommes qui, à des degrés inégaux sans doute, ont marqué l'un et l'autre dans le siècle de la renaissance. Tous deux avaient mûri, dans l'obscurité et dans le silence, les idées grandes et neuves qu'ils ne devaient produire, en dépit de cruelles oppositions, que quand nul pouvoir humain ne pourrait plus en arrêter l'essor. Tous deux se virent, sur la fin de leurs jours, pour prix de leurs travaux, accablés de chagrins et de misère; l'un, parce qu'il avait blessé les vues étroites et l'orgueil des moines de l'inquisition; l'autre, parce qu'il avait troublé dans leurs jouissances illégales les usagers des eaux du Milanais, qui avaient fini, à force d'abus, par s'en approprier des quantités beaucoup plus grandes que celles auxquelles ils avaient droit.

Chacun comprit tout d'abord l'immense importance qu'avait, dans cette localité, l'adoption d'un module d'une perfection inattaquable. Et en même temps que les particuliers, qui perpétuaient les anciens abus, par la perte ou le mauvais emploi des eaux, se voyaient évincés, l'administration publique disposait immédiatement, en faveur de nouveaux arrosages, de plus du quart de la portée d'eau du grand canal.

Plus tard, cette utile mesure fut successivement étendue aux autres canaux du pays; puis des méthodes analogues furent bientôt adoptées dans le Piémont et dans le reste de la Lombardie. Les provinces qui avaient déjà, pour le même objet, des appareils assez incomplets, les perfectionnèrent. Enfin, à partir du XVI⁰ siècle, un ordre tout nouveau présida à la distribution des eaux d'irrigation, dans toute l'Italie septentrionale, et le résultat palpable de cette utile mesure fut une extension inespérée du bienfait des arrosages.

La tâche n'était cependant point encore accomplie. La question, il est vrai, avait fait un pas immense, mais n'était encore qu'en partie résolue. Trouver un module d'une justesse rigoureuse, à l'abri de toute critique, était, sans contredit, une découverte de la plus haute portée. Cette découverte était faite; et, dès la fin du XVIe siècle, plusieurs appareils distincts, adoptés dans les diverses provinces irrigables de la haute Italie, remplissaient convenablement ce but. Restait à savoir si l'application de ces appareils pourrait s'opérer sans résistances et sans difficultés. Or c'était là le grand écueil, et ce sera toujours la plaie de l'administration des canaux d'arrosage, partout où, ces canaux, remontant à des époques reculées, les concessions particulières y seront conçues en termes tellement incomplets, tellement vagues, souvent même tellement inconcevables, qu'on devra y regarder les abus comme ayant acquis force de loi, et que l'autorité, en présence de droits aussi anciens, se trouvera avoir le mains liées pour réprimer quoi que ce soit.

Il résulta de là que, dans les localités les plus favorisées de la Lombardie, dans celles où il eût été si important de voir l'usage des eaux parfaitement réglé, les modellations prescrites ne furent qu'incomplétement exécutées, et qu'il y subsiste encore des abus, auxquels on ne pourra peut-être jamais apporter un remède efficace.

En résumant les observations qui précèdent, je regarde l'adoption d'un module exact et uniforme pour la distribution des eaux, partout où il en est temps encore, comme la condition la plus essentielle au succès des irrigations.

Dans le cours de cet ouvrage, les motifs de mon opinion, sur ce point, se trouveront justifiés et par les avantages qui furent constamment réalisés à la suite de toutes les mesures prises pour assurer ce bon aménagement des eaux, et par les luttes séculaires qui eurent lieu, dans les provinces d'Italie, entre l'administration et les usagers des anciens canaux, au sujet d'une mesure qui devait priver ceux-ci de la possibilité de se livrer plus longtemps aux abus dont ils profitaient.

Dans les localités où l'emploi des eaux pour l'irrigation est encore à l'état naissant, où les effets de la concurrence ne se sont point encore manifestés, on ne soupçonne pas d'abord de quelle importance il est de poser de suite une limitation rigoureuse aux quantités d'eau concédées; mais plus tard, quand les ressources sont abondantes et que les demandes se sont multipliées, il est impossible que l'absence de cette précaution ne conduise pas au désordre et à des contestations sans fin.

On peut donc établir avec certitude qu'en matière d'arrosages, comme dans bien d'autres circonstances encore, toute bouche non réglée est une bouche abusive; de sorte que le pays qui, sans l'adoption préalable de ce régulateur, voudrait entrer dans la voie des grandes irrigations, ne verrait jamais réaliser qu'imparfaitement les avantages qu'il pouvait en attendre.

Supposons que le propriétaire d'un vaste capital, non susceptible d'être divisé, quant au fonds, voulant assurer le bon emploi des revenus, entre un grand nombre de neveux, leur tienne ce langage : « Vous m'avez exprimé vos désirs, en ce qui touche la part que chacun de vous croit pouvoir prétendre, dans la fortune commune. J'ai examiné avec soin ces demandes; j'en ai approuvé quelques-unes; j'ai modifié ou réduit les autres, dans des limites convenables. Actuellement que vous savez ce qui peut vous revenir respectivement, d'après mes intentions équitables, jouissez; mais avec cette condition essentielle, que nul d'entre vous ne se permettra d'outre-passer sa quote-part. Vous aurez donc soin d'agir toujours de manière à ne dépenser exactement que ce qui vous est alloué sur le revenu total, et cela quels que soient d'ailleurs vos besoins. Vous ferez également en sorte d'éviter entre vous les procès et les contestations, etc. »

Il est inutile de pousser plus loin cette comparaison, car chacun s'empressera de reconnaître qu'il y aurait là une disposition plus qu'imprévoyante, et même un véritable élément de désordre, qu'il eût été facile d'éviter, si au lieu d'une attribution de jouissance, vague et incomplétement limitée, on eût fait à chacun des ayants droit, pour ce qui devait lui revenir, une donation en bonne forme qu'il eût été impossible de dépasser.

Telle est la situation relative des diverses localités dans lesquelles s'effectuent des prises d'eau d'irrigation, avec ou sans module régulateur.

Partout, les eaux courantes représentent ce vaste capital national dont le bon usage est d'un si grand intérêt pour la richesse publique. L'administration peut seule en être la dispensatrice ; car il est de son devoir d'assurer l'utile emploi des eaux courantes, en remplissant, à cet égard, la haute mission d'ordre et de prévoyance que les lois lui ont spécialement confiée.

Il est facile d'établir que l'accomplissement de cette obligation est également essentiel, non-seulement aux intérêts généraux du pays, mais d'abord à l'intérêt particulier et immédiat des individus, qui ne sauraient se passer de cet appui, pour jouir paisiblement des droits qui leur reviennent.

L'exacte distribution des eaux une fois obtenue, par l'adoption d'un module, il reste encore à leur assurer le meilleur emploi, dans la pratique des arrosages, à l'aide de canaux établis suivant les règles de l'art et conformément aux vrais principes de l'hydraulique.

Tels sont les points principaux que je me propose de développer dans cet ouvrage, et sur lesquels je m'estimerais heureux de pouvoir, apporter quelques lumières, tant la question des irrigations me semble grande et pleine d'avenir.

VOCABULAIRE.

DÉFINITIONS DES TERMES PROPRES A L'INDUSTRIE DES IRRIGATIONS
ET A L'ARCHITECTURE HYDRAULIQUE QUI S'Y RATTACHE.

A

ABONNEMENT (*affitto*). — Convention ou marché amiable pour payer à prix fixe et à des époques déterminées une chose dont l'usage peut être variable ou la jouissance facultative. En matière d'irrigations, les propriétaires de canaux consentent souvent à des réductions sur le prix usuel de l'eau, en faveur des propriétaires qui s'abonnent à long terme.

ACCESSION (droit d'). — C'est le droit que consacre l'art. 551 de notre Code civil, et en vertu duquel tout ce qui s'unit et s'incorpore à la chose appartient au propriétaire de cette chose. Ce droit, en ce qui concerne les îles, îlots, alluvions ou atterrissements, joue un rôle important dans les diverses législations qui régissent les eaux courantes.

AFFLUENTS (*influenti*). — Cours d'eau secondaires qui se réunissent à un cours d'eau principal.

AGOUILLE. — Voyez *Canal*.

AFFOUILLEMENT (*scavazione*). — Excavation qui s'opère par le choc ou le frottement de l'eau courante, sous une digue ou sous un ouvrage hydrauli-que quelconque.

AILES (*ale*). — Terme usité dans le Milanais pour caractériser la forme d'un terrain cultivé en *Marcita*, ou prairie d'hiver. Cette disposition, qui répond à celle que dans l'agriculture française on désigne par *billons* ou *ados*, est, par le fait, celle que réclame toute irrigation ; mais celle dont il s'agit, qui est d'une nature à part, exige cette disposition d'une manière toute particulière.

ALLUVION (*alluvione*). — C'est l'accroissement qui se forme lentement et imperceptiblement aux fonds riverains. On doit bien distinguer les allu-vions ainsi formées, par le travail successif des eaux livrées à elles-mêmes, d'avec celles dont les proprié-taires ou fermiers provoquent la formation par des travaux, ordinairement très-nuisibles au libre cours des eaux.

AMARRES (*legacci*). — Les amarres sont les chaînes, câbles ou cordages qui servent à fixer, à amarrer, les bateaux à la berge d'un canal ou d'une rivière. Dans l'intérêt des usagers, on doit éviter de placer les prises d'eau d'irrigation dans les endroits consacrés au stationnement des bateaux, ou d'a-marrer des bateaux contre les bouches existantes ; car, d'après leur tirant d'eau plus ou moins grand, ces bateaux tendent toujours à masquer la sec-tion libre de ces bouches, et par conséquent à y gêner l'introduction de l'eau ; ce qui ne peut avoir lieu sans amener une diminution sensible dans leur débit.

AMENDEMENT (*ammendamento*). — En agriculture, les mots engrais et amendement sont encore aujourd'hui confondus par beaucoup de personnes; ils ont cependant des acceptions très-différentes. On doit réserver le mot amendement pour l'emploi des matières, dont les propriétés consistent moins à fournir directement à la terre des principes nouveaux de végétation, qu'à stimuler convenablement ceux qu'elle renfermait déjà, mais qui ne se trouvaient pas dans des conditions favorables. C'est dans ce sens que, dans les mélanges de terre de natures différentes, ces terres agissent presque toujours comme amendement l'une sur l'autre. — Voyez *Engrais*.

AMONT. AVAL (*l'insù*, *l'ingiù*). — *Ad montem, ad vallem.* — Termes d'un usage très-fréquent dans l'architecture hydraulique, et qui, relativement à un point donné, pris sur un cours d'eau ou à proximité, signifient : l'un *en remontant*, l'autre *en descendant* ce cours d'eau. Ainsi, en suivant le cours de l'Adda, la commune de Vaprio est en amont de celle de Cassano; et le débouché de la même rivière, dans le Pô, a lieu en aval de la ville de Lodi.

APPAREIL (*apparaglio*). — C'est la coupe et le mode d'assemblage des pierres de taille qui composent une construction. L'appareilleur est celui qui, dans les chantiers, trace sur les blocs les lits et joints, les parements, et généralement toutes les dimensions des pierres d'après les épures, ou dessins en vraie grandeur, qui doivent être exécutés par les conducteurs de travaux.

AQUEDUC (*acquidotto, tomba*). — Ouvrage d'art, ordinairement en maçonnerie, établi sous une route, sous un canal ou sous un remblai quelconque, pour y effectuer le passage d'une eau courante. La plupart des villes d'Italie ont leurs rues établies sur de grands aqueducs, dans lesquels coulent des eaux vives destinées à emporter toutes les immondices qui y tombent.

Les aqueducs souterrains sont les plus simples. Il en est d'autres qui sont placés hors de terre et servent à maintenir la dérivation qu'ils reçoivent à un niveau supérieur à celui d'autres cours d'eau qu'ils doivent traverser.

— Voyez *Pont-Aqueduc, Siphon.*

AQUEDUC (droit d'). — C'est le droit en vertu duquel le propriétaire qui établit un canal de dérivation peut, sous certaines conditions, continuer ce canal sur l'héritage de son voisin, s'il forme enclave sur la direction de ce canal. Cette disposition, consacrée dans la loi romaine et maintenue dans la plupart des législations modernes, est une des conditions essentielles au progrès des irrigations.

ARCEAU. — Voyez *Arche.*

ARCHE (*arco*). — Espace voûté compris entre les piles ou culées d'un pont. L'arche est en plein cintre si la courbure de la voûte représente une demi-circonférence de cercle. Une arche est surhaussée ou surbaissée, suivant que son sommet est plus haut ou plus bas que celui de l'arche en plein cintre de même ouverture. Sur les canaux fort anciens, comme ceux du Milanais, les règlements de la navigation subordonnent les dimensions et le chargement des bateaux à la hauteur des ponts existants. Sur les canaux nouveaux que l'on projette on base au contraire souvent les débouchés des ponts sur les dimensions usuelles des bateaux fréquentant les rivières que l'on a pour but de réunir.

ARCHITECTURE HYDRAULIQUE. (*architettura idraulica*). — C'est l'art de construire avec solidité et économie les ouvrages qui se trouvent exposés à l'action des eaux, soit dans le lit, soit au bord des canaux et rivières.

L'architecture hydraulique est une science trèsvaste. Elle comprend à la fois des ouvrages de terrassements, pour le creusement des canaux, la construction des digues, etc., et des ouvrages de maçonnerie, réclamant des précautions particulières. Elle exige une connaissance exacte : des chaux, ciments et bétons, qui ont la propriété de durcir sous l'eau ; des machines à épuiser, à draguer, à battre ou à recéper les pieux, etc. Enfin les principes les plus élevés de l'analyse et du calcul doivent être familiers à l'ingénieur hydraulicien.

ARÊTE (*canto*). — Ligne de jonction de deux faces contiguës d'une pierre de taille, d'une pièce de bois, d'un talus, etc. Dans toute bonne construction on exige que les pierres ainsi que les bois soient taillés à vive-arête.

ARASER (*agguagliare*).—C'est mettre de niveau, à un même plan de hauteur, un cours d'assises en maçonnerie de pierres de taille, briques, ou moellons, en élevant les points les plus bas jusqu'à la hauteur de celui qui est le plus élevé, et qui règle le niveau de l'arasement. En architecture hydraulique ce terme s'emploie le plus souvent d'une manière relative à un niveau déterminé ; et alors si ce niveau est inférieur à celui de la partie la plus élevée de l'ouvrage dont il s'agit, on se sert de l'expression *déraser*. Ainsi l'administration prescrit fréquemment de déraser le couronnement d'un déversoir ou le dessus d'un vannage jusqu'au niveau légalement prescrit pour une retenue d'eau, qui se trouvait primitivement trop élevée.

ARROSAGE (*adacquamento*). — Mot employé comme à peu près synonyme du mot irrigation ; mais qui, cependant, ne désigne pas d'une manière aussi spéciale l'emploi des eaux , par simple dérivation et sans secours de machines.

ARROSANTS (*irriganti*).—Nom que portent, dans le

midi de la France, les sociétés de propriétaires réunis en associations syndicales, pour effectuer à frais communs l'irrigation de leurs héritages situés à proximité des fleuves, rivières ou canaux.

Assise (*filata*). — Rangée de pierres de taille, de briques ou de moellons, faisant partie d'une construction en maçonnerie.

Assolement (*ruotazione agraria, coltivazione a vicenda*).— On appelle ainsi la succession des cultures adoptée sur tel ou tel terrain. En ce sens le mot *sole* usité dans l'agriculture française est à peu près synonyme de *saison*. Ainsi l'on dit la sole du blé, du maïs, etc., pour désigner la période pendant laquelle ces cultures sont adoptées, à leur tour, sur un terrain déterminé. Par la même raison l'on se sert du mot *dessaisonner* pour indiquer un changement apporté dans l'ordre de succession des cultures; comme par exemple lorsqu'on remplace l'assolement triennal par l'assolement quinquennal, etc. Un des caractères distinctifs de l'irrigation, là surtout où elle est portée à sa plus grande perfection, comme dans le Milanais, c'est qu'elle permet l'adoption d'assolements particuliers infiniment plus avantageux que ceux qui peuvent être obtenus dans le système des cultures non arrosées.

Attachement (travaux par).—Voyez *Économie*.

Atterrissement (*deposito*). — Atterrissement est à peu près synonyme d'alluvion : cependant il convient de réserver à ce dernier mot son acception

définie non-seulement comme terrain formé lentement et imperceptiblement par le travail des eaux,
mais comme suffisamment accru pour s'élever, au
moins en temps ordinaire, au-dessus de leur surface
et pour donner ainsi naissance à des questions de
propriété. La vase et les sédiments terreux qui se
forment dans le lit des rivières et canaux, sans atteindre jusqu'à la surface des eaux, donnent lieu,
surtout dans la matière dont on traite ici, à des
considérations non moins importantes que les allu-
vions proprement dites. Ce sont ces amas de vases
ou de graviers, toujours très-nuisibles aux canaux
d'irrigation, que je désigne par le nom de dépôts ou
atterrissements.

AVANT-BEC, ARRIÈRE-BEC (*le pigne*). —Ce sont
les extrémités saillantes des piles des ponts. On les
disposait anciennement en forme de pointe ou de
coin ; aujourd'hui ou leur donne, de préférence, un
contour arrondi et en conséquence une forme cylindrique. Ces appendices en saillie sur le plan des
têtes des ponts servent non-seulement de contre-
forts aux piles et culées, mais ils ont encore chacun
une destination spéciale : l'avant-bec, qui a pour
effet de fendre le courant, préserve le corps de la
pile des dégradations que le choc de l'eau et surtout
que le choc des glaces ne manqueraient pas d'y occasionner. L'arrière-bec sert, par son obliquité in-
verse, à ramener peu à peu dans leur direction
normale les filets d'eau déviés par l'obstacle des

piles, et qui sans cela ne reviendraient à cette direction qu'après des tournoiements irréguliers, capables d'amener des affouillements en aval des piles et sous leurs fondations.

B

BAJOYERS (*spalle*). — Murs latéraux d'une écluse de navigation. Par analogie on donne le nom de bajoyers ou de *jouées* aux murs et massifs de maçonnerie entre lesquels sont établis un empèlement ou un déversoir.

BARRAGE (*traversa*). — Les barrages d'irrigation sont des constructions établies transversalement sur une rivière dans le but d'en élever les eaux, de manière à pouvoir les dériver en totalité ou en partie sur un terrain d'un niveau inférieur à celui de la retenue opérée par le barrage. Ces ouvrages sont établis dans le système de toutes les autres constructions en lit de rivière, en maçonnerie, pieux, fascines, etc.

BASSES EAUX, HAUTES EAUX (*la magra, la piena*). — La *maigreur* et la *plénitude*, assurément voilà deux termes très-expressifs, par lesquels on désigne, en Italie, les deux états opposés d'un cours d'eau sous le rapport de son volume. Notre mot *étiage*, employé en matière de constructions hydrauliques, pour désigner les plus basses eaux d'une rivière, a l'inconvénient de dériver évidemment du mot *été* ;

de sorte qu'il est quelquefois un non-sens dans les contrées voisines des hautes chaînes de montagnes, là où les basses eaux n'ont lieu qu'en hiver et où les hautes eaux arrivent régulièrement en été, en suivant les accroissements successifs de la température. Ces contrées sont celles que la nature a particulièrement destinées à recevoir la féconde influence des grandes irrigations. Le contraire a lieu dans les pays dont les eaux courantes ne coulent à pleins bords que pendant les mois d'hiver, tandis qu'en été leur volume appauvri ne présente plus que d'insuffisantes ressources, souvent même pour l'industrie manufacturière, qui ne fait cependant qu'user des eaux à leur passage, sans en consommer une quantité appréciable.

BATARDEAU (*chiusa*). — Digue ou barrage temporaire construit en terre, pieux, fascines, etc., pour barrer et détourner l'eau d'une rivière, ou d'un canal, en un point déterminé. La construction des batardeaux est importante dans l'industrie des irrigations, car, indépendamment de l'usage que l'on peut en faire, pour les constructions ou réparations d'ouvrages hydrauliques, ils servent régulièrement, plusieurs fois par an, à mettre à sec les diverses portions de canaux dont ou doit effectuer le curage. Souvent aussi on en établit temporairement dans les rivières sujettes à étiage aux abords des prises d'eau des canaux d'irrigation, dans le but d'assurer leur alimentation régulière malgré l'abaissement du niveau de la rivière, dans la saison des arrosages.

Berges (*sponde*). — Partie de terres riveraines d'un cours d'eau formant, de chaque côté, un talus plus ou moins incliné, depuis le niveau du sol jusqu'à celui des eaux moyennes. On donne aussi quelquefois le nom de berges aux terrains formant les pentes latérales d'une vallée.

Béton (*lastrico*). — Mélange de graviers ou pierrailles avec du mortier hydraulique, ayant la faculté de durcir en peu de temps sous l'eau, et destiné à former des empatements ou massifs, pour les fondations des ouvrages en lit de rivière.

Bief (*canale, bealera*). — On nomme bief une portion de canal ou de rivière comprise entre deux écluses ou entre deux barrages consécutifs. En matière d'usines le bief comprend, en amont, toute la longueur sur laquelle la vitesse ou le régime primitif du cours d'eau se trouvent modifiés, par l'effet de la retenue. En principe le curage des biefs est à la charge de ceux qui profitent de la retenue des eaux.

Quelquefois le mot bief n'est qu'un terme d'hydrographie et sert à désigner les portions d'une rivière qui sont séparées les unes des autres par des chutes naturelles ou seulement par des pentes plus rapides que sur le reste de leur cours.

Bonification (*bonificazione*). — Ce nom convient à toute amélioration d'un terrain, opérée à l'aide des eaux qui y étaient nuisibles, soit par excès, soit par défaut. Ainsi, dans la Basse-Égypte, la bonification s'opère par la voie de submersion. Dans les marais Pontins, le val de Chiana, et autres localités semblables, en Italie, les bonifications s'o-pèrent au contraire par voie de desséchement.

Bord (*riva, margine*). — Le bord est en général l'extrémité des propriétés riveraines qui confinent à une rivière ou à un canal, et sous ce rapport on le confond quelquefois avec la berge. — Voyez *franc-bord*.

Bouche de prise d'eau (*bocca d'estrazione*). — Les bouches sont les ouvertures ou orifices par lesquels l'eau passe, directement, d'un canal ou d'une rivière dans les canaux particuliers ou rigoles, pour y être employée en irrigations. En Italie les bouches sont partagées en plusieurs catégories. On y distingue les bouches *libres, modellées* ou *réglées, gratuites, taxées* et *conventionnées.*

Les bouches libres sont celles dont le débit n'est limité que par leurs dimensions effectives et qui ne sont astreintes à aucune autre restriction quelconque. Les bouches modellées ou réglées sont pourvues du *module* ou régulateur en usage dans la localité. Les bouches gratuites reçoivent l'eau sans que l'usager soit assujetti à payer aucune redevance. Les bouches taxées donnent lieu au contraire au payement intégral des redevances telles qu'elles résultent des tarifs en vigueur. Enfin les bouches conventionnées fournissent de l'eau à des prix réglés par abonnement, ou à l'amiable, et inférieurs aux tarifs.

On conçoit que sous le rapport de la bonne administration des eaux, la seule distinction essentielle à faire est celle qui a lieu entre les bouches modellées et entre les bouches libres ou non réglées.

Boutisses. — Voyez *Carreaux et boutisses*.

Brise-glace (*frangi-ghiaccia*). — Espèce d'estacade ou files de pieux moisés et garnis de barres de fer, présentant au cours de l'eau des surfaces obliques, dont l'effet est de diviser et de rompre les glaces qui, par leur choc, pourraient dégrader ou même renverser certaines constructions hydrauliques que l'on a intérêt à défendre de la sorte.

Busc (*armadura*). — Assemblage en charpente, composé de deux heurtoirs ayant la forme d'un chevron brisé contre lequel s'appuie le bas des portes d'écluses lorsqu'elles sont fermées, et ont à supporter la pression des eaux. Les buscs, dont le sommet est toujours tourné vers l'amont, peuvent être construits en bois, en fonte, en pierre de taille ou autre maçonnerie; leurs conditions essentielles sont d'offrir à la poussée des eaux d'amont une résistance suffisante, et de joindre exactement contre les portes, de manière à atténuer le plus possible les pertes qui ont toujours lieu vers ces parties inférieures.

C

CADASTRE (*catastra*). — C'est l'ensemble des plans terriers rapportés sur une échelle uniforme et indiquant exactement, pour toutes les communes d'une contrée déterminée, la situation, les dimensions et la superficie des divers héritages. Ce grand et beau travail, d'origine moderne, a pour principal but d'établir, sur des bases aussi exactes que possible, la répartition de la contribution foncière proportionnellement à la valeur et au revenu des immeubles qui y sont compris.

Dans la Lombardie, sous le règne de Marie-Thérèse, un grand travail analogue à celui du cadastre fut ordonné, et en partie exécuté dès cette époque, principalement dans le but de régulariser les opérations relatives à l'extension des canaux d'irrigation, et à la distribution de leurs eaux, par des rigoles devant traverser plusieurs héritages.

CAISSON (*cassone*). — Espèce de coffre ou de plate-forme flottante sur laquelle on construit les fondations ou les parties inférieures des ouvrages hydrauliques que l'on ne pourrait établir par épuisement et que l'on fait échouer, tout d'une pièce, avec les précautions nécessaires, dans l'emplacement qu'ils doivent occuper. Aujourd'hui que l'emploi des bétons et ciments hydrauliques a fait de grands progrès, on ne recourt que rarement à ce mode de fondation qui est toujours dispendieux.

Camparo.—Terme usité en Lombardie pour désigner les gardes ou préposés qui sont immédiatement chargés de la surveillance et de la police des canaux d'irrigation, tant publics que particuliers, notamment en ce qui concerne la distribution des eaux. — Voyez ci-après *Eygadier*, *Reygnier*, *Préposé*.

Canal (*canale*). — Cours d'eau artificiel, creusé de main d'homme, suivant des dimensions et des pentes déterminées, pour servir, soit à l'irrigation des terres, soit à la navigation intérieure, soit à ces deux usages à la fois.

En Italie le mot *canale*, qui est l'acception générale, est à peine usité ; au contraire les acceptions spécifiques sont extrêmement multipliées. Un grand nombre de noms différents, quoique de significations presque équivalentes, s'emploient, selon la nature et les dimensions de la conduite d'eau dont il s'agit ; mais leur choix dépend surtout des usages locaux.

Les canaux de la plus grande dimension portent le nom de *Naviglio* ; or, la filiation évidente de ce terme relativement aux mots *navis* ou *nave*, pourrait faire croire qu'il ne convient exclusivement qu'à un canal navigable ; mais, s'il en fut ainsi autrefois, cela n'a plus lieu aujourd'hui, et on applique le nom de naviglio aux principaux canaux d'une contrée, qu'ils soient ou ne soient pas navigables. Ainsi dans le Piémont et le Novarais, les canaux d'*Ivrée*, *Langosco* et *Sforzesca*, qui ne reçoivent pas de bateaux, portent le nom de naviglio, aussi bien que les grands canaux du Milanais qui servent en même temps à la navigation et aux arrosages.

Les mots *Fossa* et *Cavo* s'appliquent aussi à de grands canaux, mais sont plus particulièrement réservés à la désignation des canaux particuliers. Ex : *Fossa di Bianzé, Fossa di Pozzolo, F. Parmigiana*, etc.; *Cavo Marocco, C. Barinetti*, etc.

Le mot *Roggia* est, dans les mêmes circonstances, d'un usage extrêmement répandu. Ex : dans le Milanais, *Roggia Belgiojoso* ; dans le Piémont, *Roggia Molinara, R. Camera*, etc. ; dans le Novarais, *R. Gattinara, Sartirana*, etc.

Enfin les mots *Seriola, Adacquatrice, Naviletto, Cavetto, Roggetta*, dont les trois derniers sont les diminutifs des précédents, s'appliquent encore aux dérivations les moins considérables, et même aux simples rigoles. Ex : en Piémont, *Seriola Kistarina, Naviletto della Mandria* ; *N. d'Aziliano*, etc.; *Cavetto della Stella*; *C. delle Lucre*, etc.

Dans les provinces de la Lombardie, un usage très-ancien, qui remonte aux XIIe et XIIIe siècles, était de donner aux canaux d'irrigation un nom qui dérivait de celui de la rivière où ils s'alimentaient. C'est ainsi que pendant longtemps les grands canaux du Tessin et de la Muzza ont été désignés sous les noms de *Ticinello* et *Addetta* (petit Tessin, petit Adda).

Quelquefois un canal, envisagé principalement comme *canal d'amenée*, est désigné sous le nom de *Portatore*.

Certains canaux, qui jouent un rôle spécial dans le système des travaux relatifs à l'irrigation, portent encore des noms particuliers. — Voyez ci-après : *Colateur*, *Emissaire*.

En France, les mots *canal* et *rigole* remplacent presque seuls cette longue nomenclature. Il y a néanmoins, pour le même objet, dans le midi de la France, quelques termes spéciaux dont plusieurs ont une analogie marquée avec ceux qui viennent d'être mentionnés. Au pied des Pyrénées, dans le voisinage du bassin de l'Adour, les canaux d'irrigation, même très-petits, sont désignés par le nom de *Rivière*; dans le département des Pyrénées-Orientales, ils le sont par le nom de *Ruisseau*. En Provence, les rigoles de distribution sont désignées par le nom de *Fillioles*, et par celui d'*Agouilles* dans quelques départements des Pyrénées.

Les diminutifs, tels que ceux d'*Addetta* et de *Ticinello*, longtemps usités en Italie, l'ont aussi été en France, vers la même époque et dans le même but ; ainsi les premiers canaux dérivés de la rive droite de la Durance, dans les environs d'Avignon, portèrent d'abord, presque tous, le nom de *Durançole;* l'un d'eux le conserve encore aujourd'hui. Jusque vers l'époque de la révolution, le canal de Crapone a été connu dans le pays sous le nom de *Fosse crapone*, désignation identique avec celle qu'il aurait conservée s'il eût été créé en Italie. Dans le département de Vaucluse, quelques canaux sont même désignés sous le nom de *Fossé*. Ex : les fossés de l'Évêché de la Fougue, des Isclos, et autres dans les environs d'Avignon. Enfin, le nom de *porteur d'eau*, qui est la traduction la plus littérale du *portatore* des Italiens, est également employé dans plusieurs localités du midi de la France.

Il était utile de donner ces détails sur les nombreuses désignations locales qui précèdent, parce que l'on ne peut se dispenser d'en conserver l'usage dans une description complète des canaux d'Italie; mais encore parce qu'il n'est pas sans intérêt de constater ainsi ces habitudes communes, qui sont propres à différentes régions navigables.

CARACTÈRES ou SEUILS (*radici*). — Dalles ou tabettes en pierre, scellées d'une manière invariable dans le lit d'un canal dont on veut maintenir le fond à un niveau bien déterminé. On conçoit que cette disposition est utile partout où la pente et le volume des eaux courantes ont une grande importance; aussi la trouve-t-on également en usage dans la Normandie pour les usines, et dans le Milanais pour les irrigations; c'est-à-dire là où chacun de ces deux emplois des eaux a atteint toute l'extension qu'il est possible de lui donner.

CARREAUX et BOUTISSES. — Dans les constructions en maçonnerie, de pierre de taille, moellons ou briques, on donne le nom de boutisses aux pierres dont on ne voit que le bout, parce que leur plus grande longueur est placée perpendiculairement au parement du mur ; les carreaux ont plus de surface en parement, mais ils ont moins de queue. On voit donc que la prescription habituelle , faite aux ouvriers, de disposer toujours les matériaux par carreaux et boutisses , n'est autre chose que celle de poser ces matériaux en bonne liaison ; ce qui est toujours indispensable.

CAVO. Voyez *Canal.*

CHAPEAU (*cappello*). — Pièce de bois horizontale servant à relier et à recouvrir les têtes des pieux ou pilotis , et désignant aussi la pièce de couronnement d'un vannage.

CHAINE DE MONTAGNES *(gruppo di montagne).*—Les chaînes ou groupes de hautes montagnes exercent une grande influence sur la situation hydrographique des contrées voisines , et par conséquent sur le succès des irrigations qui peuvent y être pratiquées. On distingue principalement dans un groupe de montagnes les lignes de faîte et de thalweg : les unes sont la région des points les plus hauts, les autres la région des points les plus bas de la contrée. Les faîtes sont ordinairement disposés suivant des lignes plus ou moins ondulées ou accidentées, dont les points culminants se nomment cimes, et dont les points de dépression se nomment cols.

Mais au contraire, les thalwegs, qui occupent le fond des vallées, étant formés et entretenus par l'effet actuel des eaux courantes, suivent généralement des lignes sans ondulations et à courbures continues. D'après cette observation, il n'est pas tout à fait juste de dire, comme l'ont avancé plusieurs géographes, que si l'on pouvait renverser la surface du sol, les faîtes deviendraient les thalwegs, et réciproquement.

Sous le rapport de l'irrigation, les chaînes de montagnes ont une très-grande importance ; non-seulement parce qu'elles renferment les sources de tous les cours d'eau considérables, mais surtout parce que leurs cimes et leurs vallées les plus hautes ont la faculté de conserver, au milieu des chaleurs de l'été, des neiges et des glaces dont la fonte régulière vient admirablement en aide à la diminution, ou même à la cessation totale, des pluies, pour fournir à la terre altérée des moyens d'arrosage.

CHAINE EN PIERRE *(commessura).* — Pierres de taille disposées verticalement, par carreaux et boutisses, et incorporées ainsi à une maçonnerie de moellons ou de briques, pour lui donner de la solidité, ou pour offrir une surface plus résistante, dans certains endroits exposés aux chocs et aux dégradations ; comme par exemple dans les avant et arrière-becs des ponts, dans les murs de jouée d'un empèlement, etc.

CHAMBRE D'EMPRUNT. Voyez *Emprunt.*

CHANFREIN *(smentatura).* — Pan coupé, par lequel on peut remplacer la vive arête dans une pierre de taille ou dans une pièce de charpente.

CHAUX HYDRAULIQUE *(Calce idraulica).* — Chaux

très-précieuse, pour l'usage des constructions sous l'eau, par la faculté qu'elle a de former, soit seule, soit mélangée avec diverses matières, des mortiers qui durcissent aussi bien, et quelquefois mieux, qu'à l'air. Les chaux hydrauliques appartiennent exclusivement à la classe des chaux maigres, foisonnant peu, et résultant d'une calcination généralement modérée, de pierres calcaires impures, de couleur grise ou jaune sale, qui renferment naturellement, dans des proportions variables, la chaux proprement dite et des matières siliceuses ou alumineuses, dont la présence est nécessaire pour constituer la qualité hydraulique.

CHEMIN DE HALAGE *(strada d'alzaja)*. — C'est le parcours réservé sur les francs bords des canaux et le long des rivières, aux chevaux de trait et aux hommes qui effectuent le tirage des bateaux. Les lois et règlements d'administration publique fixent dans chaque pays la largeur de ces chemins qui, le long des rivières, constituent, pour la propriété riveraine, non pas une cession de terrain, mais seulement une servitude, imposée pour cause d'utilité publique. Sur les canaux qui sont destinés à la fois à la navigation et à l'irrigation, les prises d'eau ou dérivations doivent toujours être pourvues, à leur origine, de ponts ou aqueducs destinés à maintenir en tout temps le libre parcours des chemins de halage.

CHOMAGE *(impedimento)*. — C'est l'interruption du service des canaux, soit pour la navigation, soit pour les arrosages, aux époques où ces canaux exigent des travaux d'entretien et de réparation. Le curage et le faucardement, qui généralement deviennent nécessaires deux fois par an sur les canaux d'irrigation, sont des opérations qui entraînent régulièrement le chômage de ces canaux. Leur durée doit toujours être réduite au moins de temps qu'il est possible.

CHUTE D'EAU (*caduta*). — Différence de hauteur entre le niveau des eaux retenues en amont d'un barrage et celui des eaux restées libres en aval ; ou plus simplement, différence de niveau des eaux dans deux biefs consécutifs.

Dans les écluses de navigation on nomme mur de chute celui qui se trouve placé un peu en avant des petites portes, ou portes d'aval.

CIMES (*sommità*). — Ce sont les points culminants qui s'élèvent sur les faîtes des chaînes de montagnes, par opposition avec les *cols* formant au contraire les dépressions sur les ligues du faîte. Le Mont-Blanc, le Mont-Rosa, le Mont-Cervin, sont les plus hautes cimes de la chaîne des Alpes, comme le Mont-Perdu et la Maladetta le sont également dans celle des Pyrénées. On conçoit que c'est autour de ces points culminants que se rassemblent et se conservent les plus grandes masses de neiges et de glaces, qui fournissent à l'alimentation régulière des cours d'eau des vallées inférieures. Les rivières ayant leurs principales sources au pied de ces sommités principales sont donc les plus favorables de toutes pour l'usage des irrigations.

Ciment (*calcistruzzo*). — Briques ou tuiles pilées, ou pulvérisées, servant à faire, avec diverses qualités de chaux, des mortiers résistant mieux à l'humidité que ceux où entre le sable ordinaire.

Cintre (*centina*). — Charpente provisoire destinée à supporter les voussoirs ou pendants des voûtes, lorsqu'elles sont en construction et jusqu'au moment où, par le posage des *clefs*, ces constructions sont susceptibles de se soutenir seules. Dans les voûtes d'une grande ouverture, où il y a à craindre des tassements, le décintrement exige quelques précautions.

Clayonnage (*palafitta*). — Ouvrage fait à l'aide de pieux ou piquets et de branches vertes entrelacées, disposées en forme de claie, soit pour soutenir les terres mouvantes d'une rive, ou berge, soit pour protéger cette rive contre le choc des eaux.

Clapet (*clapetto*). — Espèce de soupape disposée de manière à s'ouvrir et à se fermer par l'action des eaux. Dans la pratique des irrigations on aurait souvent un grand intérêt à ne laisser introduire dans les canaux ou rigoles, qu'un volume d'eau déterminé et à se prémunir ainsi du préjudice des grandes eaux.

Col (*gole*). — Dépression plus ou moins prononcée existant sur un faîte de montagne, entre deux cimes voisines. C'est dans le voisinage des cols que s'effectue naturellement le partage des eaux qui coulent sur les versants opposés des chaînes de montagnes. — Voyez *Chaînes de montagnes*.

Colateur (*colatore*). — Parmi les différentes espèces de canaux ou rigoles servant aux irrigations, ceux-ci ont pour destination spéciale de recevoir et de faire écouler, dans une direction convenable, les eaux surabondantes; c'est-à-dire celles qui coulent à la surface du terrain irrigué, quand ce terrain est suffisamment imbibé. Dans les pays où les eaux sont abondantes, et où l'on tire tout le parti désirable des irrigations, les colateurs deviennent à leur tour, pour les terrains inférieurs, de véritables canaux d'irrigation dans lesquels, à une certaine distance, on puise, à l'aide de saignées nouvelles, les mêmes éléments de fertilité pour le sol.

Partout où l'on verra le superflu des irrigations soigneusement recueilli dans des colateurs, et ces colatures servir elles-mêmes encore à un ou plusieurs arrosages, on peut être assuré que l'art de bien employer les eaux est parvenu dans cette contrée à une grande perfection. Cela se fait très-exactement dans le Milanais ; mais je n'ai pas vu observer ailleurs la même précaution.

Colatures (*scoli, colatizie*). — Ce sont les eaux qui, se trouvant superflues quand un terrain est suffisamment irrigué, s'écoulent le long des pentes ou inclinaisons ménagées à cet effet, et se rassemblent dans les canaux d'écoulement qu'on nomme les *colateurs*. Ces mêmes eaux sont désignées par le nom d'*écoulages* dans le midi de la France où, faute d'écoulement ultérieur, elles sont généralement très-nuisibles aux terrains environnants.

COLMATAGE (*colmata*). Mot dérivé du verbe italien *colmare*, combler, remplir, et qui s'applique à l'opération par laquelle on effectue le comblement ou l'exhaussement des terrains bas et marécageux, en y faisant séjourner, pendant un temps plus ou moins long, des eaux limoneuses ou troubles, que l'on fait écouler ensuite, quand elles ont suffisamment produit leur effet.

COMMISSION SYNDICALE. Voyez *Syndicat*.

CONDUITE D'EAU. Voyez *Canal, Aqueduc*.

CONFLUENT (*confluente*). — Ce mot, le seul qui soit régulièrement en usage en France pour désigner la jonction de deux cours d'eau, n'est presque pas usité en Italie. Le mot confluent, qui signifie couler ensemble, convient bien pour désigner le point où deux cours d'eau, à peu près de même volume, opèrent leur réunion. Mais ce cas ne se présente, pour ainsi dire, jamais; car, dans la réalité, on voit toujours un cours d'eau plus faible qui se jette dans un plus grand. C'est, en conséquence, exclusivement par le mot *débouché* (*sbocco*) que l'on désigne en Italie la réunion de deux cours d'eau. — Voyez *Embouchure*.

CONTRACTION (*contrazione*). — Lorsqu'un liquide contenu dans un canal ou réservoir s'échappe par un orifice pratiqué dans une de ses parois, les molécules fluides se dirigent de toutes parts vers cet orifice, ou plutôt s'y précipitent comme vers un centre d'attraction. Dès lors la convergence des directions que prennent les divers filets d'eau dans l'intérieur du réservoir, se continue encore à l'extérieur ; et il est facile de remarquer que l'eau, dès sa sortie de l'orifice, se resserre ou se *contracte* graduellement en formant une espèce de pyramide tronquée, dont la grande base est l'orifice d'où elle sort, et dont la petite base qui correspond au maximum de contraction est ce que l'on nomme *section contractée*.

L'effet de la contraction est donc de réduire la section effective de l'orifice, ou de donner une section moindre, pour celle qui doit entrer dans l'expression de la dépense réelle, car l'écoulement a lieu comme si à cet orifice réel on en eût substitué un autre d'un diamètre égal à celui de la section contractée, et que le même fait ne se fût pas reproduit.

Le phénomène dont il s'agit est très-sensible au passage d'un pont, d'un aqueduc, d'un déversoir, d'un vannage. Et, dans ces diverses circonstances, la contraction de la veine fluide amène toujours une réduction assez notable dans le produit que l'on obtiendrait en calculant théoriquement le volume d'eau qui doit passer, dans l'unité de temps, par une section déterminée. Dans mon ouvrage sur les usines hydrauliques, t. I, p. 187, j'ai évalué le

coefficient de la construction à 0,80 pour les ouvertures ordinaires des vannes qui varient de 1 à 4
mètres superficiels, ce qui correspond, pour ces
dimensions moyennes, à une réduction de 1/5 dans
la dépense théorique de l'orifice. Mais le même
phénomène a une influence bien plus importante
dans la distribution, et dans le partage des eaux
d'irrigation; soit parce qu'il s'agit d'ouvertures généralement minimes, par rapport à celles que
je viens de désigner, et que la réduction y est
alors relativement bien plus considérable; soit parce
que la valeur élevée de l'eau, employée ainsi, doit
faire étudier, avec tout le soin possible, les causes
diverses qui peuvent influer sur le volume effectif
de celle qui est livrée, moyennant un prix déterminé.

CONTRE-BAS, CONTRE-HAUT *(in basso, in alto).*—
Synonymes des mots plus simples *au-dessus, au-dessous.* Mais la similitude de l'écriture de ces deux
derniers mots ayant souvent donné lieu à des erreurs graves, résultant d'interprétations diamétralement opposées dans la fixation du niveau de certains
ouvrages qu'il était nécessaire de rapporter ainsi à
des points fixes, on a dû, dans l'usage des travaux
publics, mais principalement dans l'architecture
hydraulique, adopter de préférence les expressions
en contre-bas, en contre-haut, qui ne sont pas sujettes à la même confusion.

CONTRE-FORT *(rinforzo).* —— Massif, pilier ou appendice, adossé à une construction en maçonnerie pour lui donner plus de résistance contre la poussée des voûtes, des terres ou des eaux ; lorsque les contre-forts ne peuvent être établis extérieurement, c'est-à-dire dans le sens opposé à la poussée, on les place à l'intérieur.

Contre-fort *(contraforte)*.—Terme de géographie physique par lequel on désigne, dans le système général des chaînes de montagnes, les petites collines de deuxième ou de troisième ordre, qui s'embranchent sou diverses inclinaisons avec les rameaux principaux desdites chaînes.

Contre-pente *(contrapendenza)*. — Portion de rampe de peu d'étendue, formant une interruption momentanée dans une ligne générale de pente.

Contre-repère. Voyez *Repère.*

Cordon *(cordone)*. — Simple saillie à profil rectangulaire et de hauteur variable qu'on fait ressortir sur le parement d'une construction en maçonnerie.

Cote *(cota)*. — En matière d'arrosages, ce mot a deux significations très-distinctes ; 1° dans les nivellements relatifs soit aux travaux neufs, soit aux travaux d'entretien et de curage, les *cotes* indiquent des différences de niveau. Quand les canaux sont exécutés et à l'état d'entretien, les usagers payent annuellement diverses *cotes*, soit pour l'amodiation des eaux, à tant par once ou à tant par hectare, soit pour leur part des droits généraux d'entretien, d'administration, etc.

Corroi *(teppata)*. — Massif de terre glaise ou d'argile, corroyée et battue avec soin, de manière à intercepter complétement l'écoulement ou même la filtration des eaux. Dans les travaux d'irrigation, où la retenue et la conservation des eaux ont toujours beaucoup d'importance, on fait, avec raison, partout où les localités le comportent, un très-grand usage des corrois de glaise, qui sont moins coûteux et d'un effet meilleur que tous les ciments connus.

Couronnement *(coronamento)*. — C'est le dessus de la dernière assise, ou de la partie supérieure, d'un ouvrage soit en maçonnerie, soit en charpente.

Cours d'eau. — Voyez *Rivière*.

Coursier *(Camera della ruota)*. — Espace dans lequel fonctionne une roue, mue par un courant d'eau.

Crampon (*rampone*). — Morceau de fer crochu coudé ou recourbé, qui sert à relier solidement entre elles des pierres de taille ou des pièces de charpente qui n'auraient pas, d'après les modes d'assemblage ordinaire, une solidité suffisante.

Crapaudine *(piastra)*. — Morceau de fer, de fonte, ou de pierre dure portant une cavité cylindrique dans laquelle tourne un pivot vertical.

Crèche ou Encrèchement *(recinto)*. — Enceinte formée de pieux et palplanches jointives, ou de pieux seulement, et destinée à préserver les fondations des ouvrages hydrauliques, soit pendant leur construction, soit après leur achèvement, des affouillements ou autres dégradations que peuvent causer les eaux courantes.

Cric (*martinetto*). — Machine servant à lever des fardeaux considérables. Elle est composée essentiellement d'une crémaillère, d'un double pignon et d'une manivelle. Quand les vannes d'une retenue d'eau ont beaucoup de hauteur et de largeur, leur manœuvre ne peut s'effectuer qu'au moyen d'un cric, mais elle a alors l'inconvénient d'être très-lente.

Culées (*cosce*). — Massifs de maçonnerie établis sur les rives opposées d'un cours d'eau et destinées à supporter soit le tablier en charpente soit la voûte d'un pont. L'épaisseur des culées doit être calculée de manière à ce qu'elles résistent également à la poussée des voûtes et à la poussée des terres.

Curage (*spurgo*). — Opération qui consiste à enlever du lit des rivières ou canaux, la vase, les dépôts de terre ou de graviers, et autres matières qui s'y déposent et tendent à en obstruer le cours. Les curages, qui ont généralement beaucoup d'importance sur les canaux d'irrigation, doivent s'y exécuter avec une grande célérité.

D

Dalle (*grondaja*). — Pierre plate, de 0^m,10 à 0^m,30 d'épaisseur, dont la superficie est variable selon la destination qu'on veut lui donner, et d'après la nature des bancs de la carrière. Dans les ouvrages hydrauliques les dalles sont d'un très-grand usage pour radiers, couvertes, ou revêtements d'aqueducs, etc.; mais leur qualité la plus précieuse est de fournir d'excellentes fondations, soit sous l'eau soit dans les terrains humides.

Damage (*pestellazione*). — Les remblais des digues seraient presque toujours impropres à retenir les eaux sans la précaution qu'on doit toujours avoir, non-seulement d'y employer autant que possible de la terre argileuse, mais encore de battre ou de comprimer cette terre, tant par le passage des voitures ou brouettes, que par l'emploi d'un instrument spécial que l'on nomme dame et qui diffère peu dans sa forme de l'instrument du même nom dont se servent les paveurs.

Darse (*darsena*). — Tous les anciens ports d'Italie avaient une partie intérieure, qui se fermait la nuit, au moyen d'une chaîne, et où l'on avait coutume de retirer les galères. Ce nom est resté aux simples bassins ou entrepôts établis sur les canaux de navigation, soit dans l'intérieur soit aux abords des principales villes.

Débit (*esito, prodotto*). — Le débit ou produit d'une bouche est la quantité d'eau qu'elle fournit dans un temps donné. — *Voir* le tableau comparatif des mesures placé à la fin de ce volume.

Déblais, remblais (*terre scavate, levate*). —

Dans les travaux sur le terrain , on désigne par le mot *déblais* les terres à fouiller ou à creuser , et par celui de *remblais* les terres rapportées.—Voy. *Terrassements*. Un terrassement préalable , comprenant des déblais et des remblais , est presque toujours nécessaire pour bien adapter un terrain à recevoir le bénéfice de l'irrigation.

Débouché (*sbocco*). — C'est l'extrémité inférieure d'un canal ou d'un cours d'eau, le point où il déverse ses eaux , en qualité d'affluent, dans un canal ou cours d'eau plus considérable. Ainsi, dans le Milanais, le canal de Pavie a son débouché dans le Tessin, sous les murs de cette ville , un peu en aval de laquelle ladite rivière a elle-même son débouché dans le Pô. Dans la région irrigable du Piémont, la Doie –Baltée, la Sesia , l'Agogna, le Tordoppio ont aussi leur débouché dans le Pô.—Voy. *Confluent*, *Embouchure*.

Débouché (*sezione*). — C'est effectivement la section libre offerte à l'écoulement des eaux, en un point déterminé, par la coupe transversale du lit d'une rivière ou d'un canal, par un pont, par un empèlement ou par un autre ouvrage analogue.

Déchargeoir (*scaricatore*).— Empèlement composé d'une ou de plusieurs vannes de fond, et servant à opérer la décharge d'un bief, soit seulement pour maintenir son niveau constant, à l'approche des grandes eaux, soit pour mettre ce bief à sec, en cas de curage ou autres réparations.

Décintrement. — Voyez *Cintre*.

Défrichement (*bonificazione*). — Ce mot, que l'on emploie souvent d'une manière exclusive, mais impropre, au remplacement des bois et forêts par des terres labourables, doit s'appliquer à toute opération agricole ayant pour résultat de mettre en valeur un sol qui ne rapportait rien ou presque rien.

Les défrichements opérés au moyen de l'irrigation sont les plus remarquables de tous; car avec de l'eau et un peu d'engrais on transforme en riche prairie une plage aride et entièrement infertile. Cette pratique, qui commence à faire des progrès en France, donne surtout d'admirables résultats dans la *Crau*, immense plaine de cailloux, qui existe dans les environs d'Arles. Des essais également satisfaisants ont eu lieu, plus en petit, sur les bords de la Moselle.

Délit (*falso piano*). — Dans l'art de bâtir on nomme pierre posée *en délit* celle qui est pressée dans un sens autre que celui qu'elle occupait dans sa position naturelle, à l'état de roche. D'après cela, les lits de carrière des pierres de taille et de moellons doivent être placés horizontalement, dans les maçonneries ordinaires; mais par la même raison, dans les voûtes ils doivent être dans une direction perpendiculaire ou normale aux parements, afin que ces pierres ne soient pas exposées à éclater, à se *déliter*.

Dépôt (*deposito*).—Voyez *Alluvion*, *Atterrissement*.

Dérivation (*derivazione*).—Voyez *Canal*.

Desséchement (*asciugamento*). — Opération consistant à faire évacuer les eaux stagnantes d'un marais, d'un terrain marécageux, ou même d'un terrain périodiquement submergé, pour le mettre en culture. Les terrains susceptibles de desséchement offrent un très-grand intérêt pour les entreprises d'irrigation ; car l'état même où on les prend témoigne incontestablement qu'ils remplissent déjà naturellement la première des conditions nécessaires, c'est-à-dire que les eaux y arrivent ; reste donc à accomplir la seconde et non moins essentielle de ces conditions, qui est de faire que ces eaux s'écoulent ; or, c'est le but essentiel de tout desséchement.

Déversoir (*sfioratore, travaccatore*).—Digue ou barrage, ordinairement en maçonnerie, qui sert de régulateur à une retenue d'eau, son couronnement étant réglé de manière que celle-ci y coule d'elle-même, superficiellement, aussitôt qu'elle dépasse le niveau voulu.

Digue (*diga*).—Ouvrages en remblai, composés de terre franche ou argileuse, revêtus de gazon, clayonnages, fascinages, etc., et destinés soit à soutenir les eaux élevées, par un barrage, à une certaine hauteur, au-dessus du niveau des terrains environnants, soit à protéger les terres riveraines contre les inondations. Dans le premier cas les digues supportent continuellement la poussée des eaux ; dans le second elles n'ont à y résister que momentanément, pendant la durée des crues : mais d'un autre côté les digues de cette espèce sont exposées aux affouillements et autres avaries qu'occasionnent la vitesse et le choc des eaux.

Dragage (*spurgo con macchina*).— Opération qui consiste à enlever sous l'eau, sans épuisement, et avec une machine qu'on appelle *drague*, la vase, les graviers ou encombrements quelconques existant au fond d'une rivière, d'un bassin, d'un canal.

E

Eau d'été, eau d'hiver (*acqua estiva, iemale*).— Dans la pratique des irrigations du Milanais, on distingue ainsi les eaux servant aux arrosages d'été et aux arrosages d'hiver. Elles ont des prix très-différents.

Écluses (*sostegno*).—Construction en maçonnerie composée principalement de deux murs latéraux ou bajoyers, d'un mur de chute, qui rachète l'excédant de pente naturelle du terrain, et de deux paires de portes busquées, disposées de manière à faire passer facilement les bateaux d'un bief dans un autre. Sur les canaux qui servent à la fois à la navigation et à l'irrigation, les écluses sont nécessairement munies d'un double passage, l'un et l'autre étant exclusivement réservé à chacune de ces destinations.

ÉCONOMIE (travaux par) (*lavori per economia*). —Dans ce système les dépenses sont payées d'après les rôles et états tenus journellement et certifiés par les conducteurs ou autres agents préposés à la surveillance des travaux. Ces états, visés par les ingénieurs, sont transmis à l'autorité administrative qui fait ordonnancer les payements selon les formes et dans les délais prescrits par les règlements.

EMBOUCHURE (*imboccatura*).—En Italie, et spécialement en matière d'arrosages, ce mot, qui dérive de *bocca*, bouche, désigne toujours l'origine d'un canal de dérivation, ou la prise d'eau de ce canal, soit dans une rivière, soit dans un canal plus considérable. C'est exclusivement avec cette signification que, dans le cours de cet ouvrage, je me sers du mot embouchure; encore bien que le plus souvent l'acception qu'on lui donne en France comporte l'idée opposée, celle de la restitution des eaux. Cependant je pourrais citer plusieurs ingénieurs qui ont avec raison adopté l'autre signification comme beaucoup plus précise. — *Voir* comme complément de cet article, le mot *Débouché* (*sbocco*).

ÉMISSAIRE (*emissario*). — Nom que l'on donne en Italie, soit à un canal, soit à un cours d'eau lorsqu'ils servent à l'écoulement d'un lac ou d'un marais. Dans ce sens, le Tessin et l'Adda sont les émissaires naturels des deux principaux lacs situés au nord du Milanais.

EMPATEMENT (*imbasamento*).—Bâse formant une saillie plus ou moins considérable sous une construction en maçonnerie, pour lui donner plus de stabilité.

EMPÈLEMENT. —Voyez *Vanne, Vannage*.

EMPRUNT (*presu di terra*).—Lorsque dans un projet de terrassements, comme cela arrive toujours dans la construction des digues, il n'y a pas, sur la ligne des travaux, égalité entre le cube des déblais et celui des remblais, ceux-ci ne peuvent se compléter qu'à l'aide de terres prises dans des fouilles à part, spécialement ouvertes à cet effet, et que l'on nomme *chambres d'emprunt*.

ENCAISSÉ (*incassato*). — Ce mot s'applique à la différence plus ou moins grande qui existe entre le niveau d'un cours d'eau et celui de ses rives ; ainsi on dit que telle rivière est très-encaissée en un point désigné de son cours, par opposition avec les endroits où elle coule à fleur de terre. Là où il existe des travaux d'endiguement, on peut toujours dire qu'un cours d'eau est encaissé entre ses digues.

ENDIGUEMENT (*indigamento*).—Opération consistant à endiguer ou à pourvoir de digues une rivière ou un torrent qui n'en avait pas encore.

ENGRAIS (*concime, letame*).—Les engrais consistent dans des matières solubles, chargées de carbone, d'hydrogène et d'azote, provenant généralement de la décomposition des matières végéto-animales. La nature des engrais qui renferment, d'une manière surabondante, les principes constitutifs des végétaux, et leur solubilité qui facilite beaucoup l'absorption ou l'assimilation de ces principes, expliquent la puissante influence qu'ils exercent en agriculture.

Les engrais jouent un très-grand rôle dans l'économie rurale qui a pour base l'irrigation; mais il y a de grandes distinctions à faire, suivant la qualité des eaux que l'on emploie et le système d'arrosage qui est adopté.

ENROCHEMENT (*fondamento a pietre perdute*). — Amas de pierres brutes ou de cailloux, d'un volume suffisant, que l'on jette au fond de l'eau jusqu'à ce qu'il atteigne à un niveau déterminé. Le volume des pierres à employer dans un enrochement doit être d'autant plus considérable que le courant à l'action duquel elles doivent résister est plus rapide; car leur résistance ne résulte que de leur propre poids. Ce mode de fondation, qui dispense des épuisements ou des bétonages, est très-avantageux, partout où l'on a sous la main des matériaux convenables à y employer. Les enrochements servent aussi quelquefois à protéger seulement le pied d'un ouvrage exposé à être affouillé par les eaux courantes.

ÉPERON (*sperone*). — Ouvrage en maçonnerie, en terre, en fascines ou en charpente, de dimensions plus ou moins considérables, destiné à protéger une construction hydraulique contre le choc des eaux, celui des glaces et autres corps flottants.

ÉPI (*pignone*). — On peut donner ce nom à

tout ouvrage fixe en maçonnerie, pieux, fascines, etc., qui, partant de la rive d'un cours d'eau, forme une saillie quelconque sur son lit. Car c'est en vertu de cette saillie que les épis ont la faculté d'amortir, et même dans certains cas de détruire entièrement, la vitesse des eaux le long des bords D'après cette propriété, l'on emploie très-efficacement les épis, soit pour préserver une rive menacée de corrosion, soit même pour réparer par l'effet des alluvions les dégradations déjà effectuées.

Epuisement (*getto d'acqua*). — Opération consistant à enlever, à l'aide de seaux, de baquets, de corbeilles, de pompes et autre machines, toute l'eau d'un emplacement dans lequel on veut fonder un ouvrage en maçonnerie, sans être gêné par les eaux.

Erosion ou Corrosion (*corrosione*). — Dégradation des rives ou berges d'une rivière par le choc ou le frottement des eaux.

Espassière. Voyez *Martellière*.

Estacade (*palizzata*). — Ouvrage en pieux ou en charpente à claire-voie, servant soit à barrer un bras de rivière ou l'entrée d'un canal, soit à protéger des constructions hydrauliques contre le choc des glaces ou celui des bateaux.

Étiage (*Estività*). — Mot employé en France, dans l'architecture hydraulique, pour désigner le niveau le plus bas des eaux d'une rivière. *Voir* ci-dessus aux mots *Basses eaux*, *Hautes eaux*, en quoi le mot *étiage* est défectueux.

Extrados (*estradosso*).—Surface extérieure d'une voûte, prise au-dessus de l'épaisseur des pendants ou voussoirs.

Eygadier (*camparo*). — Nom donné dans l'ancienne Provence, et dans les départements limitrophes, aux employés ou préposés, chargés de veiller à la distribution des eaux d'irrigation, entre divers usagers, ainsi qu'à la surveillance et à la police des canaux d'arrosage. — Voyez *Préposé, Reyguier*.

F

Faîte (*colmo*). — Ligne culminante sur le sommet des chaînes de montagnes. Les lignes de faîte sont surtout remarquables en ce qu'elles déterminent le partage des eaux entre les versants opposés. Ces lignes sont très-rarement de niveau : elles offrent au contraire des ondulations très-prononcées qui y établissent des *cimes* et des *cols*.—*Voyez* ces mots.

Pour les montagnes secondaires ou les simples collines on se sert assez communément du mot *crête* : mais le mot faîte est le seul dont l'acception soit précise et régulière.

Fascinage (*fascinata*). — Ouvrage en fascines.

Fascines (*fascine*). — Petits faisceaux de branches vertes, fortement serrées par des liens de même nature, et destinés à former divers ouvrages en lit de rivière : tels que des épis, revêtements de talus, etc.

Fauc_adement_ (*taglio delle erbe*) — Action de couper à la faux les herbages et les plantes aquatiques qui croissent dans le lit des canaux, dont elles tendent à diminuer la section et dont quelquefois elles obstruent totalement le débouché.

Filliole. — Voyez *Canal*.

Flache (*acqua stagnante*). — Dépression de terrain dans laquelle l'eau dort sans écoulement. La même expression s'applique à une dépression vicieuse dans la surface d'une pièce de bois équarrie.

Flotteur (*galleggiante*). — Instrument simple ou composé dont on se sert pour mesurer l'espace que parcourt une eau courante, dans un temps donné. Le flotteur est *simple* quand il n'est formé que d'un corps spécifiquement plus léger que l'eau, lequel étant jeté au milieu du courant, sert à constater sa vitesse superficielle; il est *composé* lorsqu'il est pourvu d'une partie flottante et d'une partie plongeante, de manière à indiquer la vitesse moyenne ou réelle des filets d'eau soumis à l'expérience.

Franc-Bord (*marciapiede*). — Espace ou sentier, de largeur variable, que l'on réserve ordinairement le long d'un canal et qui en est regardé comme une dépendance indispensable, à cause de l'obligation où est le propriétaire de ce canal de pourvoir seul à l'entretien et aux curages qu'il réclame là où il traverse des héritages appartenant à des tiers.

Quand des contestations s'élèvent à l'occasion d'un franc-bord dont la largeur n'est pas fixée par titres, les tribunaux compétents arbitrent cette largeur d'après les usages de la localité.

FRICHE (*sodo*). — Étendue de terre dont les produits sont sensiblement nuls. C'est aux terrains de cette nature que l'application des irrigations, lorsqu'elles sont praticables, offre le plus d'avantages; car leur bonification peut souvent ainsi s'opérer presque sans frais; et une fois améliorés les terrains qui ont eu cette origine diffèrent peu, dans leur produit, des terrains les plus précieux.

FRETTE (*cerchio di ferro*). — Cercle de fer qui entoure les pièces de bois qui seraient exposées à se fendre par l'effet du choc ou de la torsion. Ainsi l'on a toujours soin de fretter les têtes des pieux ou pilotis qui doivent recevoir les chocs d'un mouton. On frette également les arbres des roues hydrauliques et d'autres pièces analogues.

FUITE (*stillazione*). — Perte d'eau à travers les fissures ou les fondations d'un ouvrage destiné à la retenir. L'irrigation étant de tous les usages de l'eau celui où elle a le plus de valeur, les pertes et filtrations, qu'on désigne vulgairement sous le nom de fuites d'eau, doivent être soigneusement évitées.

G

Galets (*sassoli*). — Pierres arrondies par les eaux et de dimensions généralement proportionnées à la pente des torrents dans le lit desquels ils se trouvent. L'architecture hydraulique assigne divers emplois utiles à cette nature de matériaux.

Gare (*darsena*). — Lieu réservé sur les rivières et canaux pour y retirer les bateaux pendant l'hiver afin qu'ils soient en sûreté et à l'abri des avaries que peuvent causer soit les grandes eaux, soit les débâcles de glaces. — Voyez *Darse*.

Gattellation (*gattellazione*). — *Voir* ci-après.

Gattello (*gattello*). — Espèce de mentonnet ou de petite console saillante de 0^m,06 à 0^m,10 adaptée à la face extérieure de la vanne qui fait partie du module régulateur des bouches de prise d'eau dans le Milanais. Le gattello est destiné à opposer un obstacle fixe à la levée de ladite vanne, au delà du point déterminé par l'administration, pour fournir la hauteur d'eau ou pression nécessaire au-dessus du bord supérieur de la bouche proprement dite.

La gattellation est la vérification que l'autorité administrative fait exécuter, par le ministère des ingénieurs et inspecteurs des eaux, toutes les fois qu'elle le juge convenable, sur les canaux du gouvernement, dans le Milanais, afin de s'assurer : 1° que

toutes les vannes sont pourvues d'un *gattello ;*
2° que ces arrêts sont placés à la hauteur convenable pour obtenir constamment la pression vou-
lue, d'après le niveau moyen des eaux de la rivière.
— *Voir* au tome II la description du module milanais.

GLACIS (*spalto*). — C'est la surface inclinée
que forme un déversoir, depuis son couronnement
jusqu'au niveau de ses fondations, dans la partie
d'aval.

H

HYDROMÈTRE (*idrometro*).—Colonne ou tablette
en pierre, en marbre ou en métal, portant une échelle
verticale graduée, dans le but de constater les divers
niveaux des eaux, dans une rivière ou un canal. Sur
des fleuves très-importants, comme le Nil et le
Rhône, l'hydromètre perd son nom générique pour
emprunter celui du fleuve, et l'on dit alors *nilomètre*,
rhonomètre, etc.

J

JALONS (*bastoni da livello*). — Perchettes ai-
guisées à un bout et pourvues à leur extrémité supérieure d'un petit carré de papier blanc. On les
emploie à effectuer sur le terrain, d'une manière
très-expéditive, les divers tracés relatifs au lever des
plans, aux nivellements, comme aussi à ouvrir immédiatement les canaux ou rigoles.

Jaugeage (*valutazione delle acque*).—Appréciation du volume d'eau que débite une rivière, dans un temps déterminé, en se servant soit d'expériences directes, soit de formules calculées d'après des expériences analogues.

Jouées (*spalle*). — Voyez *Bajoyers*.

L

Lachure (*scaricatura*). — Flot ou volume d'eau qu'on lâche temporairement d'amont en aval, par l'ouverture totale ou partielle d'une vanne ou ventelle faisant partie soit d'une écluse de navigation, soit d'un simple barrage de retenue. — Voyez *Écluse*.

Levée (*levata*). — Digue ou remblai, ordinairement en terre et revêtue de gazon ou de clayonnages. Les levées ont pour objet d'empêcher une eau courante sujette à des crues, de se répandre sur les terres adjacentes. Sur les bords du Rhône on donne aux ouvrages de cette espèce le nom de *lévadons*, et l'on désigne sous le nom de *lévadiers* les agents institués par les associations de propriétaires intéressées, pour la surveillance de ces digues particulières.— Voyez *Digue*.

Libages (*sassatelli*). — Blocs de pierre de fortes dimensions et grossièrement équarris, servant à établir solidement les fondations et les parties basses des ouvrages hydrauliques, dont les matériaux ont besoin d'être très-massifs.

LIGNE D'EAU (*linea d'acqua*). — C'est la 144ᵉ partie du pouce d'eau, ou pouce de fontainier, ancienne mesure française pour la distribution des eaux d'un faible volume, notamment dans les usages domestiques. — Voir au tableau comparatif des mesures.

LIT (*letto*). — C'est l'espace sur lequel coulent les eaux d'une rivière, d'un ruisseau, d'un canal, sans se répandre sur les terrains environnants. Le point le plus essentiel à atteindre par une bonne administration et une bonne police des eaux courantes, c'est la stabilité de leur lit : or, cette stabilité correspond au régime pour lequel il y a équilibre entre la résistance du lit et l'action érosive des eaux.

M

MARTELLIÈRE. — Dans le midi de la France, et notamment dans les départements traversés par le Rhône, c'est le nom que l'on donne aux empèlements ou vannages qui sont le seul moyen employé pour régler les prises d'eau destinées à l'arrosage des terres. Dans la Provence les simples vannes d'irrigation sont désignées par les noms d'*espassières* ou *esparcières*. Ces vannes sont toujours censées établies entre des jouées en maçonnerie.

MEULE D'EAU (*ruota d'acqua*). — Désignation employée dans le midi de la France (région des Pyrénées) pour indiquer le débit plus ou moins grand des bouches de prises d'eau. — Voir le tableau comparatif des mesures, d'où il résulte que la *meule d'eau* est aujourd'hui une désignation entièrement fictive.

MODELLATION (*modellazione*). — Voyez ci-après.

MODULE (*modello*). —Appareil destiné à régler, d'une manière aussi exacte qu'il est possible, la quantité d'eau introduite dans une dérivation effectuée sur une rivière ou sur un canal principal. La modellation consiste à imposer, par mesure de police, l'établissement d'un module régulateur aux bouches de dérivation qui en sont dépourvues.

MOULAN OU MOULAN D'EAU (*ruota d'acqua*). — Mesure des eaux adoptée dans le midi de la France (région de la Provence). Cette quantité, primitivement basée sur le débit nécessaire au roulement des meules d'un moulin à farine, avec une chute moyenne, peut être définitivement fixée aujourd'hui, comme mesure de distribution des eaux d'irrigation. — Voir, au tableau comparatif des mesures, une observation essentielle sur cet objet.

N

NIVEAU (*livello*). — Instrument d'une grande importance pour toutes les opérations sur le terrain, et notamment pour le tracé des canaux. Dans ceux qui sont destinés à l'irrigation la question des pentes ayant plus d'importance que partout ailleurs, on doit, dans les études sur le terrain, n'employer que des instruments d'une grande perfection et d'une exactitude éprouvée. — Lorsqu'on ne veut, en matière de nivellement, qu'une approximation comme cela a lieu par exemple quand il s'agit de dresser les pentes d'un terrain qu'on veut disposer à l'irrigation, on peut se servir d'une simple chaîne d'arpenteur et de trois jalons de hauteur fixe, que l'on nomme dans ce cas des *nivelettes*.

Noria (*noria*). — Machine ou roue à seaux propre à élever les eaux, et employée depuis une époque très-ancienne aux irrigations, notamment par les Maures en Espagne, où cette machine est encore très-répandue.

O

Œil de meule. — Dans les Pyrénées françaises, on appelle ainsi de petites prises d'eau ou bouches circulaires de $0^m,16$ à $0^m,24$ de diamètre. — Voyez *Meule*.

Œuvre (*opera*). — Nom que prennent dans la Provence la plupart des associations formées pour la construction, la continuation ou seulement la jouissance des canaux d'arrosage. Exemple : œuvre d'Arles, œuvre de Crapone, œuvre des Alpines.

Once d'eau (*oncia d'acqua*). — Nom adopté dans toute l'Italie pour désigner les différentes mesures de l'eau d'irrigation. Malheureusement autant de provinces, autant d'onces différentes; non-seulement quant au volume d'eau effectif qu'elles représentent, mais encore quant à la manière de l'obtenir.

Un des points que j'ai eus le plus particulièrement en vue, dans la rédaction de cet ouvrage, a été de démontrer que, parmi les diverses *mesures d'eau* en usage dans l'Italie septentrionale, il en est une plus parfaite que toutes les autres et reconnue telle d'une manière incontestable. De sorte que s'il était constaté, qu'en France ou ailleurs, les irrigations ne prendront jamais tout l'accroissement dont elles sont susceptibles, qu'avec les garanties d'ordre et de régularité que peut seule établir une bonne mesure des eaux, c'est celle-là qu'il conviendrait d'adopter. — Voir le tableau comparatif.

P

PARTAGE D'EAU (*spartizione d'acqua*). — C'est la division d'un certain volume d'eau courante en deux ou plusieurs parties dans des proportions déterminées.

PARTITEUR (*partitore*). — Ouvrage d'art servant à effectuer, dans des proportions voulues, le partage des eaux d'irrigations.

PELLE. — Voyez *Vanne.*

PENTE (*pendenza*). — C'est l'inclinaison d'une eau courante, appréciée sur une certaine longueur, prise pour unité. La pente de la plupart des cours d'eau étant généralement très − faible, il est préférable de la désigner plutôt par kilomètre que par mètre. Ainsi, de ces deux énonciations d'une même chose, $0^m,42$ par kilomètre, ou $0^m,00042$ par mètre, il n'est personne qui ne doive préférer la première. En France, l'usage n'est point généralement adopté de déterminer les pentes des cours d'eau par kilomètre; et cependant leur désignation par mètre, avec un grand nombre de décimales, donne lieu journellement aux erreurs les plus graves.

PÉNURIE (*magra*). — État d'un cours d'eau dans le moment où celle-ci est le moins abondante. Ce mot, préférable à celui d'*étiage* qui peut impliquer une idée fausse, est en usage dans plusieurs départements du midi de la France, et s'applique aux époques où la rareté des eaux d'irrigation oblige à modifier, entre les usagers, les règles habituelles de leur distribution.

PERTUIS (*pertugio*). — Terme qui peut s'appliquer à tout ouvrage d'art destiné à donner passage à une eau courante.

PILONAGE. — Voyez *Damage*.

PILOTS, PILOTIS (*palafitte*). — Système de pieux ou pilots enfoncés, au refus d'un mouton à sonnette, d'une pesanteur déterminée, ou quelquefois battus seulement à la masse, pour former soit les fondations d'un ouvrage hydraulique sur un mauvais terrain, soit une enceinte destinée à le protéger contre les affouillements et autres dommages.

Point de partage (*ponto di spartizione*). — Ce nom se donne, en architecture hydraulique, au bief le plus élevé d'un canal à deux versants; et en topographie, au point sur lequel, dans les chaînes ou groupes de montagnes, s'opère naturellement la division des eaux de pluie, ou de la fonte des neiges, entre deux ou plusieurs versants opposés. Dans le voisinage des cols, c'est ordinairement par la présence d'un petit lac que ces partages naturels des eaux sont rendus sensibles à l'œil. Dans les Alpes, les lacs les plus élevés ne se trouvent ordinairement que sur l'un ou l'autre des versants. Dans la partie des Apennins la plus voisine de Rome, région très-riche en eau, on remarque plusieurs de ces lacs, placés précisément au point de partage ; de sorte qu'ils fournissent des eaux à deux courants opposés, comme cela a lieu pour le bief de partage d'un canal de navigation. On voit des exemples de cette disposition vers la frontière des États pontificaux et de la Toscane, au nord du lac Trasimène, sur un faîte secondaire où plusieurs petits lacs dirigent leurs eaux, à l'est dans la vallée du Tibre, et à l'ouest dans celle de l'Arno. Dans les montagnes secondaires, le partage des eaux ne s'opère guère que d'une rivière à une autre, comme dans le cas que je viens de citer; mais dans les montagnes d'un ordre plus élevé, les points de partage voient aboutir à eux des cours d'eau qui desservent des mers différentes.

Dans un travail statistique que j'avais fait récemment, sur les cours d'eau du département de la Haute - Marne, et dont un extrait se trouve au tome II du présent ouvrage, j'ai signalé, dans la montagne de Langres, un point de partage fort remarquable qui distribue les eaux en trois directions différentes, pour les vallées de la Marne, de la Saône et de la Meuse; c'est-à-dire entre l'Océan, la Méditerranée et la mer du Nord.

PONT-AQUEDUC, PONT-CANAL (*ponte-canale*). — Ouvrage d'art formé d'un ou plusieurs rangs d'arches ou arcades, et surmonté soit par un aqueduc proprement dit, soit par un canal à ciel ouvert. Les ponts-aqueducs servent à conserver le niveau, ou la pente régulière, d'une dérivation qui doit traverser un vallon ou même une vaste plaine. Les Romains s'étaient distingués dans ce genre de construction, mais ils ont été surpassés par les peuples modernes. Les ponts-aqueducs de *Cisiltey* en Angleterre, de *Corton* en Amérique, dont le dernier a quatorze lieues de longueur, sont des constructions qui, pour la hardiesse et le grandiose, surpassent tout ce que l'antiquité avait fait dans le même genre.

Le pont-aqueduc de *Roquefavour*, actuellement en construction sur la ligne du canal de Marseille, sera également un ouvrage très-remarquable dans cette espèce de travaux.

PORTÉE D'EAU (*portata d'acqua*). — Expression usitée pour désigner le volume d'eau que débite, ou que *porte*, soit un cours d'eau, soit un canal, dans un temps donné. Cette évaluation se fait ordinairement, en mètres cubes, ou en litres, par seconde.

PORTES D'ÉCLUSE OU PORTES BUSQUÉES (*portoni, portine*). — Nom qu'on donne aux portes d'écluses qui battent, tant en amont qu'en aval, contre les buscs, en forme de chevron brisé, formant saillie sur les radiers des écluses de navigation. Toute écluse a un mur de chute, d'où il résulte nécessairement une dimension inégale des deux paires de portes qui ferment un même sas. Cette circonstance a servi à leur désignation en Italie, où ces portes sont en usage depuis le milieu du XV⁺ siècle. Ainsi, au lieu de dire portes d'amont, portes d'aval, on dit plus simplement, *portine*, *portoni* (petites portes et grandes portes).

PORTEUR D'EAU (*portatore*). — Voyez *Canal d'amenée*.

POTELETS; POTILLES (*balconata*). — Pièces de bois verticales faisant partie d'un empèlement ou vannage.

POUCE D'EAU (*pollice d'acqua*). — Le pouce d'eau ou pouce de fontainier, est la quantité d'eau qui s'écoule par une ouverture circulaire d'un pouce de diamètre, percée dans une mince paroi et avec une pression ou hauteur d'eau de sept lignes sur le centre, ou d'une ligne sur le bord supérieur de cet orifice. Pour le produit métrique du pouce d'eau, voir le tableau comparatif des mesures.

PRÉPOSÉ (*camparo*). — Terme général équivalent aux diverses désignations locales données aux employés chargés de la surveillance immédiate des canaux d'arrosage, et notamment de la distribution des eaux entre les usagers d'un même canal. — Voyez *Camparo*, *Eygadier*, *Reyguier*.

PRÉS D'HIVER (*prati iemali*, *marcitorj*, *di marcita*). — Prés soumis, pendant l'hiver, à un mode d'irrigation particulier, qui paraît avoir pris naissance il y a plusieurs siècles dans le Milanais; ces prés sont les seuls qui puissent fournir de l'herbe verte pendant toute l'année.

PRESSION (*battente*). — Charge ou hauteur d'eau qu'il est de règle de laisser au-dessus d'un orifice ouvert dans un réservoir, pour régulariser l'écoulement qui a lieu par cet orifice. La théorie indiquerait de compter cette hauteur à partir du centre de l'orifice; dans la pratique, et pour tous les modules en usage dans l'Italie, cette hauteur est calculée à partir du bord supérieur de la bouche de prise d'eau. Obtenir cette hauteur d'eau *constante* au-dessus des bouches de dérivation est tout le secret de la perfection d'un module régulateur; mais ce but est d'autant plus difficile à atteindre que le cours d'eau alimentaire est, de sa nature, moins régulier et surtout moins riche, dans la saison des arrosages.

PRISE (*presa*). — Expression incomplète et par

conséquent vicieuse, dont on se sert dans tout le midi de la France, pour désigner la prise d'eau ou l'embouchure d'un canal de dérivation.

Q

QUEUE DE FONTAINE. — Voyez *Tête de fontaine.*

R

RADIER (*selciato*). — Revêtement en pavés, dalles, bois, ou autre matière solide, dont on recouvre le sol des rivières et canaux pour y éviter les affouillements. Les radiers sont surtout indispensables dans l'emplacement des ouvrages d'art, tels que les ponts, les écluses, les aqueducs, etc., où l'eau prend ordinairement une plus grande vitesse que celle de son cours naturel.

RECÉPAGE (*tagliamento*). — Ce mot n'est employé, dans l'architecture hydraulique, que pour désigner l'action de couper les pieux ou pilotis à une hauteur uniforme. Des machines particulières servent à pratiquer cette opération sous l'eau, et à toutes les profondeurs.

REFOULEMENT (*rigurgito*). — Lorsqu'une bouche ou un orifice quelconque sont ouverts dans un réservoir, le produit de l'eau, qui y passe dans un temps donné, se trouve nécessairement modifié selon que l'écoulement se fait, soit entièrement à l'air libre, soit, en totalité ou en partie, dans l'eau existant à un niveau inférieur à celui du réservoir. C'est à cette dernière circonstance que s'applique l'expression de refoulement. Dans la Lombardie et le Piémont, on nomme *bouches refoulées* (*bocche rigurgitate*), celles qui, par la situation des lieux, sont astreintes à avoir ainsi leur débouché entièrement ou partiellement dans l'eau. Il y a des règles particulières pour calculer dans ce cas la dépense effective des bouches suivant qu'elles sont plus ou moins noyées. — Voir le chapitre qui traite des modules.

RÉGALAGE (*spargimento*). — En matière de terrassements on donne ce nom à l'opération qui consiste à rabattre, à la pelle ou au rateau, les dernières buttes ou inégalités formées par les versements partiels des brouettes et tombereaux, afin de donner au terrain une surface unie suivant la forme et les inclinaisons qui lui ont été assignées. Dans aucune autre circonstance le régalage des terres n'est réclamé avec autant de soin que sur les emplacements que l'on veut disposer à recevoir l'irrigation. Car il est de fait que celle-ci s'effectue d'autant mieux, et consomme d'autant moins d'eau, que le terrain est mieux dressé ou disposé suivant des pentes convenables, pour la recevoir.

RÉGIME (*indole*). — Dans l'acception rigoureuse adoptée par plusieurs hydrauliciens, le mot *régime* en hydrodynamique, désigne seulement l'état dans lequel il y a équilibre entre l'action érosive d'une eau courante et la résistance du lit qui la reçoit. Dans une acception plus générale cette expression s'applique à la manière d'être, et selon le sens de l'expression italienne, au caractère, au naturel bon ou mauvais d'une eau courante. Ainsi l'on dit : telle rivière à un régime régulier, telle autre à un régime torrentiel.

On conçoit aisément qu'en matière d'irrigations les cours d'eau à régime régulier sont infiniment plus utiles que les cours d'eau à régime torrentiel. Néanmoins, quand ces derniers offrent encore un volume notable, dans la saison des arrosages, l'irrégularité du régime n'est pas un motif suffisant pour faire renoncer à leur emploi.

REMBLAI. — Voyez *Déblai.*

REMOUS. — Voyez *Refoulement.*

REYGUIER (*camparo*).—Voyez *Préposé.*

REPÈRE (*segno fisso*). — Point fixe pris, provisoirement, sur une maçonnerie ou autre ouvrage analogue, et définitivement sur une construction spéciale, dans le but de fixer d'une manière invariable, relativement à ce point fixe, le niveau d'un bief ou d'une eau courante quelconque. — Voyez *Caractères.*

RIGOLE. — Voyez *Canal.*

RISBERME (*riparo*). — Talus ou glacis en fascinages, gazon, maçonnerie, ou enrochement, établi pour protéger le pied des digues ou autres ouvrages hydrauliques.

Rivière (*fiume*). — La langue italienne, ordinairement si riche, n'a pas de mots qui correspondent aux trois-divisions suivantes, existant dans la langue française : fleuve, rivière, ruisseau. Peu importe qu'un cours d'eau ait son débouché à la mer ou dans une rivière, qu'il débite 1000 mètres cubes ou 10 litres par seconde, qu'il s'appelle le Pô ou l'Olone; dans toute l'Italie c'est toujours par le nom générique de *fiume* qu'on le désigne. La seule distinction existant dans ce pays est donc celle qui est faite, sous le rapport du régime, entre les rivières et les torrents. Dans la plupart des États qui avoisinent les Alpes tout cours d'eau classé comme torrent est, par cette seule désignation, compris dans le domaine public.

Roggia. — Voyez *Canal*.

Rotation (*ruota*, *rotazione*). — Rotation est quelquefois synonyme d'assolement (voyez ce mot); mais alors, en Italie, on a soin de dire *rotation agronomique*, et cela exprime le retour des mêmes cultures sur le même sol. *Rotation* s'emploie aussi comme mode de distribution des eaux d'arrosage qui sont affectées à tel ou tel terrain, après des intervalles égaux de 7, 8 ou 10 jours. On dit alors communément : telle prairie reçoit l'eau à rotation de 7 jours, de 8 jours, de 10 jours, etc.

Roue d'eau (*ruota d'acqua*, *rodigine*). — Termes usités en Italie pour désigner un certain volume d'eau qui était censé être celui que réclamait le roulement d'un moulin à blé dans des circonstances ordinaires. — Voir au tableau comparatif des mesures ; voyez aussi les mots *Moulan* et *Meule*.

S

Sas (*conca*). — Le sas d'une écluse de navigation est l'espace dans lequel, par une ingénieuse et simple manœuvre des eaux, les bateaux s'élèvent et s'abaissent de la quantité nécessaire pour franchir les chutes, qui rachètent la pente naturelle du terrain. Le sas est terminé, en amont et en aval, par les portes busquées, et latéralement par les murs ou bajoyers de l'écluse.

Sur les canaux servant à la fois à la navigation et à l'irrigation, les deux services doivent être indépendants l'un de l'autre. C'est pourquoi le sas des bateaux y est toujours contigu à un coursier ou pertuis, fermé seulement à son extrémité d'amont par des vannes régulatrices qui servent à distribuer les eaux d'irrigation et à les maintenir dans les différents biefs à un niveau convenable.

Sas (*tromba*). — Je désigne également par le nom de *sas* l'ouvrage d'art analogue à un sas d'écluse, mais de dimensions plus petites, qui entre, sous deux formes différentes, dans la construction du module milanais. Dans ce module on distingue le sas couvert (*tromba coperta*) placé en amont de la bouche, du sas découvert (*tromba scoperta*) qui se trouve en aval. — Voir sa description au tome II.

Scriola. — Voyez *Canal*.

Section (*sezione*). — Surface qui serait produite par la coupe verticale et orthogonale de l'objet dont on veut avoir la section, en un point déterminé.

Seuil (*soglia*). — Arasement en saillie formé au moyen d'une dalle, ou d'une pièce de bois, et contenant la partie inférieure d'un empèlement ou d'un autre ouvrage hydraulique.

Siphon (*tomba a sifone*). — Aqueduc en forme de siphon, ayant pour but d'obliger une eau courante à s'infléchir de manière à passer sous un canal ou sous un aqueduc déjà existant, lorsque le niveau naturel de cette eau courante est trop élevé pour que ce passage s'effectue au moyen d'un aqueduc ordinaire. Ces sortes d'ouvrages sont très-multipliés dans les pays où l'irrigation offre de grands avantages; parce que bientôt les canaux et rigoles de dérivation finissent par s'y entre-croiser dans tous les sens, et à des niveaux différents. C'est ce qui a lieu dans le Milanais. — Voyez *Aqueduc*, *Pont-aqueduc*.

Sole. — Voyez *Assolement*.

Sonnette (*battipalo*). — Machine destinée au battage des pieux. Elle se compose essentiellement des bras ou montants, d'une poulie et d'une corde ou tirande, disposée de manière à ce que plusieurs ouvriers s'y emploient en même temps ; enfin du *mouton* , pièce de charpente d'un poids plus ou moins considérable et qu'on laisse retomber sur les pieux à enfoncer.

Syndic, syndicat (*sindaco, sindacato*). — Les syndicats sont des commissions élues, avec le contrôle de l'autorité administrative, par les assemblées des usagers d'un cours d'eau ou d'un canal. Les syndics sont les membres de ces commissions.

T

Talus (*scarpa*) — Surface plus ou moins inclinée d'un déblai ou remblai (voyez ces mots). Il y a des talus naturels ; ce sont ceux que les terres ont pris d'elles-mêmes, sans le secours de l'art ; comme cela se voit, par exemple, sur les berges des cours d'eau, sur le penchant des collines. Les talus artificiels sont ceux que l'on établit en observant une proportion déterminée entre leur base et leur hauteur. L'inclinaison se détermine par le rapport existant entre ces deux dimensions.

Terrassement. — Mouvement de terres , synonyme de *déblais* et *remblais*. — Voyez ces mots.

Tête et queue de fontaine (*testa e asta di fontana*). — Dénominations en usage dans la Lombardie pour désigner un bassin, de forme et de grandeur variables , que l'on établit dans le but de recueillir et d'utiliser les eaux de sources que l'on découvre en creusant la terre , soit dans l'ouverture même des canaux d'irrigation, soit par la recherche spéciale que l'on fait de ces sources. Voir, au tome II, le chapitre qui traite de cet objet.

THALWEG (*thalweg*). — Mot allemand, adopté dans toutes les langues pour désigner la ligne des points les plus bas d'une vallée. Les plus petites vallées ont leur thalweg; ces lignes se rencontrent donc souvent à de grandes hauteurs. Mais dans les vallées de premier ordre, telles que celles du Pô, du Rhône, de la Garonne, etc., on trouve des lignes définitives de thalweg, qui sont la région des points les plus bas de toute une vaste contrée. Généralement les cours d'eau placés dans cette situation, n'ont ni assez de pente, ni assez d'élévation pour alimenter des irrigations naturelles; mais ils n'en sont pas moins d'une ressource précieuse pour cette industrie, en offrant un moyen d'écoulement assuré aux eaux surabondantes, qui ont servi à l'irrigation des terrains supérieurs. Les détails donnés dans le cours de cet ouvrage démontrent que, dans l'art {des irrigations, le thalweg des grandes vallées est une ligne de la plus grande importance.

TIRANT D'EAU (*immersione*). — Quantité dont un bateau chargé plonge, ou s'enfonce, au-dessous du niveau d'eau d'un canal. On conçoit que la hauteur d'eau dont un bateau chargé a besoin pour rester à flot et pour naviguer librement, est toujours un peu supérieure au tirant d'eau proprement dit. Sur les canaux de navigation et d'irrigation, il y a un rapport nécessaire entre le tirant d'eau des bateaux et la dépense qui s'en fait dans la saison des arrosages ; ces deux intérêts étant diamétralement opposés , il faut qu'ils soient combinés et respectivement réglés. La surveillance des préposés doit donc porter sur les dimensions des bateaux entrant dans le canal , aussi bien que sur le débit des bouches de prise d'eau.

TORRENT (*torrente*). — C'est l'état naturel des rivières et des simples ruisseaux dans les pays de montagnes, où leur cours impétueux est une conséquence immédiate de la rapidité des pentes. L'idée de torrent comporte à la fois celle d'une grande vitesse des eaux, et celle d'une grande irrégularité dans leur volume, tantôt gonflé par les pluies, tantôt réduit à rien par les sécheresses. Quand ces circonstances caractéristiques ne se réalisent pas complétement, on se sert de l'expression mitigée de *rivière torrentielle*. Ces rivières peuvent être caractérisées par l'impossibilité où l'on serait d'y effectuer la remonte des trains ou bateaux ; ce qui a lieu, dans des circonstances ordinaires, avec des pentes de $2^{m\cdot},5o$ par kil. Tant que les torrents coulent sur des rochers ou sur des galets et cailloux, ils ne peuvent causer beaucoup de dommages ; mais les régions les plus menacées de grands désastres, sont celles de la partie moyenne des vallées, où d'après la modération des pentes l'eau coule généralement sur les bancs de sable ou de gravier, offrant peu de résistance, et où conséquemment le lit des rivières torrentielles éprouve, lors des crues subites et violentes, des variations continuelles, très-funestes à la stabilité de la propriété riveraine et surtout aux embouchures des canaux d'irrigation. Tel est l'état de la Durance qui constitue cependant la principale source des arrosages du midi de la France, et qui, d'après cet inconvénient, réclame un bon système d'endiguement, sans lequel cette stabilité désirable ne saurait être obtenue.

TROMBATURE (*trombatura*). — Expression dérivée du mot italien *tromba*, et désignant la disposition qui, en amont et en aval de la bouche, caractérise le module milanais. Voyez *Sas*.

U

USAGERS (*utenti*). — C'est l'ensemble des particuliers qui ont droit à l'usage commun des eaux d'un canal ou d'une rivière.

V

VANNE (*paratora, cateratta*). — Partie mobile et principale des vannages ou empèlements, qui se hausse ou se baisse à volonté, pour laisser couler ou pour retenir l'eau.

VANTAIL (*vantaglia*). — Porte mobile sur un axe vertical, telles que celles qui sont disposées, par paires, à l'amont et à l'aval du sas dans les écluses de navigation.

Ventellerie (*chiusaa on cateratta*).— Nom équivalent à celui de *vannage* ou d'*empèlement*, et désignant le système de plusieurs vannes contiguës.

Vitesse de l'eau (*velocità*). — Espace que parcourt une eau courante, dans un temps déterminé. Cette vitesse se calcule ordinairement à raison de tant de mètres ou de centimètres par seconde. Dans un même cours d'eau les vitesses propres aux divers filets fluides dont il se compose ne sont jamais identiques. La vitesse superficielle, mesurée au milieu du courant, dans l'endroit que l'on appelle le fil de l'eau, est toujours la plus grande ; les vitesses du fond sont relativement d'autant moindres que la hauteur d'eau est plus forte. Il y a une vitesse particulière qu'on nomme vitesse moyenne ou théorique, parce qu'étant multipliée par la section, elle donne le produit du cours d'eau. Pour les rapports existant entre ces différentes vitesses, voir le chapitre qui traite des *jaugeages*.

W

Warping.—Nom que les agriculteurs anglais donnent aux arrosages par submersion. Mais l'idée qu'ils y attachent est plutôt celle du colmatage que celle de l'irrigation.

LIVRE PREMIER.

—

CANAUX

DU

MIDI DE LA FRANCE,

DESSERVANT LES TERRITOIRES IRRIGABLES

SITUÉS

D'UNE PART, LE LONG DES PYRÉNÉES; D'AUTRE PART, ENTRE LE RHONE ET
LES ALPES DU DAUPHINÉ,

DANS LES DÉPARTEMENTS

DES HAUTES ET BASSES-PYRÉNÉES, DE LA HAUTE-GARONNE,
DE L'ARIÉGE, DES PYRÉNÉES—ORIENTALES
ET DE L'AUDE,
DES BOUCHES DU RHÔNE, DE VAUCLUSE, DE LA DRÔME,
DES HAUTES ET BASSES-ALPES,
DE L'ISÈRE ET DU VAR.

CHAPITRE PREMIER.

La région du midi de la France qui s'étend au
pied du versant septentrional des Pyrénées est extrêmement riche en eau propre aux irrigations.
Cependant les neiges ne se maintenant pas, pendant
l'été, autour des principales cimes de ces montagnes,
les eaux qui y naissent n'ont pas la même régularité
que celles qui coulent au pied des Alpes. D'un autre
côté, des sources abondantes et très-multipliées
peuvent fournir un précieux aliment à beaucoup
d'irrigations partielles qui sont encore à créer dans
cette région, jouissant d'une température avantageuse et d'un sol éminemment fertile. Dans la
partie ouest des Pyrénées, où se trouvent les riches
territoires sillonnés par les Gaves, par l'Adour, et
par leurs affluents, les terres, d'après la disposition
naturelle des lieux, peuvent être facilement sou-
mises à l'irrigation. Dans les départements de la
Haute-Garonne et des Pyrénées-Orientales, où il
existe déjà de grands arrosages, l'établissement des
canaux exige au contraire plus de dépenses et offre
d'assez grandes difficultés.

Les anciens canaux, généralement de petite dimension, existant dans cette région des Pyrénées,

sont dus, presque tous, aux peuples qui en furent les maîtres pendant le moyen âge. La pratique des arrosages y est régie par des lois usagères dérivant à la fois du droit coutumier et du droit romain, mais qui, pour la plupart, ne sont gravées que dans la mémoire des cultivateurs, sans être consignées dans aucun Code. Elles règlent cependant, d'une manière assez sage, certaines dispositions de police, ainsi que le partage des eaux entre l'irrigation et les usines, en conciliant autant que possible ces deux intérêts opposés, par la fixation des jours et heures attribués à l'un ou l'autre usage.

Il n'existe dans les départements voisins des Pyrénées aucune mesure exacte de distribution des eaux.

§ I. *Anciens canaux établis pour la plupart dans le moyen âge, sous la domination des Wisigoths et sous celle des Arabes.*

Canaux des Basses-Pyrénées.

La partie haute de ce département, comprenant la plus grande partie des arrondissements de Pau, Oleron et Mauléon, se trouve encore dans des conditions favorables au succès des arrosages ; sa partie basse, formée des arrondissements d'Orthès et de Bayonne, n'est pas dans le même cas. Il existe, sur ces trois premiers territoires, un assez grand nombre de petits canaux particuliers qu'il serait difficile de décrire, parce qu'ils sont très-peu considérables. De plus, leur alimentation , moins régulière que celle des canaux du département des Hautes-Pyrénées , dont il va être parlé, ne permet pas une grande extension à l'industrie des arrosages.

On peut évaluer, par approximation, le volume d'eau distribué, à l'étiage, par la réunion de ces petits canaux, à 100 onces, représentant un volume de 4^{m},40 par seconde; et la superficie arrosée à 3000 hectares, eu égard aux jardins. Ce qui n'est pas la vingtième partie de l'étendue totale des prairies naturelles, considérables dans ce département et s'élèvant à près de 68.000 hectares.

Canal d'Alaric (Hautes-Pyrénées).

Ce canal, qui porte encore le nom d'*Alaric*, passe pour avoir été établi, sous le règne de ce souverain, vers la fin du Ve siècle, ou au commencement du VIe. Il est dérivé de la rive droite de l'Adour, à environ 4 kilomètres en aval de Bagnères de Bigorre, qui est au pied des Pyrénées, et fournit aux irrigations d'une partie considérable de la belle plaine au milieu de laquelle est située la ville de Tarbes.

Ce canal a 6^{m} de largeur moyenne et environ 40 kil. de longueur, sur la rive droite de l'Adour, entre Bagnères et Rabastens. En temps ordinaire il a 0^{m},50 de hauteur d'eau, et celle-ci y coule avec une vitesse de 1^{m} par seconde. Sa portée, dans les eaux abondantes, qui se maintiennent ordinaire-

ment jusqu'en août, est de $3^{m.c.}$ par seconde, c'est-
à-dire de plus de 13 moulans, ou de 68 onces d'eau,
avec lesquelles le canal arrose environ 2.200 hectares.

L'Adour prend naissance au pied du Pic du Midi,
qui ne conserve que peu ou point de neiges pendant
les chaleurs de l'été; mais, par l'effet des sources
régulières et assez abondantes qui alimentent cette
rivière, l'eau qu'elle fournit au canal d'Alaric, est
dans des conditions favorables pour l'arrosage.
Néanmoins, vers le milieu de l'automne, les irrigations deviennent souvent difficiles, dans les sécheresses ; et les riverains inférieurs, notamment
les habitants du territoire de Tarbes, viennent,
de leur autorité privée, fermer les prises d'eau supérieures, ce qui amène de fréquentes contestations.

Ce canal est le plus considérable de ceux qui
existent dans cette contrée.

Autres canaux du département des Hautes-Pyrénées.

Le canal de la Gespe, dérivé de la rive gauche
de l'Adour à Hys, à peu près à égale distance de
Bagnères et de Tarbes, a 12 kil. de longueur; il est
le plus important après celui d'Alaric, qui existe
sur l'autre rive. Sa portée moyenne peut être évaluée
à 46 onces d'eau, et la superficie qu'il arrose à
1.400 hectares.

Viennent ensuite les deux canaux de Tarbes, dérivés l'un et l'autre de la rive gauche de l'Adour :
ils ont leurs embouchures à environ 3 kil. en amont

de cette ville ; l'un d'eux est principalement destiné aux usines et met en mouvement quarante roues hydrauliques ; l'autre en alimente aussi quelques-unes ; certains jours de la semaine sont exclusivement affectés à l'irrigation. La longueur de chacun de ces deux canaux est de 5 kil., et leur largeur moyenne d'environ $3^m,5o$. Avec des pentes très-considérables, ils débitent, moyennement, dans la saison des arrosages, chacun $1^m,6o$ par seconde, ou ensemble 64 onces d'eau. Ils irriguent une superficie totale de 1.946 hectares.

D'autres petits canaux appartenant, soit à des communes, soit à des particuliers, dans les arrondissements de Tarbes, Bagnères et Argèles, dérivent encore de divers cours d'eau, environ 20 onces, et servent à l'arrosage régulier, plus de 55o hectares de prés et cultures diverses. Cela porte le total des superficies arrosées, dans le département des Hautes-Pyrénées, à 5.546 hectares.

Canaux des Pyrénées-Orientales.

L'irrigation remonte à la plus haute antiquité dans les fertiles plaines du Roussillon, territoire qui forme aujourd'hui le département des Pyrénées-Orientales. Cette partie de la Gaule Narbonnaise est en effet favorisée, d'une manière remarquable, par un sol d'une grande richesse, et par sa situation au pied des hautes montagnes qui lui procurent en abondance des eaux vives capables de mitiger, très-avantageusement pour l'économie agricole, la haute température de cette partie la plus méridionale de la France.

Les Romains, qui ont toujours attaché à cette localité beaucoup d'importance, y ont laissé des travaux relatifs à l'irrigation. Mais cette industrie était surtout devenue florissante sous la domination des Wisigoths et sous celle des Arabes, qui possédèrent successivement cette contrée pendant plus de huit siècles. Les détails historiques donnés, dans l'introduction qui précède, sur cette époque intéressante du moyen âge, font suffisamment connaître ce qui touche la création de ces anciens canaux; je dirai donc seulement quelques mots sur leur situation et sur les ressources qu'ils présentent.

Le ruisseau du *Vernet*, dérivé du Tech, rivière torrentielle d'un volume abondant et assez régulier appartenait au IXe siècle aux religieux du chapitre d'Elne; et d'anciens titres de cette époque, constatent qu'il fut vendu en 863, à l'évêque de cette ville, ainsi que les moulins qu'il faisait tourner.

Le ruisseau d'*Els Molis*, autre dérivation de la même rivière, existe depuis une époque très-ancienne; il en est fait mention dans des titres particuliers qui remontent au mois d'août 866. Ce canal qui a environ 2^{m.} de largeur et 0^{m.},80 de hauteur d'eau, avec une pente considérable, sur un lit de rocher, fait tourner plusieurs moulins et usines, en même temps qu'il est employé en irrigations.

M. Jaubert de Passa, dans son mémoire sur les canaux d'arrosage des Pyrénées-Orientales, fait mention de plus de quatre-vingts *ruisseaux*, ou petits canaux, du même genre qui irriguent les plaines de ce département, et qui ont leurs principales dérivations dans les rivières du Tech, de la Tet et de l'Agly. Leur existence, remontant à la domination des Wisigoths et à celle des Arabes, peut-être même à l'époque de la domination romaine, se trouve relatée dans les chartes et cartulaires du IX° au XIV° siècle.

Ruisseau de Las Canals (Pyrénées-Orientales).

Le ruisseau de Las Canals, ou ruisseau de Perpignan, est dérivé de la Tet, en amont de la commune d'Ille. Il a 4 ^{m}· de largeur moyenne, 30 kilom. de longueur, et des pentes très-fortes, de 2 à 4 ^{m}· par kil., malgré lesquelles il conserve encore, à l'entrée de la ville, une chute de plus de 30 ^{m}·. Cette circonstance permet de l'introduire directement dans la citadelle de Perpignan d'où les eaux, enfermées dans les tuyaux vont, à la faveur de cette pente considérable, alimenter les fontaines de la ville. Ce ruisseau sert en outre aux arrosages sur toute l'étendue de son cours. Sa portée est peu considérable relativement à la longueur qui vient d'être mentionnée ; néanmoins, indépendamment de l'eau qu'il fournit aux usines, il a, pour le service de l'irrigation 82 petites bouches circulaires de 0^m·,19 à 0^m·,24 de diamètre que, dans le pays, l'on nomme improprement *œuils*, et dont le débit moyen est d'environ 32 litres par seconde. Cela porterait le volume total, consacré aux arrosages, à environ 2$^{m.}$,62 par seconde, ce qui représente à peu près 10 moulans ou 60 onces d'eau.

Le long de ce canal, environ 2.800 hectares, sont à l'arrosage ; mais l'irrigation est souvent en souffrance ; notamment par suite des fréquentes contestations qui se renouvellent à chaque sécheresse, entre les arrosants et l'autorité militaire, relativement au volume d'eau attribué à la citadelle de Perpignan. D'après cela le nombre d'hectares régulièrement arrosés ne dépasse guère 1800.

Quoique propriété exclusive de la ville de Perpignan, le ruisseau de Las Canals traverse les territoires de sept communes sur lesquelles ses longueurs sont réparties ainsi qu'il suit :

Ille.	5 k.,630 m.
Millas.	2 970
Saint-Féliu d'amont } Saint-Féliu d'aval	1 860
Thuyr	5 240
Canohes.	6 100
Perpignan.	8 200
Total.	30 k. 000

Le canal étant généralement creusé dans un sol très-résistant, ses talus ne sont inclinés qu'à 45 degrés. Il a de chaque côté un franc bord de 1$^{m.}$,50 de largeur. Malgré le médiocre volume d'eau que porte ce canal, son établissement n'a pu avoir lieu qu'avec des frais assez considérables. Des digues ou barrages ont été nécessaires pour le défendre, en certains points, contre l'action des eaux ; il traverse sur un pont-aqueduc d'environ 70^m· le torrent de Las Colmellas, et sur un autre pont-aqueduc de 25^m· le torrent de Granganel. Deux collines sont percées par des galeries ayant ensemble 374^m· de longueur. Il a en outre quelques autres ponts-aqueducs moins considérables, plusieurs déversoirs et des ponteeaux de 3 à 4^m· de débouché.

A différentes époques le ruisseau de La Canals et ses ouvrages d'art ont été exposés à des dommages considérables par l'irruption des eaux du Tet, à l'époque des grandes crues de cette rivière. En 1833 ces dommages furent tels qu'on s'était déterminé à changer de place l'ancienne prise d'eau et à la reporter plus en amont. Ce projet de la ville de Perpignan souleva quelques contestations. Ainsi, quoiqu'il fût admis sans difficulté que, d'après ses anciens titres de concession, le ruisseau de Las Canals était un ouvrage d'utilité publique, il ne fut pas moins nécessaire de procéder aux enquêtes d'usage en matière d'expropriation, attendu que le nouveau tracé projeté se trouvait sur des terrains n'appartenant pas à la ville, propriétaire dudit canal. Ces enquêtes donnèrent lieu à des oppositions de la part de quelques riverains dans la commune d'Ille et de la part du conseil municipal de cette même ville, sur le territoire de laquelle se trouvaient l'ancienne prise d'eau et celle qu'on voulait lui substituer. Ce conseil a objecté que si le ruisseau de Las Canals était d'utilité publique il devait en être de même aussi des fontaines nécessaires à la salubrité de la ville d'Ille, et de l'irrigation de son territoire; qu'en outre des chemins, des maisons, des édifices publics seraient menacés dans leur existence par l'exécution du nouveau tracé, tandis qu'il était bien plus facile qu'on ne le pensait de le rétablir dans son ancien emplacement. Ces objections n'ayant point été admises par la commission d'enquête, M. le préfet des Pyrénées-Orientales prit, le 31 août 1835, un arrêté autorisant la ville de Perpignan à rétablir la partie d'amont de son canal d'arrosage, conformément au plan produit à cet effet. Ledit arrêté prescrit en même temps, dans l'intérêt général, diverses dispositions relatives tant au canal lui-même qu'à ses ouvrages d'art. Mais ce projet paraît avoir été abandonné par la ville de Perpignan.

L'étendue des terres arrosées par le grand nombre des anciens canaux ou ruisseaux d'irrigation dérivés des cours d'eau du département des Pyrénées-Orientales est très-considérable. Cependant je ne pense pas que cette superficie puisse être portée à plus de 12.590 hectares, eu égard surtout aux étiages, si désavantageux, que plusieurs de ces cours d'eau éprouvent annuellement. Car cette circonstance

rend véritablement problématiques les avantages
que peuvent éprouver certains terrains, qu'il vau-
drait autant ne pas comprendre dans la superficie
irrigable.

§ II. *Canaux modernes établis dans la région des Pyrénées.*

ROBINE DE NARBONNE.

**Canal de navigation et de colmatage, portant 230 onces d'eau , sur
le littoral maritime du département de l'Aude.**

Cette robine forme la branche méridionale , dé-
tachée du canal du Midi, à quelques lieues avant les
villes de Béziers et de Narbonne au delà desquelles il
vient, en deux points très-éloignés l'un de l'autre, déboucher dans la Méditerranée. Le développement de
la robine est de 31.656^m depuis le cours de l'Aude,
qui l'alimente spécialement , jusqu'à la mer où elle
aboutit , en suivant, sur plus de 12 kil. de longueur,
une langue de terre qui lui permet de franchir les
vastes étangs salés , occupant une si grande étendue de la plaine située entre Narbonne et Perpignan. Sa largueur est de 9^m à 10^m au plafond ,
avec une hauteur d'eau de plus de 2^m , et des talus
inclinés à 45 degrés. Sa pente est peu considérable.
Ce canal sert à la fois à la navigation et à la submersion de la plaine, qui, notamment sur la rive gauche,
est bonifiée par voie de colmatage, à l'aide des
eaux troubles de l'Aude contenant habituellement
une proportion énorme de limon fertilisant. La

portée ordinaire de la robine est moyennement de $10^{m.c.}$ à $11^{m.c.}$ par seconde. Ce volume considérable suffit au maintien de la navigation, à quelques irrigations et surtout au colmatage, qui produit les plus heureux résultats. Les dérivations s'opèrent, à cet effet, jusqu'à la dernière écluse qui communique à un bief inférieur, de niveau avec la mer.

L'étendue des terres ainsi bonifiées est évaluée à 5.000 hectares. Quelques irrigations partielles effectuées dans le département de l'Aude, s'étendent sur environ 200 hectares, ce qui porte la superficie totale des terrains bonifiés par les eaux dans ce département, à 5.200 hectares.

Canal de Formiguières (Pyrénées-Orientales).

Il y a quelques années une association de propriétaires de la commune de Formiguières demanda l'autorisation de dériver, de la rivière de Lladure, un canal destiné à l'arrosage d'une partie du territoire de cette commune. Cette demande fut accueillie favorablement par les propriétaires riverains, par les propriétaires d'usines et par le conseil municipal de ladite commune. En conséquence, d'après le rapport des ingénieurs, et les propositions du préfet, une ordonnance royale, du 14 décembre 1839, a permis aux pétitionnaires d'effectuer la dérivation dont il s'agit, à l'aide d'un barrage mobile. Une seconde ordonnance, du 9 janvier 1840, a autorisé ensuite l'association syndicale des particuliers intéressés à ce canal, pour concourir , chacun en proportion des terres à arroser , aux dépenses de son entretien.

La rivière qui alimente cette prise d'eau étant , comme la plupart de celles qui coulent dans cette région, d'un régime peu régulier, et se trouvant réduite, au milieu de l'été, tout au plus à $1^{m.c.}$,60 par seconde, le canal de Formiguières n'a qu'une portée assez restreinte. Il est disposé comme les autres canaux du pays , ayant une direction principale , que l'on nomme *canal Mayor*, et des ramifications ou *Agouilles* , partant d'un petit bassin pour aller distribuer les eaux dans diverses directions. Le canal principal n'a que 1^m,50 de largeur au fond, et 0^m,50 de hauteur d'eau. Ses pentes sont très-fortes ; mais c'est l'usage dans la localité ; et cet usage, surtout comme ici dans la partie supérieure des vallées , se justifie par les fortes déclivités des terrains irrigables. Le canal est accompagné sur toute sa longueur de deux francs bords de 1^m de largeur chacun.

Le volume d'eau disponible de ce canal étant d'environ 25 onces ou de 1^m,10 par seconde, il pourrait suffire à l'irrigation d'un territoire plus considérable que celui auquel il a été destiné. Dans son état actuel la superficie qu'il arrose n'est que d'environ 200 hectares ; mais avec des dispenses peu considérables, cette superficie peut être quadruplée.

Canal de Fonpédrousse (Pyrénées-Orientales.)

Une autre association analogue à celle des tenanciers de Formiguières , s'est organisée en 1832 dans la commune de Fonpédrousse , située dans le voisinage de la précédente , dans le canton de Mont-Louis qui occupe la partie supérieure de la vallée de la Tet. Divers habitants de cette commune ont demandé l'autorisation de dériver de ladite rivière un canal d'environ 5 kilom. de longueur, destiné à l'irrigation de 44 hectares, en nature de prés, champs et jardins. Ce petit canal part de la rive gauche de la Tet sur le territoire de Santo, en un point où quelques rochers, arrêtés en travers du courant, y ont formé une espèce de barrage naturel ; il se développe ensuite le long des coteaux de Santo et de Fonpédrousse , sur une longueur de 4954$^{m.}$ et vient déboucher dans le ruisseau de Las Canals, qui rend lui-même le résidu de ses eaux à la partie inférieure de la Tet, dans la ville de Perpignan. Dans tout ce trajet le canal se trouve presque exclusivement sur les propriétés communales de Santo et de Fonpédrousse , dont les conseils municipaux, dans le but d'encourager l'agriculture, ont donné leur adhésion à son tracé, moyennant certaines réserves très-peu importantes. Quelques pontceaux et aqueducs ont suffi pour maintenir toutes les communications existantes et pour faire traverser au canal divers ruisseaux ou ravins qui se trouvaient sur son tracé.

Le volume d'eau à distribuer par cette rigole, d'après la nature des terres et des cultures à améliorer, a été évalué à 100 litres par seconde, eu égard aux filtrations considérables qui devaient avoir lieu dans les premières années de son établissement.

Enfin, dans ce même département, quelques autres entreprises particulières d'irrigation ont encore été réalisées dernièrement et bonifient environ 80 hectares ; total pour les irrigations modernes des Pyrénées-Orientales : . . . . 324 h.

CANAL DU BAZER.

Dérivé de la rive droite de la Garonne, sur le territoire de Labroquère ; composé de trois branches, ayant ensemble 40 kilomètres de longueur ; devant porter 40 onces d'eau dans la plaine du Bazer, département de la Haute-Garonne.

Historique. — Le cours supérieur de la Garonne traverse, notamment dans l'arrondissement de St-Gaudens, des plaines élevées dont le sol, naturellement fertile, ne manque, pour donner les produits les plus abondants, que du secours de l'eau, pendant le temps de la végétation. Depuis une époque ancienne il avait été question d'établir latéralement à la Garonne, entre St-Martory et Toulouse, un canal qui eût servi à la fois à l'irrigation et à la navigation ; mais rien n'annonce encore la prochaine réalisation de ce projet, et le besoin des irrigations se fait toujours impérieusement sentir dans cette localité où de vastes terrains sont favorablement disposés pour la recevoir.

Le 9 janvier 1834, le sieur Marc, propriétaire à Montrejeau, adressa à M. le préfet de la Haute-Garonne une demande tendant à obtenir l'autorisation d'ouvrir à ses frais, sur la rive droite de la Garonne, un canal d'irrigation entre les communes de Labroquère et de Valentine. « Entre le fleuve et le pied des Pyrénées, disait ce particulier dans sa demande, il existe une plaine d'environ trois mille hectares dont la fertilité n'est que médiocre, tandis qu'elle pourrait être couverte des plus gras pâturages. Il ne s'agit pour la féconder que de distraire une faible portion des eaux de la Garonne, et de les conduire, par un canal d'irrigation, à travers cette plaine qu'il est facile d'enrichir ainsi. Les communes voisines appellent de tous leurs vœux l'accomplissement de ce projet ; celui qui l'exécutera assurera le bien être de leurs habitants. En effet, ces habitants, s'ils sont consultés sur cette question, déclareront unanimement que par cette opération les pâturages les plus abondants succèderont à des récoltes toujours médiocres, qu'il en résultera la faculté d'élever une grande quantité de bétail, dont les produits profiteront aux contrées environnantes. De là, augmentation de la valeur des terres, augmentation de travail pour les habitants, amélioration du sort des propriétaires et accroissement des revenus publics. » Le sieur Marc a annoncé que l'exécution de son canal ne porterait aucun préjudice au flottage sur la Garonne, attendu que celle-ci, qui n'est encore dans la localité qu'un petit torrent, ne tire un peu d'importance que des eaux de la Neste, descendue de la vallée d'Aure, et que la prise d'eau projetée se trouvait située un peu au-dessous du pont de Labroquère, à 6 kilom. en amont du confluent susdit.

Quelques incertitudes s'étant élevées sur la nature des travaux en lit de rivière, auxquels devait donner lieu ce projet, le même particulier présenta, le 20 juin 1840, une seconde pétition par laquelle il sollicita l'autorisation d'établir un barrage dans la Garonne, à l'entrée de son canal, ce qui lui fut accordé.

Comme il s'agissait d'une entreprise d'intérêt général exigeant une déclaration préalable d'utilité publique, afin que le concessionnaire eût la faculté d'acquérir, au besoin par voie d'expropriation, les terrains nécessaires à l'établissement de son canal, le projet fut soumis aux enquêtes spéciales exigées par le titre III de la loi du 7 juillet 1833, la seule en vigueur à cette époque, et par le titre II de l'ordonnance réglementaire du 18 février 1834. Ces enquêtes furent entièrement favorables à l'entreprise. La commission, le conseil d'arrondissement de Saint-Gaudens, le conseil général du département, la chambre de commerce de Toulouse, les conseils municipaux des communes intéressées, ont été unanimes pour appeler de tous leurs vœux la prompte réalisation de cette entreprise. Car on ne doit pas regarder comme une opposition réelle celle qui avait été d'abord formée par la commune de Labroquère, craignant, par suite d'un examen incomplet des plans produits à l'enquête, que les talus des parties en remblai du canal n'eussent, sur son territoire, des hauteurs démesurées. M. le préfet de la Haute-Garonne, sur l'avis des ingénieurs, proposa donc d'accorder l'autorisation sollicitée par le sieur Marc.

Description et tracé. — D'après le tracé adopté, le canal prend son origine à 420 ^{m}· en aval du pont de Labroquère, à l'aide d'un barrage transversal.

Il côtoie la rive droite de la Garonne jusqu'au confluent de la Neste, sur un développement d'environ 6 kil., se retourne ensuite dans la plaine de Gourdan, en traversant ce village, contourne la commune de Cier et le pied des collines formées par les derniers contreforts des Pyrénées; ensuite, passant par le village de Labarthe, il aboutit dans la Garonne à environ 1 kilom. en aval de la ville de Valentine. Le premier embranchement, qui est le plus rapproché de la rivière, partant du territoire de Huos, se dirige sur la commune de Pointis et débouche dans la Garonne à environ 2500^m en amont de Valentine; le second embranchement partira de la rencontre de la route départementale, allant de Labroquère à Valentine, et se rendra directement vers ce point en traversant le milieu de la plaine du Bazer. Ce deuxième embranchement était projeté dans le fossé même de la route, mais cette disposition n'a pas été autorisée par l'administration.

En nombres ronds, les longueurs destinées aux diverses branches de ce canal sont réparties ainsi :

Direction principale. . . . . 22 k.
1ᵉʳ embranchement par Huos et Pointis. . 8
2ᵉ embranchement longeant la route. . 10
                                        ——————
                    Ensemble. . . . . 40 k.

La section principale du canal a été projetée sur 5ᵐ· de largeur. Celles des embranchements sont moindres et doivent diminuer à mesure que les eaux seront distribuées en irrigations.

La dépense totale de ces travaux a été évaluée à. . . . . 278.136 fr, 29 c.

Mais s'ils sont exécutés dans leur ensemble et sur une longueur aussi considérable, cette estimation sera de beaucoup dépassée.

Portée d'eau, superficie arrosée, prix de l'arrosage. — L'administration supérieure fit examiner avec soin la question du volume d'eau qu'il était possible de prélever, en temps d'étiage, sur le cours de la Garonne, sans nuire au flottage de cette rivière, ni à d'autres intérêts généraux. Il fut reconnu que la prise d'eau du canal du Bazer, projeté par le sieur Marc, devait être réglée au moyen d'un déversoir de superficie, réduisant à un mètre

par seconde le volume qui pourrait y être introduit en temps d'étiage, c'est-à-dire lorsque la hauteur de la Garonne à Toulouse ne se trouve qu'à la
cote 0^m.,97 à l'hydromètre placé à l'embouchure du
canal du Midi. Hors de cette époque des basses
eaux, qui n'ont pas une durée bien longue dans
la localité, le canal pourra atteindre et même dépasser la portée de 2^m.,50 par seconde, qui a servi
de base au projet de M. Marc. En réduisant ces
évaluations en onces d'eau, à raison de 44 litres par
once et par seconde, on trouve que la portée
moyenne et effective de ce canal peut être évaluée
à 40 onces. Avec ce volume d'eau le canal du Bazer
pourra irriguer, assez complétement 1.500 hectares;
et même 2.000 h. si l'on admet dans la localité des
irrigations incomplètes ou interrompues, comme
cela se pratique dans beaucoup de contrées du Midi
de la France.

D'après l'avis du conseil général des ponts et
chaussées, les pentes projetées pour le canal, qui
allaient de 0^m.55 à 0^m.,93 par kilomètre, ont été
réduites à un maximum de 0^m.,40 ; en même temps
l'on a prescrit, pour racheter ces excédants de pente,
l'établissement de murs de chute, pouvant être utilisés, sur certains points, par l'établissement d'u-
sines profitables à la localité.

Le sieur Marc ayant été invité à faire connaître
le maximum du prix qu'il comptait réclamer pour
l'arrosage d'un hectare de terrain, il porta ce prix

à 31 fr. 50 c. La Société d'agriculture de la Haute-Garonne et la commission d'enquête, de nouveau réunies à cet effet, ont reconnu que ce chiffre n'avait rien d'exagéré, d'après l'augmentation de valeur que l'irrigation devait procurer aux terres et en raison des grandes dépenses que l'entreprise allait nécessiter.

Bases de la concession, état actuel des travaux. — L'administration ayant adopté les bases des diverses dispositions qui viennent d'être mentionnées, elles ont été consacrées par une ordonnance toute récente du mois de janvier 1843. Les conditions particulières de cette ordonnance sont : 1° que le barrage transversal soit normal à la direction du courant ; 2° que la prise d'eau soit réglée, à l'étiage, par un déversoir de superficie, qui ne permette pas, à cette époque, l'introduction de plus d'un mètre cube d'eau par seconde ; 3° que le pied des talus de la partie du canal qui doit longer la route départementale n° 9 soit éloigné de deux mètres au moins de l'arête extérieure du fossé de cette route. L'entreprise doit être exécutée dans un délai de six ans, à dater de la notification de l'ordonnance ; et dans le cours de la première année le concessionnaire est tenu de soumettre à l'approbation de l'administration le projet général des ouvrages, conformément aux dispositions qui précédent.

Les travaux sont actuellement en cours d'exécution; d'autant plus que le fondateur de ce canal, animé du zèle le plus grand pour cette entreprise, et secondé par les encouragements de tous les propriétaires, n'a pas cru devoir attendre, pour se mettre à l'œuvre, l'accomplissement de toutes les formalités que réclame l'instruction de ces sortes de demandes.

Dès 1837 et 1838, à l'époque des premières enquêtes sur ce projet, le sieur Marc, simple cultivateur, dépourvu des ressources de l'éducation première, et n'ayant d'autre fortune que ses modestes épargnes, fruit d'une vie laborieuse et honorable, trouvait, dans ses convictions sur les avantages de l'entreprise dont il s'agit, des garanties suffisantes pour l'exécuter immédiatement, à ses risques et périls. On le vit alors constamment à la tête de nombreux ouvriers, travaillant de lui-même avec une ardeur infatigable à établir, sur les points les plus difficultueux, le tracé de ce canal de huit lieues de longueur; passant tantôt sur des pentes rapides, tantôt placé au milieu des rochers, qu'il fallait faire sauter. Toujours animé de la même confiance et du même zèle, qui lui ont mérité les suffrages de toutes les populations voisines, ce particulier poursuit encore, avec persévérance, cette courageuse entreprise. C'est là un fait bien digne d'éloges; mais il n'est pas sans exemple dans l'histoire des irrigations.

Il y a donc lieu d'espérer que le sieur Marc, dont on ne saurait trop louer les intentions, sera toujours également secondé dans son utile entreprise , et qu'il ne rencontrera pas des difficultés au-dessus de ses forces. Chacun applaudira à cette pensée, ainsi exprimée par la Société d'agriculture de la Haute-Garonne :

« Faisons des vœux pour que l'administration veille aux intérêts d'un homme simple et désintéressé qui sacriffe son repos et toute son aisance au bien de son pays , qu'aucun obstacle n'étonne et qui a usé sa santé en partageant les plus pénibles travaux. Puisse-t-il ne pas éprouver de cruels mécomptes dans les calculs qu'il aura faits, en se fiant aveuglément à la parole d'agriculteurs intéressés à payer au-dessous de leur valeur les bienfaits de l'arrosage ! »

Autres canaux du département de la Haute-Garonne.

Deux autres petits canaux d'irrigation , alimentés par la Garonne, ont déjà été créés, il y a peu d'années, dans les environs de Saint-Gaudens; l'un par M. de Saint-Arromans, l'autre par M. Martin Lacoste. Ce dernier canal, qui a été autorisé par ordonnance royale du 14 avril 1833, devait avoir une largeur de 4^m· au plafond , et sa prise d'eau réglée par des vannes d'un débouché équivalent. Il devait d'abord être composé de plusieurs embranchements destinés à l'arrosage d'environ 740 hectares, sur les territoires des communes des Bordes et de Villeneuve de Rivière ; n'étant d'ailleurs creusé que sur les terrains appartenant soit à M. Lacoste, soit aux propriétaires qui avaient adhéré à sa demande d'autorisation.

Ces deux canaux ont été exécutés; mais sur des dimensions plus restreintes que celles qui leur étaient d'abord assignées. Des derniers documents qui s'y rapportent, il résulte qu'ils ont l'un et l'autre moins de $1^m,60$ de largeur moyenne, et n'arrosent ensemble qu'environ 900 hectares.

Quelques autres irrigations particulières, pratiquées dans la partie méridionale de ce département, bonifient encore environ 1.100 hectares. Total, après l'achèvement du canal du Bazer, 4.000 hectares.

Irrigations du département de l'Ariége.

Jusqu'ici ce département n'a eu qu'une très-faible part au bénéfice des irrigations, auxquelles cependant son territoire se prête, même pour leur établissement sur une grande échelle. L'Ariége, le Salat et plusieurs affluents de ces rivières principales, offrent, dans la partie supérieure de leurs cours, de précieuses ressources qui n'ont pas encore été utilisées. Les arrondissements de Saint-Girons et de Fraix se trouvent placés, sous ce rapport, dans des conditions très-favorables dont, bientôt sans doute, on voudra tirer parti. En ce moment même des projets d'associations se forment dans ces localités ; ce qui doit faire espérer qu'avant peu de nouvelles eaux, actuellement improductives, seront mises au service de l'agriculture. Le peu d'irrigations particulières qui s'effectuent actuellement dans le département de l'Ariége, ne s'étend que sur environ 1.300 hectares.

Résumé des irrigations dans la région des Pyrénées ; projets. — Si l'on fait la récapitulation des superficies arrosées dans les divers départements qui viennent d'être cités, on trouve le résultat suivant :

Basses-Pyrénées.	3.000 hect.
Hautes-Pyrénées.	5.546
Haute–Garonne.	4.000
Ariége.	1.300
Aude.	5.200
Pyrénées-Orientales.	12.914
Surface totale	31.960 hect.

Telle est, aussi approximativement qu'il est possible de l'indiquer, la superficie totale actuellement irriguée dans les départements qui forment le midi de la France dans la région des Pyrénées. Cette superficie peut-être encore beaucoup augmentée : mais surtout les irrigations existantes peuvent être considérablement améliorées.

Depuis longtemps on s'est préoccupé du soin de bien mettre en valeur, pour l'agriculture, les ressources en eaux courantes qui ont été si largement départies à la région des Pyrénées. Il y a plus de

vingt ans que la Société royale d'agriculture, instituée à Toulouse, a eu à s'occuper de divers mémoires relatifs aux projets généraux d'irrigations à
créer dans cette localité, et notamment dans le département de la Haute-Garonne. Ces projets com-
prenaient une étendue considérable, puisqu'ils en-
visageaient les irrigations à effectuer sur les deux
rives de la Haute-Garonne : 1° depuis Montréjau
jusqu'à l'embouchure du Salat ; 2° depuis le même
point jusqu'à celle du Tarn, département de Tarn-
et-Garonne. L'amélioration des riches plaines de
Saint-Martory, de Valentine, de Saint-Gaudens, de
Toulouse, de Grenade, etc. , était l'objet des dérivations projetées sur les deux rives de la Garonne.
D'autres dérivations à faire sur la Neste et le Salat
devaient compléter ce vaste système d'arrosages.
Mais, jusqu'ici, rien n'en a été réalisé, car le canal
du Bazer a été conçu sur un autre plan. M. l'ingénieur en chef Montet proposa, il y a quelques années,
d'utiliser les eaux de la Garonne et de la Neste tant
pour rendre navigable le Gers et la Baïse, que pour
alimenter un canal de navigation et d'irrigation entre Saint-Martory et Toulouse. Des enquêtes eurent
lieu sur ces projets, qui furent diversement appré-
ciés. Dans les Hautes-Pyrénées on donna la préférence à l'idée antérieurement conçue, par M. Gala-
bert, d'un canal qui, en continuant celui du Midi,
de Toulouse à Bayonne, établirait une nouvelle
jonction de l'Oéan à la Méditerranée. Ce dernier ca-

nal serait sans contredit d'une grande utilité, mais il suffit de jeter les yeux sur la carte des Pyrénées pour reconnaître combien son exécution offrirait de difficultés, puisque sa direction, au lieu de suivre le cours d'une ou deux vallées, comme cela se voit ordinairement, aurait à couper transversalement une quantité innombrable de petits vallons très-accidentés où le sol est des plus impropres à retenir les eaux.

M. Mescur de Lasplanes, ancien officier supérieur du génie, résidant à Toulouse, s'est aussi occupé depuis longtemps des améliorations que, par ce moyen, il est possible de procurer à cette riche contrée. D'après les dernières études faites par cet ingénieur militaire, ce serait sur le Salat, l'un des principaux affluents de la Haute-Garonne, qu'il projetterait, entre Salies et Mazières, une dérivation devant être conduite, à l'aide d'un pont-aqueduc, sur l'autre rive de la Garonne, pour y servir à l'irrigation de la vaste plaine existant entre Martres et Saint-Martory. Ces divers projets ont obtenu l'assentiment des localités. Le conseil d'arrondissement de Saint-Gaudens et le conseil général de la Haute-Garonne ont plusieurs fois exprimé le vœu que le gouvernement favorisât les entreprises de ce genre, en envoyant dans le pays des ingénieurs spéciaux, pour en arrêter les bases.

Le midi de la France, dans la région des Pyrénées, est destiné à tirer un grand parti des irrigations. On peut, sans exagérer, porter à plus de cent mille hectares la surface des terrains qui, par leur situation, sont à même de prétendre à ce bienfait; plus de cinquante mille hectares sont dans ce cas, dans la seule vallée de la Garonne, de part et d'autre de Toulouse; en amont, depuis la plaine de Saint-Gaudens; en aval, jusqu'au confluent du Tarn. Mais deux grandes questions sont en regard de ces avantages; l'une qui concerne les dépenses des travaux à faire et les difficultés d'exécution; l'autre qui se rapporte aux quantités d'eau disponibles; car on conçoit que l'administration, tout en désirant favoriser autant que possible l'agriculture, ne peut pas accorder indéfiniment des concessions qui finiraient par être préjudiciables aux intérêts généraux du pays, notamment à celui de la navigation.

CHAPITRE SECOND.

CANAUX DÉRIVÉS DE LA RIVE DROITE DE LA DURANCE, DANS LES
DÉPARTEMENTS DE VAUCLUSE ET DES BASSES-ALPES.

CANAUX DE VAUCLUSE,—DE CRILLON,—DE SAINT-JULIEN,—DES DEUX CABEDAN,—
DE L'HOPITAL,—DE CAMBIS,—DE LA DURANÇOLE—ET DE LA BRILLANNE.

CANAL DE VAUCLUSE

Historique. — Depuis une époque presque immémoriale, on a tiré parti, pour l'irrigation, des eaux
de la source étonnante qui surgit dans la commune
de Vaucluse, à environ trois myriamètres à l'est
d'Avignon. Cette source, d'une rare abondance, fait
naître spontanément la Sorgue, dont le nom retrace
bien cette origine. Cette rivière se divise de suite
en plusieurs *branches* dont la principale, celle du
midi, se dirige sur la ville de l'Isle, qu'elle entoure
de toutes parts ; après quoi elle se ramifie encore en
de nouvelles branches qui sont celles du *Thor*, de
Védennes, de *Sorgues* et d'*Avignon*, ainsi nommées d'après les communes qu'elles traversent. Ces
différents bras de la Sorgue, pourvus de barrages,
et en partie canalisés, sont la richesse des territoires qu'ils traversent.

Dès le commencement du XIIIe siècle, en l'année
1204, une transaction passée entre les usagers des
eaux de Vaucluse, en réglait déjà le partage et éta-
blissait notamment qu'à l'extrémité de la branche

de Védennes les eaux se distribueraient en égale quantité entre la branche de Sorgues et celle d'Avignon. Ladite transaction fixait aussi, d'après les plus anciens usages et par forme de règlement conventionnel, la cotisation à répartir entre les divers propriétaires intéressés à ces canaux, pour subvenir à l'entretien et aux réparations nécessaires depuis le point de division des eaux au pont d'Aiguilles jusqu'aux Martellières du Réalet et à la prise d'eau du Prévot. D'autres transactions anciennes, notamment celles des 7 mars 1674 et 19 mars 1787, ont été consenties entre les arrosants et les propriétaires d'usines situées sur les différents bras de la Sorgue.

Parmi les règlements et décisions de l'autorité administrative, qui doit intervenir fréquemment sur le fait de l'usage des eaux de Vaucluse, on remarque un arrêté de l'administration de ce département, en date du 5 frimaire an VII, prescrivant les mesures à prendre pour assurer la conservation et la distribution des eaux, tant pour l'usage des usines que pour celui des irrigations. Cet arrêté interdit aux usagers tout ce qui peut occasionner le mauvais emploi ou la perte des eaux ; en conséquence ils sont tenus de se conformer exactement aux jours et heures d'arrosage qui leur sont respectivement attribués. D'après les anciens règlements ou usages locaux, ils doivent toujours restituer, dans le lit même de la rivière, les eaux non consommées par l'irrigation. Chaque année, au printemps, une visite de tout le cours de la Sorgue doit être faite par des ingénieurs qui constatent les dégradations ou contraventions susceptibles d'être signalées. Cet arrêté fut approuvé par décision du ministre de l'intérieur, du 22 thermidor an VII, et un nouvel arrêté préfectoral, du 8 juin 1807, organisa un syndicat pour l'administration du canal. Un décret impérial du 22 octobre 1808 sanctionna ledit arrêté, basé sur les anciennes conventions et transactions intervenues entre les intéressés. Enfin une ordonnance royale du 16 mai 1842, a pourvu à la réorganisation du syndicat du canal de Vaucluse.

Peu de mois après la notification de cette ordonnance les propriétaires riverains de la branche supérieure, ou du Thor, qui ne se trouvait régie par aucun règlement, demandèrent à l'administration d'être aussi organisés en association syndicale et de faire partie de l'association générale du canal de Vaucluse. Cette agrégation fut autorisée par arrêté préfectoral du 9 juin 1842. Dès lors les règlements existants ou à intervenir sur l'administration et la police du canal de Vaucluse, sont désormais également applicables à la branche du Thor.

Portée d'eau, superficie arrosée. — Sans y comprendre le canal des Sorguettes, petite branche destinée spécialement à la ville d'Avignon, le développement total du canal de Vaucluse est de plus de 80 kilomètres, et ses diverses branches sillonnent une vaste plaine qui aurait pu, sous le point de vue agricole, retirer un avantage immense de son heureuse situation.

La seule fontaine de Vaucluse fournit habituellement, jusque bien avant dans l'été, 260 à 300 onces d'eau, et tombe rarement au-dessous de 200 onces, ou de 8^m. 80 par seconde. Par conséquent, avec une si belle ressource, dirigée principalement vers l'irrigation, sans même exclure entièrement les usines, on aurait pu arroser régulièrement plus de 8000 hectares; tandis que la superficie réellement arrosée n'est qu'à peine le quart de celle-ci. Cela tient à ce que, dans l'origine, les travaux faits pour l'aménagement des eaux de Vaucluse, paraissent avoir eu principalement pour but l'établissement des fabriques, qui s'étant multipliées, nuisent beaucoup à l'arrosage. Ensuite, comme on est habitué dans le pays aux eaux troubles de la Durance, qui portent avec elles leur engrais, on estime peu celles de Vaucluse, qui sont ordinairement limpides. Mais de ce que les eaux claires employées en arrosages exigent le secours des engrais ou amendements elles n'en sont pas moins profitables. On ne saurait avoir de doutes à cet égard quand on a étudié les irrigations d'Italie. Je pense donc que l'on pourrait réaliser d'assez grandes améliorations, par un meilleur emploi des eaux, dans les belles plaines situées à l'est d'Avignon. Il est même probable que l'établissement des prés d'hiver du système des *Marcite*, dont je parle dans le tome **II**, prospérerait dans cette localité.

CANAL DE CRILLON.

Dérivé de la Durance, en amont du pont de Bonpas, vers la fin du XVIIIe siècle ; Canal nouvellement reconstruit ; ayant 14 kil. de longueur et 4m,40 de largeur réduite ; portant moyennement 80 onces d'eau sur le territoire d'Avignon.

En 1751 , la ville d'Avignon avait conçu le projet d'effectuer, pour l'irrigation de son territoire, une nouvelle dérivation de la Durance , motivée sur ce que l'ancien canal de la Durançole, dont l'embouchure s'obstruait par des atterrissements, ne rendait déjà plus aucun service à l'agriculture. En 1754 , le Conseil municipal de cette ville obtint du pape Benoît XIV un chirographe qui l'autorisait à acquérir les terrains nécessaires à cet effet. De nouvelles délibérations , en date de 1757 et de 1761 , tendirent encore à l'exécution de la même entreprise ; mais le manque de fonds fit ajourner ce projet. Enfin le 7 août 1769 , le duc de Crillon fut subrogé aux droits de la ville d'Avignon, et , de ses deniers , entreprit l'exécution de ce canal, bien moins dans des vues d'intérêt personnel, que dans le but d'accroître la prospérité de son pays. Les lettres patentes délivrées en cette même année , qui est la première du règne de Louis XVI , sont ainsi conçues :

« Louis , par la grâce de Dieu , roi de France et

de Navarre, comte de Provence, Forcalquier et terres adjacentes, etc., etc., voulant récompenser l'ancien attachement du sieur Louis des Balbes, Berton de Crillon, à la personne du roi, et ses actions à la guerre pendant trente-cinq années de services, autorise le sieur Louis des Balbes, Berton de Crillon, a acquérir dans le terroir de la ville d'Avignon tout le terrain qui sera nécessaire, tant pour la dérivation des eaux de la Durance, que généralement pour tous les ouvrages qui seront nécessaires pour la construction, solidité et direction de la conduite d'eau et de ses branches, suivant l'estimation qui en sera faite, etc. »

Le comtat Venaissin étant rentré pour quelque temps sous la domination pontificale, un nouveau chirographe, donné à Rome par le pape Pie VI, le 13 février 1781, vint confirmer les précédentes concessions et régla en même temps quelques dispositions qui n'avaient pas été prévues avant le commencement des travaux, alors en cours d'exécution.

Comme la ville d'Avignon se trouvait intéressée à l'exécution de ce canal, l'acte de concession porte que l'impétrant sera tenu de se conformer, pour le surplus, aux charges, clauses et conditions portées en la délibération du conseil de ladite ville, sous la date du 7 août 1769. Dans cette délibération, il est dit que le duc de Crillon ne pourra faire aucun changement un peu considérable au plan primitivement arrêté sans le consentement exprès de la ville.

C'est en vertu de cette concession que les travaux furent commencés en 1770. La famille de Crillon consacra à cette entreprise des sommes équivalentes à plus d'un million de francs, sans en retirer les avantages sur lesquels on avait dû compter. Diverses circonstances ayant contribué à empêcher ce canal d'être mis en valeur, il ne donna, jusqu'à ces derniers temps, que de très-faibles résultats ; de sorte que lorsqu'il s'est agi, en 1835, d'en céder la propriété à la compagnie qui le possède actuellement, la famille de Crillon trouva avec peine à rentrer, par cette cession, dans le tiers du capital primitivement dépensé.

Description et tracé.— Ce canal a sa prise d'eau sur la rive droite de la Durance, à 270^m· en amont du pont de Bonpas. Il traverse dans la direction du N.-O. le territoire d'Avignon et vient déboucher dans le Rhône vers les confins de ce territoire avec celui de Sorgues, après un parcours de 14 kilomètres. Ses principales fillioles, ou rigoles de distribution, sont celles de Rodolphe, de la Croix d'or, de Montfavet, de St-Martin, de Gueyranne, de Morières, etc. Elles occupent ensemble une longueur aussi considérable que le développement total du canal. Quelques-unes sont assez importantes. La filliole de Rodolphe, dépendant du domaine de ce nom, occupe la direction où l'on doit regretter de n'avoir pas établi le canal principal, car il aurait pu ainsi, étant prolongé, arroser des parties incultes des territoires de Morières, Vedennes, Bédarrides, Sorgues et Château-Neuf, qui en eussent retiré un immense avantage.

Le non-succès qui a caractérisé jusqu'ici l'entreprise du canal de Crillon s'explique aisément. Cet ouvrage confié à des mains inhabiles fut conçu et exécuté sur un plan défectueux. On se préoccupa faussement de l'idée qu'il fallait y ménager, le plus qu'il serait possible, des chutes, à utiliser pour des usines ; de sorte qu'au lieu de placer, comme il convenait, le canal à mi-côte avec des pentes modérées, on le mit, autant que possible, en remblai dans la plaine, en ne lui donnant, dès son origine, qu'une pente insuffisante de 0^m. 20 par kilomètre. La déclivité naturelle du terrain est rachetée par des chutes, dont chacune a enlevé les ressources de l'irrigation à plusieurs centaines d'hectares. Un autre vice capital dans l'exécution de ce canal était l'insuffisance de sa section et le peu de profondeur de son plafond au-dessous des basses eaux de la Durance ; car le seuil de sa prise d'eau était placé de telle sorte, qu'il ne pouvait entrer dans le canal qu'environ 500 litres d'eau par seconde, dans le temps des sécheresses, qui est précisément le plus essentiel pour l'irrigation ; de sorte qu'à ces époques le canal n'arrosait pas la cinquième partie du terrain qu'il aurait pu améliorer dans la plaine d'Avignon, où plus de

4000 hectares attendent encore cet avantage. De plus, cette dérivation n'ayant pas d'abord de débouché assuré jusqu'au Rhône, non-seulement les colatures, ou le superflu des arrosages, mais aussi les eaux provenant des filtrations nombreuses qu'éprouvait le nouveau canal occasionnèrent de grands dommages aux propriétés riveraines ; cela causa beaucoup de contestations qui ne se terminèrent que par des procès longs et coûteux.

Derniers travaux.—D'après un si fâcheux état de choses, l'amélioration de ce canal était désirée depuis longtemps, comme une mesure du plus grand intérêt pour la localité. On ne pouvait cependant réclamer de nouveaux sacrifices de la famille de Crillon, à laquelle cette entreprise avait causé des pertes considérables. C'est par cette considération que le conseil général du département de Vaucluse et le conseil municipal d'Avignon, dans le but de seconder cette utile opération, votèrent en 1833, l'un 15,000 fr., l'autre 10,000 fr., pour le projet, qu'on avait d'abord eu, d'ajouter une nouvelle prise d'eau à l'ancien canal. De son côté, M. le ministre du commerce et des travaux publics promit une subvention de 3000 fr.; mais il insista en même temps pour qu'il fût présenté un projet régulier, dressé par les ingénieurs des ponts et chaussées, afin que l'on n'eût pas encore une fois à regretter le mauvais emploi des fonds.

Au printemps de 1834, les ingénieurs reconnurent qu'on ne gagnerait rien à établir une seconde prise d'eau, comme on l'avait d'abord demandé ; attendu que , d'après la disposition des lieux , cette prise d'eau ne pourrait être reportée qu'à 170$_m$. en amont de l'ancienne. Ils proposèrent donc d'améliorer seulement la prise d'eau actuelle en la reconstruisant très-peu en amont de son ancienne position. A cet effet , ils furent d'avis d'abaisser le seuil de 0^m,80 ; de diminuer de moitié la chute de 0^m,90 existant vis-à-vis le château Blanc, situé à 3.500^m de l'origine du canal ; de répartir la pente uniformément sur cette longueur ; de donner partout au canal une largeur de 4^m au plafond, avec des talus inclinés à 45 degrés ; enfin , d'adopter quelques autres dispositions, ayant pour objet de remédier aux principales défectuosités du canal, afin de le rendre capable de porter un volume d'eau d'environ 4$^{m.\ c.}$ par seconde, volume pour lequel il avait été originairement projeté.

Les enquêtes ouvertes sur ce projet , en vertu de l'ordonnance réglementaire du 18 février 1834, ont fait naître des oppositions : divers particuliers conçurent des craintes relativement à l'influence que pourrait avoir le nouveau régime des eaux, soit sur leurs irrigations, soit sur leurs usines. Plusieurs de ces oppositions , exprimées d'une manière vague et générale , furent repoussées par la commission d'enquête , sur les observations des ingénieurs, qui démontrèrent que l'arrosage des terrains supérieurs, loin d'être compromis par les travaux projetés, recevrait au contraire une amélioration sensible. Les hospices d'Avignon et M. de Cambis, propriétaires de deux canaux d'irrigation dont les prises d'eau sont inférieures à celles du canal Crillon, ont exposé que l'augmentation de la portée de ce dernier amènerait probablement une réduction notable dans le volume dont ils jouissaient. Enfin, les syndics de la Robine de Cassagne ont signalé les inconvénients qu'éprouverait ce pays, si, en même temps qu'on augmentait le volume des eaux d'irrigation, on n'avisait pas au moyen de se débarrasser des écoulages qui jusqu'alors avaient porté un si grand préjudice aux parties basses du territoire. Ces deux points ont été pris en considération par la commission d'enquête qui a demandé : 1° que les propriétaires du canal Crillon fussent tenus de contribuer, dans une juste proportion, aux travaux de desséchement du territoire de Cassagne ; 2° qu'on mît à leur charge les frais d'approfondissement et d'élargissement des canaux des hospices et de M. de Cambis, dans le cas où, après l'exécution du projet, il serait démontré, par une expérience directe, que ces travaux sont nécessaires pour remettre les prises d'eau desdits canaux dans leurs conditions premières. La commission d'enquête a d'ailleurs exprimé le vœu que le gouvernement accueillît le plus tôt possible le projet présenté, en tenant compte de ses observations.

Les enquêtes ont été closes par un rapport de M. l'ingénieur en chef du département de Vaucluse, qui après avoir discuté toutes les objections et observations, proposa diverses clauses auxquelles il était utile d'assujettir les propriétaires du canal.

A quelques modifications près, ces propositions, adoptées par M. le préfet de Vaucluse, furent sanctionnées par l'administration, et une ordonnance royale du 28 novembre 1837 autorise, sur les bases qui viennent d'être indiquées, les travaux que réclamait le canal de Crillon.

Portée d'eau, superficie arrosée, prix de l'arrosage. — Les anciens titres d'autorisation sont entièrement muets sur la question du volume d'eau à dériver de la Durance dans le canal de Crillon. Cependant, postérieurement aux lettres patentes du 1ᵉʳ octobre 1769, une autre déclaration du roi, en date du 23 octobre 1774, avait eu spécialement pour but cette dérivation. Mais, à cette époque, on était peu soigneux de limiter les prises d'eau, et cette dernière concession porte seulement que : « le » sieur de Crillon est autorisé à dériver les eaux » de la Durance, au-dessous de la Chartreuse de » Bonpas, et à faire à cet effet, au lit de la dite » rivière, *les différentes ouvertures qui seraient* » *nécessaires* pour en conduire les eaux sur le ter- » ritoire d'Avignon. »

Malgré toute la latitude qui résultait de ce blanc-seing de l'autorité souveraine, ni le concessionnaire, ni ses héritiers ne se mirent en mesure d'en profiter ; et au contraire il est remarquable que ceux qui étaient munis d'une autorisation si large, aient échoué dans l'entreprise du canal dont il s'agit, pour lui avoir donné des proportions trop exiguës.

Les nouveaux propriétaires se prévalant de ces anciens titres, non limitatifs, demandèrent à être régulièrement autorisés à employer $4^{m.c.}$ d'eau. Mais comme il avait été reconnu, en dernier lieu, que les nombreuses dérivations de la Durance, ainsi que les augmentations sollicitées en faveur de plusieurs d'entre elles, devaient faire regarder de très-près à cet objet, dans les nouvelles concessions, l'administration décida qu'il n'y avait lieu d'accorder, provisoirement, au canal de Crillon, qu'un volume d'eau de $2^{m.}$ par seconde; sauf à porter plus tard ce volume d'eau à $4^{m.}$ si le règlement général des dérivations de la Durance, dont on a commencé à s'occuper, en démontrait la possibilité.

Après l'exécution des travaux d'amélioration, qui ne sont pas encore terminés, la portée d'eau moyenne du canal de Crillon, qui aura toujours à souffrir des étiages de la Durance, sera de 80 onces; avec quoi il subviendra à un arrosage assez régulier d'environ 1800 hectares; quoique plus de moitié soient en nature de jardins. Il y a quelques variations dans les prix payés pour l'arrosage d'un hectare. Cependant ils se maintiennent entre 20 et 24 fr., ce qui est à peu près conforme au taux des anciennes redevances, réglées dès l'origine de la concession.

Autres canaux existant sur le territoire d'Avignon.

Dès le XIII⁰ siècle, le territoire d'Avignon recevait les eaux de la Durance au moyen d'un canal ayant sa prise d'eau environ à 1.200^{m}· en amont du pont de Bonpas. Ce fut dans le mois d'avril de l'année 1230 que les consuls, juges et notables de la ville, formant son conseil d'administration, sous la présidence de l'évêque, arrêtèrent la construction de ce canal d'arrosage, qui, à l'imitation des canaux d'Italie, fut nommé la *Durançole*, nom qu'il porte encore aujourd'hui. Il alimentait d'abord celui des hospices d'Avignon, qui forme son prolongement naturel ; mais, depuis bien des années, le lit de la Durance s'étant encore modifié en cet endroit, l'embouchure de la Durançole finit par être totalement obstruée, et en 1776 une nouvelle prise d'eau fut établie, pour le canal dit *de l'Hôpital*, en aval du pont de Bonpas, de sorte que la partie supérieure de l'ancienne Durançole ne sert aujourd'hui que de colateur aux irrigations effectuées par les canaux de Cavaillon, dont il va être parlé, ainsi qu'aux filtrations nuisibles qui ont encore lieu vers l'origine du canal de Crillon.

Les eaux de la Durançole mettent en mouvement le moulin de Tartay, dont le sous-bief passe par-dessous le canal de Crillon, au moyen d'un siphon en maçonnerie ; un des canaux de décharge du bief de ce moulin passe au contraire au-dessus du même canal, au moyen d'un pont-aqueduc.

Le canal de l'hôpital a une longueur de 8^{kil} et une largeur réduite de 3^m. Il porte, en moyenne, environ 3o onces d'eau.

Un autre canal, de dimensions un peu moindres et ayant 6^{kil} de longueur, existe encore sur la rive droite de la Durance, territoire d'Avignon; c'est le canal de *Cambis*, le plus voisin du confluent de la Durance et du Rhône. Il est la propriété particulière de la famille de ce nom, dont il arrose exclusivement le domaine. Les canaux de l'hôpital et de Cambis procurent ensemble l'irrigation à environ 8oo hectares. Ils pourraient arroser plus du double.

CANAUX DE CAVAILLON.

Canaux de Saint-Julien, du vieux Cabédan, du Cabédan neuf, etc.

Historique. —Le territoire de la ville de Cavaillon est arrosé par trois canaux, qui sont : le Saint-Julien, le Cabédan vieux et le Cabédan neuf. Les deux premiers ont une seule et même prise d'eau dans la Durance ; ou, pour mieux dire, le Cabédan vieux n'est qu'une dérivation du canal Saint-Julien. Leur établissement remonte au XIIe siècle ; car ce fut dans le mois de mai 1171 qu'ils furent concédés à l'évêque de Cavaillon, par Raymond V, comte de Toulouse, qui possédait à cette époque le marquisat de Provence. Dans l'origine, la dérivation du canal de Saint-Julien n'était destinée qu'à alimenter les moulins de Cavaillon ; ce fut en 1235, que l'évêque de cette ville accorda aux habitants, la faculté de se servir des eaux pour l'arrosage des terres. D'autres concessions consécutives, faites jusqu'au commencement du XVI° siècle, furent confirmées par lettres patentes de François Ier. Le canal Saint-Julien, connu encore aujourd'hui sous le nom de *Fossé Saint-Julien*, a 21 kil. de longueur, et 2^m,50 de largeur au plafond, avec une hauteur d'eau de 1^m,20, en moyenne. Le canal du Cabédan vieux, dérivé de celui-ci, a 13 kil. de longueur; l'un et l'autre ont de fortes pentes.

Le Cabédan neuf, désigné naguère sous le nom de Haut-Cabédan, a sa prise d'eau dans la Durance, en amont de celle du Saint-Julien. Il a été ouvert en 1766, aux frais d'une association particulière. Il alimente un autre petit canal, dit du *Plan Oriental*, qui est d'origine plus récente. Depuis quelques années, les propriétaires intéressés ont formé une association, dans le but de pourvoir au moyen de surmonter les obstacles fréquents qu'éprouvait le service des irrigations, dans cette localité, par suite des variations continuelles du lit de la Durance, aux abords de la prise d'eau; car, notamment en 1832, elle s'était tout à fait éloignée de cette embouchure, qu'il fallut abandonner. Ce n'était qu'au moyen d'ouvrages temporaires, tels que : digues d'appel, barrages volants, etc., qu'il était possible d'amener, dans le canal du Cabédan, le volume d'eau nécessaire; et encore l'irrigation, malgré ces travaux coûteux, se trouvait-elle souvent interrompue, au grand préjudice des propriétés qui avaient droit d'y prétendre. Ces ouvrages temporaires , construits sans solidité dans le lit de la Durance, étaient souvent entraînés; mais surtout ils avaient l'inconvénient d'exercer une influence nuisible sur la direction des eaux, qui, se portant davantage sur une rive que sur l'autre, compromettaient souvent les territoires voisins, dont, sans cette cause, la stabilité n'est déjà que trop mal assurée, dans le voisinage d'un torrent aussi redoutable. Il résultait de là des contestations continuelles, et même des rixes violentes entre les habitants des communes et les usagers du canal, de sorte que la tranquillité publique était fréquemment compromise.

Pour mettre un terme à tant de difficultés la nouvelle compagnie proposa de reporter la prise d'eau à 500^m en amont de son ancienne position, sur la rive droite de la Durance, attendu qu'en ce point le cours de la rivière, maintenu par une digue très-solide, peut être considéré comme définitivement fixé. Par une transaction en date du 4 décembre 1828, la commune de Mérindol, propriétaire de la digue dont il s'agit, permit au syndicat du Cabédan neuf d'y pratiquer la coupure nécessaire pour l'établissement de trois nouvelles martellières de prise d'eau, et d'ouvrir sur son territoire, moyennant une indemnité de 15.000 francs, le nouveau canal qui devait amener les eaux jusqu'à l'ancien Cabédan. Quelques oppositions avaient d'abord été formées au nom des communes de l'Isle et de Mérindol, qui avaient conçu elles-mêmes, dans cette localité, des projets relatifs à l'irrigation de leurs territoires ; mais des transactions, à l'avantage des unes et des autres, firent retirer ces oppositions. Et les ordonnances des 26 mai 1833 et 16 novembre 1834 ont concilié tous les intérêts. Ces ordonnances forment le titre en vertu duquel les syndicats du haut Cabédan et du plan oriental, réunis sous la dénomination de syndicat du *Cabédan neuf*, sont autorisés à substituer aux prises d'eau volantes, ci-devant pratiquées dans la Durance, une prise d'eau fixe, établie près des rampes du bac de Mérindol et à ouvrir un nouveau canal, pour amener dans celui du Cabédan le volume d'eau qui y arrivait jusqu'à ce jour ; le tout conformément au tracé proposé par le syndicat. Ces travaux exécutés depuis peu d'années ont coûté environ 130.000 francs. En 1835 le gouvernement accorda une subvention de 4.000 francs à cette association, qui est très-obérée, car elle établit à cette époque que l'arrosage d'un hectare lui revenait à plus de 50 francs.

Portée d'eau, superficie arrosée, rôles d'entretien. — Les canaux de Saint-Julien et du vieux Cabédan, avec une vitesse moyenne de 0^m,90, portent, dans la saison des arrosages, environ 102 onces d'eau, avec lesquelles ils n'arrosent guère plus de 2.000 hectares ; ce qui tient à ce que la majeure partie des terres arrosées de cette localité sont en nature de jardins maraîchers, qui consomment près du double de l'eau réclamée par les autres cultures.

Depuis l'ouverture du canal du Plan Oriental et les améliorations qu'il a lui-même reçues, celui du Cabédan neuf porte, à son origine, 72 onces d'eau et irrigue environ 1.400 hectares. Cela porte le total des superficies arrosées sur le territoire de Cavaillon à 3.400 hectares. Mais si l'on voulait se réduire à l'irrigation régulière et complète, on ne trouverait guère plus de moitié de cette étendue.

Le montant des rôles d'entretien et d'administration du canal Saint-Julien, y compris ses principales rigoles, s'est élevé, en 1841, à 15.388 fr. 58, ce qui correspondait à environ 7 fr. 50 par hectare. Le montant des mêmes rôles, dans ladite année, s'est élevé, pour le Cabédan neuf, à 6.397 fr. 77 ; les cotes d'entretien y varient entre 11 et 28 fr. par hectare.

Quelques irrigations, encore peu considérables, mais que l'on se propose d'améliorer, comprennent une étendue d'environ 600 hectares sur les territoires de Cadenet, Pertuis, Mirabeau, Villelaure, etc.

En récapitulant les superficies arrosées dans le département de Vaucluse, on trouve le résultat suivant :

Territoires d'Avignon, Lille, Sorgues, etc. . . . . 4.600 hect.

Territoire de Cavaillon. 3.400

Territoires de Pertuis, Cadenet, etc.   600

Total, pour le département. . . . . 8.600 hect.

CANAL DE LA BRILLANNE.

Dérivé de la Durance, sur la commune de ce nom ; plusieurs fois entrepris et abandonné, mais récemment établi sur 18.627^m de longueur, et 4$_m$,60 de largeur réduite ; portant moyennement 60 onces d'eau, dans la partie S. O. du département des Basses-Alpes.

Historique. — Les conquêtes de Charles VIII et de Louis XII, en Italie, et particulièrement dans le Milanais, à la fin du XVe siècle, avaient fait naître en France un grand désir d'améliorer l'agriculture à l'aide des irrigations. En effet, dès cette époque, les provinces du Piémont et de la Lombardie étaient déjà en pleine possession des grands avantages réalisés pour elles, par ce moyen ; or, la prospérité des campagnes, jadis incultes, qu'arrosent la Doire, le Tessin, l'Adda, le Mincio, etc., était bien de nature à exciter l'émulation des contrées voisines.

Des lettres patentes de Louis XII, en date du 1er mars 1493, avaient autorisé la ville de Manosque à dériver de la rive droite de la Durance, un peu en amont du village de la Brillanne, le volume d'eau nécessaire pour alimenter un canal d'irrigation, qui devait être ouvert sur son territoire. Quelques difficultés relatives aux terrains à traverser ayant retardé l'exécution de ce canal, et divers inconvénients ayant été reconnus à son tracé primitif, la prise d'eau fut projetée plus haut, et de nouvelles lettres patentes du même souverain, en date du 6 mai 1511, renouvelèrent purement et simplement le même privilége. Cette fois, le canal fut exécuté, sur environ 18 kilom. de longueur, à partir de son embouchure, et le territoire de Manosque en a joui pendant plus d'un siècle et demi. Mais au printemps de l'année 1675, à la suite d'une crue extraordinaire, les ouvrages de la prise d'eau furent complétement emportés et le cours de la Durance s'étant en outre notablement modifié sur ce point, cet événement entraîna l'abandon du canal, qui cessa, depuis lors, de rendre aucun service à l'agriculture.

En 1777, les états de Provence entreprirent la restauration et la continuation de ce canal, d'après un projet qui fut évalué à 300.000 livres. On en avait déjà dépensé environ 60.000, lorsque les événements de 1789 vinrent de nouveau interrompre cette entreprise. Dix-neuf ans plus tard, un décret impérial du 10 mars 1807, sanctionné bientôt par la loi du 16 septembre suivant, accorda au sieur Desforgues l'autorisation de reconstruire le canal de la Brillanne, d'après les projets qui avaient été adoptés par les états de Provence, en autorisant ce particulier à se servir des ouvrages déjà exécutés. Le sieur Desforgues se borna à transmettre son titre au sieur Montigny Dampierre, qui fit commencer quelques travaux, mais qui, après y avoir consacré 29.000 fr., abandonna lui-même l'entreprise, en 1811.

En vain, une ordonnance royale du 6 février

1822, révoquant le décret du 10 mars 1807, substitua, avec quelques modifications, les sieurs Beslay, Thuret et Tirlet à tous les droits du précédent concessionnaire ; ces particuliers ne remplirent pas davantage leurs engagements , et ils renoncèrent à la concession, sans même avoir commencé les travaux.

Si l'on recherche la cause de tant de tentatives successivement avortées, on reconnaît que les premiers travaux établis pour l'ouverture du canal de la Brillanne avaient été conçus sur une trop vaste échelle, et que dès lors les essais de restauration, basés sur le plan primitif, n'étaient point en rapport avec les produits que l'on pouvait en attendre. On est revenu depuis à des idées plus sages, en reconnaissant que le seul moyen de rendre cet ouvrage profitable aux concessionnaires et à la localité, était d'en restreindre les dimensions en utilisant d'ailleurs, pour l'irrigation, divers canaux existant déjà dans la localité.

Les sieurs Duchaffaut et Latil , propriétaires des moulins de Villeneuve et de Manosque , présentèrent en 1833 un premier projet, conçu d'après ce plan ; et demandèrent à rétablir l'ancien canal sur des dimensions convenables.

Différentes conditions furent débattues, entre la compagnie pétitionnaire et le conseil municipal de Manosque, relativement à cette entreprise. Ce conseil municipal, qui avait des droits résultant des anciens titres d'autorisation , demanda notamment

que les concessionnaires, tout en se servant des
canaux des moulins, pour la conduite ou la distribution des eaux d'arrosage, conservassent toujours
celles de ces usines qui étaient nécessaires à la consommation des habitants de la ville ; et que le prix
de la mouture à percevoir désormais au moulin
neuf, ainsi qu'à ceux qui seraient alimentés par le
canal, fût réduit au 40ᵉ des grains présentés pour
être mis en farine, au lieu du 30ᵉ qui était la base
ancienne. D'après les motifs développés par la commission d'enquête, cette clause fut admise dans
l'ordonnance d'autorisation. Les conseils municipaux de Villeneuve et de Volx ont présenté aussi
quelques observations, peu importantes, sur le projet de concession. Enfin, après avoir élagué de la
demande quelques dispositions qui n'étaient pas
susceptibles d'être accueillies, l'administration a fait
obtenir à la compagnie Latil une ordonnance royale
en date du 12 décembre 1837, en vertu de laquelle
cette compagnie est autorisée à établir le canal d'irrigation dont il s'agit, conformément au tracé proposé, en 1834, par ladite compagnie.

Description et tracé, portée d'eau, etc. —
D'après ce tracé, la prise d'eau est placée un peu
en amont des Martellières de la Brillanne, qui servaient au premier canal ; la nouvelle dérivation
traverse des graviers et oseraies jusqu'à la brèche
dite du Rocher-Coupé ; de là, après avoir franchi,
par un aqueduc, le torrent du Lauzon, il aboutit

dans le bief du moulin de Villeneuve, qui a été agrandi pour le recevoir ; puis il passe sur l'ancien pont-aqueduc existant sur le Larque, entre dans le bief du moulin neuf de Manosque, également élargi, et vient déboucher vers la fin du territoire de cette commune, dans le torrent du Rideau, après avoir parcouru un développement de 18.627^m., Les travaux compris dans ce projet ont été évalués à la somme de 231.663 fr. 93, y compris 42.517 fr. 60 pour indemnités de terrain. Les ouvrages d'art de ce canal n'ont rien de remarquable.

L'administration ayant fixé à un mètre cube par seconde, à l'étiage, le volume d'eau concédé en faveur du canal de la Brillanne, ce volume, réuni à celui qui entre dans le bief du moulin de Villeneuve, donne, pour ce canal, une portée minimum de 2^m· par seconde ou de 45 onces 1/2. Hors du temps d'étiage, ses dimensions permettent l'introduction d'un volume d'environ 76 onces ; de sorte qu'on peut regarder sa portée moyenne comme étant de 60 onces, avec lesquelles on irrigue un peu moins de 2.000 hectares, dans cette localité où l'eau est employée principalement sur des prairies. Conformément aux propositions des conseils municipaux des communes intéressées et à celles de la commission d'enquête, le prix de l'arrosage est réglé, par l'ordonnance de concession, à 31 fr. 25 par hectare.

Un assez grand nombre de dérivations particulières effectuées dans la vallée supérieure de la

Durance, ainsi que dans celles de l'Ubaye, de la Bléone, de l'Asse, du Verdon, et autres torrents secondaires, coulant dans la partie montagneuse du département des Hautes-Alpes, procurent encore l'irrigation à plus de 1.600 hectares de prairies. Total pour ce département : 3.600 hectares.

CHAPITRE TROISIÈME.

CANAUX DÉRIVÉS DE LA RIVE GAUCHE DE LA DURANCE, DANS LE
DÉPARTEMENT DES BOUCHES-DU-RHÔNE.

CANAUX DE CRAPONE.—DES ALPINES.—DE MARSEILLE.—DE PEYROLLES, ETC.

CANAL DE CRAPONE.

Composé de deux branches ayant ensemble 130^{k.} de longueur, sur une largeur principale de 7^{m.}; dérivé dans le milieu du XVIe siècle de la Durance, en aval du pont de Cadenet; et portant moyennement 230 onces d'eau.

Historique. — Dès 1554 le célèbre Adam de Crapone avait obtenu des lettres patentes, en vertu desquelles il se livra immédiatement aux travaux du canal qui porte encore son nom et qui, en moins de quatre années, fut ouvert, depuis sa prise d'eau jusqu'au delà du territoire de Salon. Mais, de tout temps une entreprise de ce genre était bien difficile à exécuter avec les seules ressources d'un particulier, même riche. Aussi arriva-t-il que le fondateur du canal dont il s'agit, se trouvant manquer de fonds, fut obligé d'aliéner moyennant de très-faibles sommes d'argent comptant, les principales concessions d'eau qui devaient en faire, un jour, le revenu. Adam de Crapone, obéré par cette entreprise, fut donc forcé de l'abandonner inachevée, à ses créanciers qui, par transaction du 20 octobre 1571, formèrent une compagnie et répartirent entre eux les eaux du canal, ainsi que les frais nécessaires à sa continuation et à son entretien. Le fondateur s'était réservé néanmoins la faculté d'augmenter à son profit la portée d'eau du canal, à la charge, par lui, de contribuer, dans une proportion convenable, aux dépenses d'entretien. Frédéric de Crapone, son frère et son héritier, transporta, en 1581, cette faculté aux frères Ravel ; et ceux-ci formèrent, en 1583, avec des membres de l'ancienne société, la compagnie, constituée sous le nom d'*Œuvre d'Arles*, dans le but de conduire jusqu'à cette ville les eaux du canal de Crapone.

En 1584, Henri III délivra, en faveur de cette branche septentrionale, des lettres patentes qui furent enregistrées, en avril 1585, au parlement de Provence. La compagnie formée sous le nom d'Œuvre d'Arles, ayant été obligée de faire des emprunts considérables, pour l'ouverture et l'entretien du canal, n'en tirait cependant qu'un revenu minime, à cause des aliénations considérables qu'avait été obligé de faire Adam de Crapone. Elle fut dissoute en 1704, et alors les créanciers s'emparèrent du peu qui restait à prendre, c'est-à-dire du droit d'arrosage sur certains territoires et des moulins qui sont considérables et d'un grand produit.

La branche d'Arles appartient aujourd'hui a M. de Jessé de Charleval, successeur des frères Ravel. La branche de Salon continue d'appartenir aux associations et aux communes.

Description et tracé. — La branche méridionale

du canal, appelée communément branche de Salon, traverse les territoires de Gontar, Laroque, La Rouyère, Charleval, Malemort, Allen, Senas, Lamanon, Salon, Pélisanne, Lançon, Confoux et Cornillon. La branche septentrionale qui part de Lamanon et se dirige à l'ouest, traverse les territoires d'Oreille, de Brais et d'Arles, puis se jette dans le Rhône, un peu en aval de cette ville, après avoir traversé, sur un aqueduc de cent dix-sept arches, le marais qui l'entoure, sur la rive gauche du Rhône.

Ce grand aqueduc, établi en 1639, et ayant 1.103^m de longueur, est le principal ouvrage d'art qui existe sur le canal. Mais ses piles sont massives, ses arches de grandeur inégale, et sa construction n'a rien de remarquable. L'aqueduc proprement dit a plus de quatre mètres de largeur; ce serait trop, à cette extrémité du canal, si ses eaux n'étaient pas nécessaires au moulin du Chamet, composé de seize tournants qui disposent d'une force de près de quatre-vingts chevaux. Ce moulin, situé près d'Arles et pouvant fournir, par jour, plus de trois cent soixante quintaux métriques de farine, souffre beaucoup de l'irrégularité du volume d'eau qu'il reçoit.

La longueur et les pentes de la branche d'Arles sont établies ainsi :

De la prise d'eau à Lamanon. long.	22.995^m	pente	30^m., 722
De là au pont de Crau....	— 41.969	—	102 325
De là au Rhône.	— 3.149	—	3 574
Longueur et pente totales. . . .	68.113^m		136^m· 621

S'il n'y avait pas de chutes cette pente serait excessive, puisqu'elle dépasserait 2^m par kilomètre. Eu égard aux chutes, elle est encore d'environ $1^m,15$ par kilomètre. Pour justifier cette pente on doit remarquer qu'elle est en rapport avec la déclivité naturelle du terrain, ce qui a économisé beaucoup de terrassements et d'ouvrages d'art. En second lieu les eaux de la Durance sont tellement troubles que, sans la grande vitesse résultant de la pente susdite, elles occasionneraient certainement, en beaucoup de points du canal, des atterrissements très-nuisibles, comme elles le font à l'entrée du canal d'Arles à Bouc, dont les premières écluses sont fréquemment obstruées par cette cause.

Dommages causés par les eaux. — Si les dépenses annuelles qu'occasionne ce canal sont considérables, c'est qu'indépendamment des frais de garde, d'administration et de régie, de l'entretien des digues, des ponts et autres ouvrages d'art, des curages, etc., il y a bien souvent des travaux extraordinaires à exécuter aux abords de la prise d'eau, par suite des amas de graviers qui s'y forment, et à cause de l'instabilité du lit de la rivière sur ce point. En 1755, la Durance s'étant introduite avec impétuosité dans le canal, les ouvrages de l'embouchure furent emportés, ainsi que la plupart des martellières. Dans la même année, la destruction totale du grand aqueduc des marais d'Arles, par les eaux du Rhône, compléta ces désastres, dont la réparation coûta à la compagnie plus de 70.000 livres qui représenteraient aujourd'hui une somme bien plus considérable. En 1763, la prise d'eau et les martellières furent de nouveau endommagées ; ce qui exigea, pour éviter le retour de nouvelles avaries, que l'on renouvelât presque entièrement les ouvrages de l'embouchure en y construisant des martellières neuves et une digue, ou grand épi, en pierre attenant au rocher du Barquot, situé à environ 2.500^{m} en amont de celui auquel Adam de Crapone avait primitivement établi sa prise d'eau. Cela occasionna encore de grandes dépenses; et la compagnie, n'ayant que peu de ressources par elle-même, fut obligée d'emprunter toutes ces sommes ; ce qui la mit pour longtemps dans la gêne. D'ailleurs ces années calamiteuses de 1755 et 1763 ne sont pas les seules qui aient anéanti les revenus du canal ; à un moindre degré d'intensité les mêmes accidents avaient déjà eu lieu plusieurs fois, notamment en 1666, 1684, 1710 et 1745. L'irrégularité du régime de la Durance était donc doublement funeste : en hiver par les désastres qu'elle occasionnait ; en été par le manque d'eau, qui ne se fait encore que trop souvent sentir aujourd'hui, sur cette dérivation.

En 1792, l'eau manqua encore presque totalement pour l'irrigation, et les engorgements de la prise d'eau s'accrurent dans une proportion énorme. Enfin, en 1799, la rivière ayant encore détruit et renversé les mêmes ouvrages, on fut obligé d'en revenir à la première martellière d'Adam de Crapone, vers laquelle les eaux sont ramenées au moyen d'un canal qui les prend à environ 600ᵐ en amont.

Derniers travaux exécutés à l'embouchure du canal. — Dès avant la révolution de 1789 on sentait le besoin d'améliorer l'ancien état de choses, qui était devenu si onéreux. On reconnaissait surtout qu'il eût bien mieux valu rendre solide et fixe la prise d'eau dans la Durance, que d'y construire, tous les ans, de coûteux ouvrages, destinés à être renversés ou détruits. On regrettait aussi que l'on n'eût pas élargi le canal et ses martellières, pour obvier à la pénurie des eaux, pour étendre l'arrosage à des territoires que l'on croyait d'abord pouvoir y participer et qui en étaient néanmoins privés; mais à cette époque les propriétaires n'étaient pas disposés à faire les avances indispensables à ces travaux, quoiqu'ils dussent regarder comme extrêmement probable la chance d'en retirer un intérêt satisfaisant.

Cependant ces ouvrages temporaires construits simplement à l'aide de piquets, chevalets et fascines, étaient emportés presque à chaque crue de la rivière, et il fallait continuellement pourvoir à leur remplacement ou à leur réparation. Ils étaient donc, par le fait, extrêmement coûteux ; et de plus ils, nuisaient beaucoup au flottage des bois sur la Durance.

D'après ces motifs l'administration a approuvé le projet formé par l'œuvre de Crapone, pour établir la prise d'eau de son canal d'une manière fixe, entre le rocher de Gontard et la Bastide de Deyme, à environ 1200^m· en aval du nouveau pont de Cadenet, et d'assurer cette prise d'eau au moyen d'une digue, à établir sur la rive gauche conformément aux plans produits à l'appui de sa demande.

Portée d'eau, superficie arrosée. — La portée d'eau du canal de Crapone a été considérée longtemps comme plus considérable qu'elle ne l'est réellement, du moins en temps d'étiage. Des jaugeages exacts que l'administration a fait faire dans l'été de 1838, ont prouvé que le volume d'eau total qui entre dans ce canal, n'était que de 6$^{m. c.}$ par seconde ; ce qui explique comment il arrive si habituellement que des propriétés réputées arrosables avec ses eaux, s'en trouvent privées pendant la presque totalité de la saison. La branche d'Arles souffre moins de cet état de choses que celle de Salon, car lorsqu'en l'an VI le gouvernement vendit une grande partie des eaux du canal des Alpines, l'œuvre d'Arles acquit, au prix de 10,000 fr. l'un, dix moulans ou 60 onces, qui lui sont livrées au bassin de Lamanon. Ce secours lui était bien nécessaire, car il arrive encore de temps en temps, que son canal se trouve réduit à ce seul contingent ; à ces mêmes époques de grande pénurie, les propriétés que dessert la branche de Salon , souffrent extrêmement de la sécheresse. En temps d'étiage , la dotation totale du canal de Crapone (œuvres d'Arles et de Salon), se compose donc de 8$^{m.c.}$, 656 par seconde qui représentent un peu moins de 197 onces. Au commencement de la campagne d'irrigation , dans les mois d'avril et de mai, le volume d'eau que reçoit ce canal est bien plus considérable et excède souvent 360 onces. Quelquefois il se maintient en juin et juillet au-dessus 280 onces ; mais il est bien rare qu'en août et septembre il ne tombe pas au-dessous de 200. C'est d'après cela que l'on peut évaluer sa portée moyenne à 230 onces. Il suit de cette fâcheuse instabilité dans le volume d'eau du canal de Crapone, que la superficie effectivement arrosée est variable dans les mêmes proportions ; c'est-à-dire que , si l'on veut préciser les choses, il faut faire la répartition suivante :

Irrigation régulière et complète. .	7.000 h.
Irrigation régulière au printemps mais incomplète en automne. .	3.000
Irrigation irrégulière et pour ainsi dire éventuelle.	2.000
Nombre total d'hectares à l'arrosage.	12.000

En réalité les catégories sont bien plus nombreuses , puisqu'il y a six classes d'arrosants. Mais les dernières n'ayant droit à user des eaux que quand les besoins des autres classes sont satisfaits, leur position est des plus désavantageuses. Le propriétaire actuel de la branche d'Arles avait annoncé l'intention d'élargir ce canal de manière à lui faire porter les 19 moulans auxquels il était destiné, tandis qu'il n'en reçoit effectivement que 14. Il a, pour cette raison, des procès continuels à soutenir contre les usagers et surtout contre les arrosants inférieurs qui, en dépit des règlements, sont presque toujours dans l'impossibilité de prendre part au bénéfice de l'irrigation. Ces contestations toujours renaissantes sont une des circonstances les plus fâcheuses qui résultent de l'instabilité du volume d'eau du canal, tant par les variations naturelles de la Durance que par suite des atterrissements qui se forment à son embouchure. La branche de Salon ne recevant pas, comme celle d'Arles, un supplément d'eau du canal des Alpines, est peut-être encore plus exposée à souffrir de cette pénurie. De graves contestations existant entre les fermiers des moulins d'Arles et les arrosants, viennent encore compliquer davantage cette situation déjà si désavantageuse. En 1841, l'interruption a été de quatre-vingt-quatre jours et a occupé ainsi plus des deux tiers de la saison des arrosages. On voit donc de quelle importance il est de pouvoir établir de semblables canaux là où ils ont, pour tout l'été, des moyens assurés d'alimentation.

Prix de l'arrosage, Produits. — La redevance payée annuellement sur ce canal, pour l'arrosage d'un hectare, est extrêmement variable. Sur la branche de Salon, appartenant aux associations et aux communes, ce prix est très-minime; car il se réduit aux frais d'entretien qui ne varient ordinairement qu'entre les limites de 4 fr. à 8 fr. par hectare. Et même sur beaucoup de points, le droit d'arrosage a été concédé gratuitement, à l'avance, en échange des terrains nécessaires à l'emplacement du canal, sur certains héritages qu'il traverse. Sur la branche d'Arles les frais sont beaucoup plus élevés; encore bien que les riverains de cette branche n'aient pas droit, à beaucoup près, à un nombre de jours d'arrosage égal à celui dont jouissent les riverains de la branche de Salon. De Lamanon à Arles, la plupart des arrosants sont soumis à deux taxes, savoir : la cote d'entretien, qui est assez élevée, et la redevance, ou droit proprement dit, qui est acquitté au profit de M. de Gessey, propriétaire du canal. Ce droit d'arrosage est établi, par hectare, à peu près ainsi qu'il suit :

Céréales.	12 fr.
Prairies	24
Plantes potagères.	36

Les produits de ce canal sont très-grands, si l'on envisage l'amélioration procurée à un territoire qui, sans lui, serait voué à la stérilité la plus absolue; ces produits sont, au contraire, des plus minces, si l'on envisage la situation des propriétaires des eaux. La cause de cet état de choses, que l'on ne peut regarder comme satisfaisant, remonte au dérangement des affaires du fondateur de cet ouvrage, qui se vit obligé de l'abandonner au moment même où il était en droit d'en attendre un juste dédommagement de ses sacrifices. De nombreuses concessions faites ainsi prématurément et sous l'influence de telles circonstances, au tiers ou au quart de leur valeur réelle, ont dû déranger toutes les prévisions qui avaient pu avoir lieu sur les produits à attendre de cette entreprise. Ce fut là une cause toujours renaissante de la gêne et du dérangement des affaires des diverses compagnies qui se succédèrent dans sa possession. La fréquence des grands accidents, renouvelés presque tous les dix ans, par la nature impétueuse des crues de la Durance, a aussi beaucoup contribué à amener le même résultat. Enfin, outre le trop bas prix des arrosages, le maintien, depuis bientôt trois cents ans, des anciennes redevances évaluées non en grains, mais au taux nominal des monnaies, qui n'ont pas suivi l'augmentation progressive des autres valeurs, a encore contribué à faire passer tout le bénéfice dans les mains des cultivateurs.

CANAL DES ALPINES.

Dérivé de la Durance à Malmort : composé de plusieurs branches, devant avoir une longueur totale d'environ 160 k., sur une largeur principale de 7; avec une portée de 270 onces d'eau, après l'achèvement des branches septentrionales.

Historique. — En 1636 le duc de Guise, seigneur d'Orgon, obtint du roi des lettres patentes pour dériver de la Durance un canal d'irrigation à

travers les territoires d'Orgon, Eygalières et autres ;
mais il ne profita pas de cette autorisation, et ce fut
plus d'un siècle après que les États de Provence éta-
blirent, en vertu d'un nouvel arrêt du 3 avril 1773,
aux frais de cette province et à peu près sur la même
direction, la branche méridionale du canal actuel
des Alpines, qui fut appelé d'abord canal de Boisgelin, du nom du président des États.

Le gouvernement, mis aux droits des anciennes
provinces, par la loi du 18 avril 1791, devint à
cette époque propriétaire de cette dérivation. Un
décret du 22 juin 1811 en régla le mode d'administration ; mais bientôt, par un nouveau décret en
date du 18 janvier 1813, ce canal fut accordé aux
anciens concessionnaires des eaux, à titre d'abonnement et pour une période de soixante ans, à la
charge, par eux, de l'entretenir constamment dans
l'état où il leur était livré. Ces abonnataires se sont
réunis en une association connue sous le nom
d'*OEuvre générale des Alpines* et demeurent chargés de pourvoir à l'administration et à l'entretien
du canal.

Ainsi s'est trouvée assurée l'irrigation des territoires que traverse la branche de Lamanon. Mais les
communes situées entre le revers septentrional des
Alpines le Rhône et la Durance, sont restées privées
du bénéfice de l'arrosage qui leur était promis depuis si longtemps. Ces communes réclamaient donc
avec instance la continuation d'un canal qui, dans

l'origine, semblait n'avoir été entrepris que dans leur intérêt. Ces vœux, renouvelés à plusieurs reprises par le conseil général du département des Bouches-du-Rhône, ont déterminé le gouvernement à prendre les mesures nécessaires pour l'achèvement du canal des Alpines et une loi du 7 juin 1826 l'a autorisé à concéder, par voie de publicité et de concurrence, l'ouverture de la branche septentrionale de ce canal et des canaux secondaires qui doivent s'embrancher sur la ligne principale. Cette loi appelait l'industrie particulière à se charger d'une entreprise qui semblait offrir des avantages assurés en compensation des sacrifices qu'elle nécessitait. Cependant ces dispositions favorables n'eurent pas d'abord le résultat qu'on devait en attendre; car douze années s'écoulèrent avant qu'il se présentât quelqu'un pour en réclamer le bénéfice. C'est seulement en 1838 que la compagnie générale de dessèchement, ayant son siége à Paris, après s'être rendu un compte bien exact des difficultés et des avantages de l'entreprise, offrit de soumissionner, d'après les bases mêmes de la loi du 7 juin 1826. Une ordonnance royale du 11 avril 1839 rendue sur le rapport de M. le ministre des travaux publics a consacré de nouveau ces mêmes bases qui sont : la publicité et la concurrence pour l'adjudication ; la perpétuité de la concession ; l'abandon gratuit de la branche d'Orgon avec les terrains, bâtiments et ouvrages qui en dépendent ; la fixation du maximum du droit d'arrosage; celle des frais d'enregistrement pour tous les actes relatifs au canal; l'exemption pendant ving-cinq années de tout accroissement à la contribution foncière, portant sur les terrains arrosés par ses eaux; un délai de six ans pour l'exécution des travaux; enfin l'obligation aux concessionnaires de soumettre, dans le délai d'une année, à l'approbation de l'administration supérieure, le projet général de ces travaux.

La disposition la plus importante que consacre cette ordonnance, en faveur de la continuation de la branche septentrionale du canal des Alpines, est la concession d'un nouveau volume d'eau de cinq mètres cubes par seconde, à l'étiage ordinaire de la Durance, en sus des prises d'eau actuellement autorisées, sur la partie déjà ouverte de ladite branche.

Le 11 juillet 1839, la compagnie générale de desséchement, fut déclarée concessionnaire, à perpétuité, de la branche septentrionale du canal des Alpines, moyennant un rabais de 1 p. 100 sur le prix de l'arrosage, dont il va être parlé plus loin.

Description et tracé. — La dérivation actuelle commencée en 1773, par les États de Provence, prend son origine à l'extrémité d'aval du rocher de Malmort, traverse à Pont-Davau, après un parcours de 1850 ᵐ environ, la route royale de Paris à Antibes, et là se partage en deux branches qui embrassent la montagne des Alpines. L'une de ces branches, qui fut entreprise la première se dirige au nord vers Orgon, où elle s'arrêta en 1784 lorsque, par suite des dépenses considérables du percement souterrain de la montagne, en cet endroit, l'administration de la province se trouva découragée et ordonna la suspension des travaux. Cette branche fut donc abandonnée, après avoir été ouverte sur une longueur de 16 kilomètres environ, c'est-à-dire jusqu'à la fin de la galerie qu'on nomme le Percé d'Orgon. La branche méridionale ne présentait pas les mêmes difficultés ; elle fut achevée, en 1787, depuis Pont-Danau jusqu'au bassin de Lamanon, où se fait un premier partage des eaux, notamment pour la commune d'Eyguières. Ce partage se complète à dix kilomètres plus loin, au bassin du Merle, d'où partent, en diverses directions, à travers la plaine de la Crau, des canaux particuliers qui vont fertiliser les territoires d'Eyguières, Istres, Entressens, Salon, Grans, Miramas et Saint-Chamas, etc.

La branche septentrionale avait été projetée originairement sur les territoires de Sénas, Orgon, Eygalières, Saint-Remi, Saint-Andiol, Cabanne, Noves, Rognonas, Barbentane, Boulbon, Tarascon, etc. D'après les projets actuels elle doit passer encore sur les mêmes communes, mais avec diverses modifications aux anciens tracés ; surtout depuis que la compagnie concessionnaire a obtenu de faire une prise d'eau à Rognonas, car il partira de ce point une deuxième branche principale presque aussi importante que celle d'Orgon.

Sur les divers embranchements du canal des Alpines, les pentes sont généralement très-fortes et vont, en quelques endroits, à plus de 2 mètres par kilomètre, ainsi que cela a lieu également pour celui de Crapone. Il existe sur ce canal un assez grand nombre de ponts et quelques ponts aqueducs, dont la construction n'a rien de remarquable. L'ouvrage d'art le plus important qui s'y trouve est la galerie, dite le Percé d'Orgon. Ce souterrain ayant 7^m de largeur sur 8^m de hauteur et environ 400^m de longueur, a coûté plus de 750,000 livres; son exécution, par les États de Provence, date de 1782 et 1783.

Portée d'eau, superficie irriguée, prix de l'arrosage. — Le canal des Alpines avait été originairement destiné à une portée de 60 moulans ou de 360 onces; mais il ne les a jamais reçues effectivement, et pour atteindre ce volume il faut y comprendre la concession récemment faite, par l'ordonnance de 1839, en faveur du prolongement de la branche d'Orgon, qui ne débite encore que moins de $2^{m.c.}$ par seconde. Le plafond de la branche méridionale qui, depuis la prise d'eau jusqu'à Lamanon, avait originairement 8^m de largeur, se trouve réduit aujourd'hui, faute d'entretien et de curage, à $4^m,60$, $4^m,40$ et même à $4^m,00$ de largeur. Il est vrai que des pentes très-considérables, excédant même celles du canal de Crapone, puisqu'elles vont à 2ᵐ et 2ᵐ. 30 par kil., facilitent le débit d'un volume d'eau considérable, malgré le rétrécissement de la section.

Quoiqu'il en soit, les concessions d'eau actuelles s'élèvent à environ 36 moulans ou 216 onces; les 5ᵐ ᶜ· concédés, en une nouvelle prise d'eau, à la compagnie propriétaire de la branche septentrionale, représentent en outre 114 onces; total, 330 onces; déduisant les 10 moulans, ou les 60 onces transmises au canal de Crapone (œuvre d'Arles), il reste 270 onces qui seront la portée effective et totale des diverses branches du canal des Alpines, après l'achèvement des travaux actuellement en construction, ou en projet, pour le compte de la nouvelle compagnie. Déduction faite des 114 onces qui sont destinées à former la dotation du nouveau canal, il y a actuellement de disponible 156 onces, à l'aide desquelles 5.300 hectares environ sont à l'arrosage. Quand les travaux de la branche d'Orgon seront achevés, près de 19.000 hectares seront à l'arrosage. Mais la Durance ayant un étiage très-marqué, qui a lieu ordinairement en août et septembre, les eaux manquent habituellement au commencement de l'automne, époque où les arrosages seraient des plus essentiels. Ici, plus encore qu'au canal de Crapone toute la superficie, réputée à l'arrosage, est loin d'être régulièrement irriguée et alors il faut des catégories, des arrosages à tour de rôle, et des dispositions particulières pour les temps de pénurie.

Sur la branche de Lamanon le prix de l'irrigation par hectare, pour les propriétaires qui ne font point partie de l'œuvre générale, sont les suivants : Prés, 85 fr.; haricots, 45 fr.; pommes de terre, 35 fr.; céréales, 8 fr.; semis et terres vaines, 100 fr.; pour 30 pieds d'oliviers, 23 fr., etc. L'art. 2 de l'ordonnance du 11 avril 1839, applicable à la branche d'Orgon, a fixé à 1 hectolitre 1/2 de blé de première qualité, le maximum de la redevance à payer pour l'arrosage d'un hectare. Dans l'usage, cette taxe en grains est payable en argent, au plus haut prix du froment, à Salon, dans le marché qui suit la Notre-Dame d'août. Année moyenne, ce prix s'élève à 22 fr. Le taux de la redevance mise en adjudication était donc de 33 fr. et en réalité, eu égard au rabais de 1 p. 100, cette redevance est encore de 32 fr. 67, prix extrêmement élevé.

CANAL DE MARSEILLE.

Dérivé de la Durance en aval du pont de Pertuis, dans le département des Bouches-du-Rhône ; devant avoir, de son embouchure à Marseille, 92 k. de longueur, sur 3m.,60 de largeur réduite ; avec une portée moyenne de 170 onces.

Historique. — Dès l'année 1507, Forbin d'Oppède, père de ce président au parlement d'Aix, qui acquit une triste célébrité, par ses expéditions cruelles contre les Vaudois réfugiés en Provence, ayant conçu l'idée de dériver, sur Aix et Marseille, un canal dérivé de la Durance, avait obtenu de Louis XII des lettres patentes pour l'exécution de ce projet ; mais il ne put y donner suite. En 1558, Adam de Crapone avait aussi conçu l'idée d'un autre grand canal qui aurait porté les eaux de la Durance, depuis le rocher de Cante-Perdrix, un peu en aval du village de Peyrolles, jusqu'à l'étang de Berre, en passant par Aix. Ce projet, abandonné par la mort de son auteur, fut repris sous Louis XIII, mais encore sans succès. Puis, en 1628, le projet d'un canal plus considérable passant par Aix et Marseille, et devant être à la fois d'irrigation et de navigation, fut présenté à Louis XIV, qui accorda en 1662, des lettres patentes pour son exécution. En 1750, Floquet, habile ingénieur et cessionnaire des droits que la maison d'Oppède tenait de Louis XII, fit de sérieuses tentatives pour amener à bien cette vaste entreprise. Son canal, qui prenait les eaux de la Durance à Canteperdrix, devait passer à Gardanne, au-dessus d'Aix, et descendre de là dans le bassin de Marseille. Les travaux, commencés en 1752 dans la vallée de la Durance, par une compagnie d'actionnaires, furent bientôt abandonnés, par suite d'embarras financiers, et les tentatives faites à diverses époques pour en reprendre le cours demeurèrent sans résultat.

Cependant, privées fréquemment de l'eau nécessaire au maintien de la salubrité, sous un climat brûlant, les villes de Marseille et d'Aix avaient toujours le même besoin, le même désir, de voir réaliser cette entreprise. Marseille surtout, dans laquelle une population agglomérée de 170,000 âmes, s'est vue plusieurs fois manquer de l'eau nécessaire, même aux besoins domestiques, ne pouvait rester indifférente sur cette question vitale. A partir de 1820, la ville et le conseil général du département votèrent les fonds nécessaires, et diverses études eurent lieu, pour des projets qui tendaient d'abord à faire profiter d'un même canal les villes d'Aix et de Marseille ; mais bientôt ces études continuèrent exclusivement pour le compte de cette dernière ville. Le projet définitif a été présenté en 1836 par M. de Montricher, ingénieur en chef des ponts et chaussées. Ce projet, étudié avec autant de soins que de talent, a été adopté à l'unanimité par le conseil municipal de Marseille, puis soumis aux enquêtes d'usage dans les départements de Vaucluse et des Bouches-du-Rhône.

Dans le premier de ces départements de nombreuses et vives réclamations furent élevées contre l'entreprise projetée. Les conseils municipaux de Perthuis, de Cavaillon, d'Avignon, ainsi que les propriétaires des canaux particuliers dérivés de la rive droite de la Durance, formèrent des oppositions ; prétendant avoir droit à la totalité des eaux de cette rivière dont le volume, en temps d'étiage, était déjà insuffisant pour alimenter ces canaux, et alléguant que toute dérivation nouvelle les entraînerait dans des frais considérables pour modifier leurs prises d'eau ; que, si de nouvelles concessions pouvaient être autorisées, elles ne devraient l'être que dans l'intérêt des propriétés riveraines, au lieu d'être livrées à des populations situées hors du bassin de cette rivière ; enfin, que depuis longtemps on éprouvait le besoin d'augmenter les irrigations opérées au moyen des canaux de Crillon, de Château-Renard, de Manosque, etc., améliorations qui devraient obtenir la priorité sur la demande de Marseille. La commission d'enquête réunie à Avignon et le conseil général du département reproduisirent les objections faites par les usagers de la rive droite. Invoquant le respect dû aux droits acquis, ils conclurent au rejet de la demande de la ville de Marseille, et subsidiairement à ce que, dans tous les cas, le volume d'eau à lui accorder ne dépassât pas un mètre par seconde en temps d'étiage.

Dans le département des Bouches-du-Rhône, les oppositions furent moins vives ; cependant les propriétaires des canaux dérivés de la rive gauche de la Durance insistèrent également sur l'insuffisance des eaux de cette rivière, pendant la saison des arrosages, sur les inconvénients qui résulteraient pour les prises d'eau actuelles d'une nouvelle dérivation, enfin sur la nécessité de réserver les droits acquis. Le conseil municipal de la ville d'Aix exprima de vifs regrets sur l'abandon du canal unique qui avait été longtemps projeté, et sur ce que le tracé adopté par la ville de Marseille passait loin de ses murs ; en ajoutant que, dans tous les cas, il y avait nécessité pour la ville d'Aix de pouvoir disposer d'un volume d'eau de $1^{m. c.}$, 50 par seconde, pour l'assainissement de ses rues, l'alimentation de ses fontaines et l'irrigation de son territoire. La commission d'enquête, réunie à Marseille, réfuta les diverses objections faites contre le nouveau tracé, attribuant la pénurie qu'éprouvent, dans certaines circonstances, les anciens canaux d'arrosage, moins encore au volume insuffisant de la Durance qu'aux dispositions vicieuses des prises d'eau, et conclut à l'adoption du projet.

Les diverses objections ainsi produites ont été examinées avec le plus grand soin par l'administration qui, pour apprécier à leur juste valeur les plaintes des usagers inférieurs, a fait procéder, sur la Durance, à des jaugeages exacts dont il va être fait mention plus loin. C'est d'après ces jaugeages que l'on a été fixé sur la convenance qu'il y avait d'accorder $5^{m. c.}$, 75 par seconde à la ville de Marseille, et $1^{m. c.}$,50 à la ville d'Aix. Les objections soulevées par cette ville contre le nouveau tracé adopté par le conseil municipal de Marseille, se résolvaient, par le fait, en une question d'art ; car ces objections portaient principalement sur ce que le tracé commun aux deux villes devait être d'une

14

exécution plus facile et moins coûteuse, ce qui a été reconnu inexact.

Ces objections furent portées devant les chambres, mais il est certain qu'on ne pouvait donner à cette question du choix des tracés le même caractère législatif que s'il se fût agi d'un canal à exécuter aux frais de l'État. Car, du moment que le projet adopté par la ville de Marseille était dans des conditions convenables sous le rapport de l'art, ainsi que l'a unanimement reconnu le conseil des ponts et chaussées, on ne pouvait imposer à cette ville un tracé contre ses intérêts, quand elle était décidée à exécuter les travaux à ses risques et périls, sans demander de subvention à l'État.

Telles sont les considérations qui ont servi de base à la loi du 4 juillet 1838, d'après laquelle les villes d'Aix et de Marseille sont autorisées à dériver de la Durance, chacune un canal, dont le débit, en temps d'étiage, n'excédera pas : pour la première, $5^{m.c.},75$, et pour la seconde $1^{m.c.},50$ d'eau par seconde. Par cette concession le gouvernement et les chambres ont satisfait aux intérêts les plus pressants et les plus légitimes de ces deux grandes cités, sans porter atteinte aux droits acquis.

Description et tracé. — Le projet, qui est, depuis quatre ans, en cours d'exécution, est resté conforme au tracé adopté par le conseil municipal de Marseille. La dérivation prend son origine sur la Durance en aval du pont de Pertuis, où elle se trouve à 186^m au-dessus du niveau de la mer. En sortant des plaines du Puy et de Saint-Estève, où il longe la rive gauche de la Durance, le canal commence à se diriger vers Marseille, en se développant sur les coteaux de La Roque et dans la plaine de Charleval; il passe près de Lambesc, après avoir traversé, au moyen d'un grand souterrain, la montagne des Taillades, puis il franchit, en amont de Labarbèn, la vallée et le torrent de la Touloubre. De là il se tient sur les coteaux de Condoux, traverse la vallée de l'Arc à Roquefavour, sur un pont-aqueduc d'une grande hardiesse, remonte le vallon de la Mérindolle; passe, en souterrain, les contre-forts de l'Assassin et de Septèmes et débouche à Notre-Dame, dans le bassin de Marseille, à environ 150^m au-dessus de la mer.

La longueur de la dérivation, depuis la prise d'eau jusqu'à Notre-Dame, est de 82.654^m : de là jusqu'aux portes de Marseille il reste encore une distance d'environ 9.340^m; ce qui porte la longueur totale du canal à 92 kilomètres. Par suite des grands accidents du terrain qu'il parcourt, sa direction est très-sinueuse. Sur la longueur de 82.654^m qui vient d'être indiquée, 16.192^m sont en souterrain et 66.462^m sont à ciel ouvert. Ces souterrains sont au nombre de 41; les trois plus considérables sont ceux des Taillades, de l'Assassin et de Notre-Dame, qui ont : l'un 3.630^m,42; l'autre 3.463^m,45 et le dernier 3.506^m,86. Les souterrains de l'Assassin et de

Notre-Dame ne sont séparés que par une tranchée de 512^m. Les 38 autres sont de longueurs variables, depuis $15^m,85$ jusqu'à 690^m.

La hauteur moyenne des levées et des tranchées est de 3 à 4 mètres; leur hauteur maximum va jusqu'à 8 et 10 mètres. Les principaux ouvrages d'art sont les ponts-aqueducs de la Jancourelle, de Valbonette, de Valmousse et de Roquefavour. Ce dernier surtout est un travail des plus hardis, qui surpassera la plupart des ouvrages analogues, soit anciens, soit modernes. Ce pont-aqueduc, projeté sur trois rangs d'arcades, doit avoir, avec ses abords, environ 700^m de longueur et une hauteur de 75^m au-dessus de la rivière de l'Arc.

La pente moyenne résultant d'une inclinaison totale de $37^m,020$, sur la longueur indiquée plus haut est d'environ $0^m,46$ par kilom. C'est une pente excellente pour un canal de cette espèce.

Au lieu de la répartir d'une manière uniforme, sur la longueur totale du tracé, cette pente se trouve brisée quatre-vingt-huit fois, et composée dès lors d'un égal nombre de pentes partielles qui sont alternativement fortes et faibles, variant entre $0^m,030$, $0^m,70$ et $1^m,00$ par kilomètre.

Des difficultés extraordinaires se sont rencontrées dans l'exécution de ces travaux; notamment dans celles des galeries qu'il a fallu fréquemment abandonner, par suite de l'envahissement subit des eaux sur lesquelles on n'avait pas compté, mais qui dans certains percements, tels que celui des Taillades, jaillissaient avec une abondance telle que des machines à vapeur extrayant près de 1000 litres par minute ne pouvaient les maîtriser, et qu'il fallut plusieurs fois, pour ce motif, abandonner les travaux. Ces circonstances obligeaient de concentrer les percements vers les extrémités des souterrains pour donner, au fur et à mesure que l'on avançait, un écoulement naturel aux eaux qui s'y rencontraient en si grande abondance.

Les travaux commencés en 1838 n'ont cessé d'être poussés avec beaucoup d'activité. En regard d'une estimation primitive de onze millions, les sommes dépensées, à la fin des derniers exercices, étaient les suivantes : fin de 1839 : 1.061.274 fr. 71 ; fin de 1840 : 2.524.904 fr. 12; fin de 1841 : 6.547.067 fr. 13 ; fin de 1842 : environ 9.000.000. L'ouverture des puits a coûté, moyennement, 304 fr. le mètre courant, et les souterrains depuis 128 fr. jusqu'à 776 fr.

Volume d'eau, dépenses, produits. — Le volume d'eau concédé au canal de Marseille est de 5^{m}·75 à l'étiage, ce qui correspond à environ 131 onces. Hors des deux mois pendant lesquels ont lieu ordinairement les basses eaux de la Durance, ce volume sera généralement au-dessus de 200 onces ; cela donne à ce canal les ressources nécessaires à une portée moyenne de 170 onces. Si les fontaines publiques et les concessions d'eau, à faire dans l'intérieur de la ville de Marseille, absorbaient 1$^{m.\,c.}$ ou 23 onces, ce qui est beaucoup ; que 67 onces, environ, fussent consacrées à mettre en mouvement 10 ou 12 roues hydrauliques, il resterait au service de l'irrigation 80 onces d'eau avec lesquelles on féconderait aisément plus de 2800 hectares, aujourd'hui presque improductifs. Mais cette répartition ne sera peut-être pas celle que jugera convenable d'arrêter la ville, qui a fait les frais de ce grand et beau travail.

Le double but de la salubrité et de l'agrément sera rempli pour les habitants de Marseille. Ils ne regretteront sans doute aucun sacrifice pour l'avoir atteint.

Mais un canal placé dans les circonstances de celui dont il s'agit, ne saurait être pris pour modèle dans les entreprises n'ayant pour objet que l'irrigation.

Si les besoins impérieux d'une grande et opulente cité n'eussent motivé cette entreprise, elle serait, pour tout autre but, infiniment trop dispendieuse. Eu égard aux intérêts des capitaux, aux faux frais, accidents et augmentations de toute nature, le montant des dépenses, présumé devoir être entre 11 et 12 millions, ira, bien probablement, jusqu'à 18 ; ce qui, seulement à 4 p. 0/0, représente un intérêt annuel de 720.000 fr. ; auquel il faut ajouter environ 20.000 fr. de frais d'entretien et d'administration ; de sorte que, pour un volume d'eau de 170 onces, pouvant irriguer dans la localité 6.000 h. on aurait une dépense annuelle de 740.000 fr. Le prix courant de l'arrosage d'un hectare, en dehors de tout bénéfice, reviendrait donc, aux fondateurs du canal, à plus de 122 fr.; c'est-à-dire à plus de six fois la redevance de 20 à 21 fr., que, dans l'usage, il est possible de réclamer de l'agriculture. Je le répète, le canal de Marseille, qui sera sans contredit une des plus belles entreprises de notre époque, ne saurait être pris pour guide dans aucune conduite d'eau destinée à l'irrigation. Il faut à l'agriculture des travaux solides et durables, mais simples et modestes comme les profits qu'elle peut donner. Le luxe et le grandiose en sont donc nécessairement proscrits.

Canal de Peyrolles.

Historique. — Par arrêt du conseil du roi du 22 septembre 1729, le sieur Henri de Laurens, obtint la concession d'une prise d'eau sur la rive gauche de la Durance, pour alimenter un canal, de trois pieds de profondeur et de trois pieds de largeur, destiné à arroser une partie du territoire de Peyrolles. Cette autorisation fut mise à profit, et une prise d'eau fut établie, au lieu dit le Grand-Fort.

La même concession fut confirmée par un nouvel arrêt du 16 septembre 1766, et l'impétrant obtint en même temps l'autorisation de donner à son canal, une largeur moyenne de six pieds sur trois pieds de profondeur, ainsi que celle d'établir des canaux secondaires de dérivation. Le canal, ouvert en un seul bras, jusqu'au Riaou de Jouques, fut divisé ensuite en deux branches, dont l'une supérieure, l'autre inférieure à ce village; mais la branche inférieure est la seule qui existe et qui fonctionne encore actuellement.

Les sieurs Agard frères, propriétaires domiciliés à Aix, ayant acquis depuis peu, des représentants de la famille de Laurens, la prise d'eau et le canal dont il vient d'être parlé, adressèrent le 30 septembre 1840, à M. le préfet du département des Bouches-du-Rhône, une demande tendant à obtenir l'autorisation de conduire les eaux de cette dérivation jusque dans la plaine de Meyrargues et du Puy, où se trouvent plus de 3.000 hectares de terrain qui ont grand besoin d'arrosage. Ces particuliers ont sollicité en conséquence la déclaration d'utilité publique, en vertu de laquelle ils pouvaient acquérir les terrains nécessaires au prolongement par eux projeté. La validité de la première concession n'étant pas contestée, l'administration ordonna l'accomplissement des enquêtes et formalités d'usage, pour constater l'utilité publique du projet; mais comme les actes primitifs, qui permettaient seulement de donner à ce canal une section de deux mètres superficiels, n'indiquaient pas la pente, et laissaient par conséquent sa portée d'eau indéterminée, il devint indispensable de la préciser d'une manière définitive.

MM. les ingénieurs du département des Bouches-du-Rhône, ayant procédé à des opérations de jaugeage, ont estimé que le débit du canal dans son état actuel, conforme à ses anciens titres, pouvait être de $2^m,91$ par seconde, et ont conclu néanmoins à ce que ce débit fût réglé à $2^{m.c.}$. Par une lettre du 21 novembre 1840, les demandeurs ont adhéré à cette réduction ; bien que, disaient-ils, leur titre, l'état ancien du canal, et les besoins de l'agriculture, les missent en droit de réclamer la conservation de tout le volume d'eau constaté par le jaugeage.

Ce projet fut soumis aux enquêtes d'usage dans quatorze communes de la rive droite et dans un pareil nombre de communes de la rive gauche de la Durance. La seule de ces dernières qui ait formé opposition, est celle de Charleval, en faveur du canal de Crapone, qui souffre beaucoup du manque d'eau en automne ; sur la rive droite, l'opposition la plus sérieuse qu'ait rencontrée la demande dont il s'agit, est celle du conseil municipal d'Avignon, qui a prétendu qu'en autorisant le prolongement demandé du canal de Peyrolles, on sacrifierait l'intérêt des populations situées en aval de cette commune à des vues secondaires d'intérêt privé. MM. les ingénieurs et M. le préfet de Vaucluse, partageant cette manière de voir, ont proposé de restreindre à $1^{m.c.}$ par seconde, le volume d'eau qui alimenterait désormais le canal de Peyrolles. MM. les ingénieurs et M. le préfet des Bouches-du-Rhône, s'appuyant au contraire sur les jaugeages les plus récents et les plus authentiques de la Durance, ont démontré qu'il restait encore dans cette rivière un volume d'eau disponible assez considérable. Ils ont remarqué, en outre, qu'il ne s'agissait pas d'accorder une concession nouvelle, mais seulement de limiter, de définir, une concession ancienne, par la détermination du volume d'eau à employer; qu'en fixant, avant l'ouverture des enquêtes, ce volume d'eau à 2^m par seconde, ils s'étaient tenus au-dessous de ce que comportaient les dimensions effectives du canal, dûment autorisé; qu'en conséquence, les oppositions élevées contre cette mesure n'étaient pas admissibles. La justesse de cette proposition étant incontestable, elle a été sanctionnée par l'administration supérieure, et une ordonnance du mois de février 1843 autorise le prolongement sollicité du canal de Peyrolles, dont la portée à l'étiage est désormais régulièrement fixée à $2^{m.c.}$ par seconde. Sa portée moyenne et effective étant de 3^m, ou de 68 onces, la superficie arrosée par ce canal, sera, après son achèvement, d'environ 2.200 hectares.

Autres canaux de la rive gauche de la Durance (Département des Bouches-du-Rhône.)

Parmi les canaux secondaires dérivés de la Durance, au nord du département des Bouches-du-Rhône, le plus important est celui de *Château-Renard*. Cette commune, dont les jardins luttent avec ceux de Cavaillon, par la perfection de la culture, l'a—

bondance et la variété des produits, fit établir ce canal, de 1786 à 1788, sur les plans de M. Fabre,
ingénieur hydraulicien des états de Provence et directeur du ci-devant canal Boisgelin. Sa prise d'eau
est située en aval du pont de Bonpas. Avec une
portée de 45 onces, ou d'un peu moins de $2^{m.c}$ par
seconde, ce canal arrose 1800 hectares, dont plus
de moité sont en nature de jardins. Les frais d'entretien, répartis annuellement entre les arrosants,
ne dépassent guère, en tout, 3.600 fr.; ce qui ne re-
représente qu'une cote très-minime de 2 fr. par
hectare. On s'explique aisément, par là, les grands
bénéfices et même les grandes fortunes, dus à l'hor-
ticulture, dans cette localité.

Le canal de *Cabanne*, qui a sa prise d'eau en
amont du pont de Bonpas, porte moyennement
20 onces d'eau et arrose 700 hectares. D'autres petits canaux, tels que ceux de *Senas*, de *Males-
pine*, etc., y compris quelques dérivations particulières, existant dans la même localité, procurent
ensemble l'irrigation à 1600 hectares, total de la
superficie arrosée dans le département des Bouches-
du-Rhône, avec les eaux de la Durance : 23.600
hectares.

CHAPITRE QUATRIÈME.

CANAUX DIVERS EXISTANT ENTRE LE RHÔNE ET LES ALPES
DU DAUPHINÉ ; RÉSUMÉ, PROJETS.

CANAUX DES DÉPARTEMENTS DE LA DRÔME, DE L'ISÈRE, DES HAUTES-ALPES,
ET DU VAR.

CANAL DE PIERRELATTE.

Actuellement en construction ; dérivé de la rive gauche du Rhône, en aval de Château-Neuf ; devant avoir 26.300^m· de longueur, sur 8^m· de largeur, et porter moyennement 200 onces d'eau , dans les départements de la Drôme et de Vaucluse.

Historique. — Depuis les premières collines , situées au nord de Montélimart, jusqu'aux environs d'Orange et de Caderousse, la rive gauche du Rhône, dans les départements de la Drôme et de Vaucluse, présente , sur une longueur de 70 kilomètres et sur une largeur moyenne d'environ 6 kilom., une suite de plaines d'alluvion, dont le sol serait des plus fertiles , si sa fécondité naturelle n'était compensée par la sécheresse du climat, dont les effets s'augmentent encore par l'extrême perméabilité qui est particulière aux terrains sablonneux. Les montagnes entre lesquelles ces plaines se trouvent encaissées, occasionnent aussi une réverbération qui, en accroissant l'intensité de la chaleur solaire, contribue à dessécher la terre et à brûler les récoltes. Mais le re-

mède est à côté du mal ; car plus de vingt mille hectares de ces mêmes plaines, au sol meuble et profond,
sont arrosables par les eaux du Rhône, qui, dans
cette partie inférieure de son cours, est assez riche
pour pouvoir subvenir à cette grande irrigation,
sans porter préjudice à l'intérêt, toujours prépon-
dérant, de la navigation intérieure.

Il paraît que dès une époque presque immémoriale, on avait essayé d'utiliser, par des dérivations,
les cours d'eau secondaires, qui forment les affluents
de la rive gauche du Rhône, mais qu'on y aurait
renoncé par le manque de régularité dans leur régime. En conséquence, les demandes subséquentes
ont eu pour but d'obtenir l'autorisation de dériver,
directement du Rhône, les eaux nécessaires à l'irrigation des parties les plus favorablement situées
dans la vaste étendue de plaines dont il vient d'être
parlé. La première concession de ce genre avait été
accordée, en vertu d'un arrêt du conseil du 12 mai
1693, confirmé par lettres patentes de Louis XIV,
du mois de juin suivant, au profit du prince de
Conti, seigneur engagiste de la terre de Pierrelatte.
Plus tard, le 24 mars 1695, un nouvel arrêt du
conseil d'État du roi, homologué par lettres patentes du mois de juillet suivant, approuva la subro-
gation faite, par le prince de Conti, aux sieurs
Gilbert, Castillon, Guille et consorts, qui furent,
avec certaines modifications, mis aux droits du
concessionnaire primitif.

Les travaux commencés peu de temps après, mais sans direction arrêtée, sans plan d'ensemble, manquèrent tout à fait leur but. Le marquis de Castellane, devenu, vers la fin du siècle dernier, propriétaire du canal, le continua avec zèle; mais de longs démêlés avec le prince de Conti, contribuèrent à rendre ses efforts infructueux, de sorte qu'en 1789, la partie des travaux déjà exécutés ne pouvait rendre aucun service. Après la révolution, une nouvelle société s'était formée pour continuer la même entreprise; de grandes dépenses y furent faites, mais encore sans projets réguliers, ou plutôt en suivant un mode vicieux d'exécution. De sorte qu'un nouveau découragement des entrepreneurs sembla reculer plus que jamais la réalisation des avantages que les localités étaient en droit d'attendre de cette entreprise, commencée depuis plus d'un siècle.

Ces premiers travaux semblaient donc abandonnés pour toujours, lorsqu'une nouvelle compagnie, constituée en 1839, sous la direction de M. Madier de Montjau, manifesta l'intention de poursuivre l'exécution du même canal. Les études approfondies auxquelles cette compagnie a fait procéder ont rappelé la confiance sur cette opération, qu'il était permis de regarder comme ruineuse; et il s'est trouvé des actionnaires qui ont avancé des fonds. Après tant d'insuccès, il y avait quelque mérite à reprendre une telle entreprise, qui a, sans contredit, un grand et noble but, mais qui présente de très-sérieuses difficultés.

Après l'accomplissement des enquêtes d'usage, une ordonnance royale du 8 juin 1841 a autorisé la compagnie du canal de Pierrelatte à exécuter les travaux par elle projetés et approuvés par l'administration supérieure. D'après l'article 10 de ladite ordonnance, les travaux devaient être terminés dans le délai de deux ans, à dater du jour de la notification ; mais par suite des diverses circonstances qui vont être relatées, il a été accordé, sur la demande des administrateurs de la compagnie, une prorogation de ce délai.

Description et tracé. — L'ancien canal avait son embouchure à 1715^m· en amont de Robinet, sous Donzère. Le seuil de cette prise d'eau n'étant placé qu'à 0^m,15 en contre-bas de l'étiage du Rhône, le canal ne recevait presque rien pendant une partie de l'été, et, dans les eaux moyennes sa portée était encore peu considérable. Dès l'année 1812, l'ancienne compagnie avait, pour cette raison, projeté une nouvelle prise d'eau qui devait être placée au rocher de Malmouche, à environ 600^m· plus en amont que l'ancienne. Ce projet ne fut pas exécuté ; et d'ailleurs cet emplacement n'eût pas été assez élevé pour procurer l'irrigation à la partie supérieure de la plaine située au delà de Donzère, notamment entre ce point et le torrent de la Berre. C'est donc dans le double but d'obtenir à la fois un volume d'eau capable de subvenir à l'arrosage de toute la plaine située entre Donzère et Montdragon, et la pente nécessaire pour l'y conduire, que la compagnie actuelle s'était déterminée à réporter la prise d'eau jusqu'à la tête des rochers de Château-Neuf, vis-à-vis la maison Fauguier ; car on peut gagner ainsi près de 1^{m},90 de hauteur sur le niveau de l'ancienne embouchure, de sorte qu'en établissant le nouveau seuil à 1^{m},53 en contre-bas de l'étiage, on pourrait avoir moyennement dans le canal, de 2^{m} à 2^{m},50 de hauteur d'eau. Par des considérations d'économie, les travaux, actuellement en construction, n'établissent la prise d'eau qu'au rocher de l'Écueil à environ 600^{m} moins en amont que la maison Fauguier ; mais en ce point elle sera déjà dans une situation bien meilleure, et si, par la suite, on juge convenable de le faire, il sera facile de remonter définitivement son embouchure, comme elle était projetée, jusqu'à la tête des rochers de Château-Neuf, ou même au delà.

D'après son tracés actuel, les longueur partielles du canal de Pierrelatte sont réparties ainsi :

Du rocher de l'Écueil à l'ancienne prise d'eau. . . .	1.200^{m}
De là à Robinet.	1.700
De là à Pierrelatte.	9.000
De là à la fin de l'ancien canal.	4.800
De là vis-à-vis Lapalud.	3.600
De là au ruisseau du Lez, à 1.200^{m} de Montdragon.	6.000
Longueur totale.	26.300^{m}

La prise d'eau étant remontée, comme on comptait le faire, jusqu'à la maison Fauguier, cette longueur serait de 26.900^m; et si le canal est quelque jour prologné à 3.100^m plus loin, jusque dans la riche plaine située entre Orange et Caderousse, il aura en tout 31 kilomètres. Les largeurs au plafond sont : de la prise d'eau jusqu'à Donzère, de 8$_m$; ensuite jusqu'à Pierrelatte, de 7^m; plus loin, elles sont successivement décroissantes jusqu'au territoire de Montdragon. Les pentes du prolongement supérieur du canal, d'après l'ordonnance d'autorisation, sont réglées ainsi qui suit : de la prise d'eau au rocher de l'Écueil, jusqu'à 420^m au delà, 0^m,41 par kil. ; de ce point à l'ancienne prise d'eau, origine du canal déjà exécuté, 0^m,13 par kil. Cette dernière est trop faible et ne peut être portée au-dessous de o ,30. Les ouvrages de l'embouchure, consistent principalement dans une porte de garde, dont le busc, formant le seuil de la prise d'eau, est autorisé à 1^m,50 en contre-bas de l'étiage ; et d'un déchargeoir composé de plusieurs vannes de fond. Quelques dispositions ont été réservées en ce qui concernait, soit la construction d'un chemin de halage, le long de la rive gauche du Rhône, en cet endroit, travail aujourd'hui exécuté, soit l'établissement éventuel d'un chemin de fer.

Ouvrages d'art.—— On a conservé, dans le projet actuel, les ouvrages existant sur l'ancien canal, de 15.500^m de longueur, partant de 1700^m en amont de Robinet, jusqu'au lieu dit les Blaches, à 3.600^m en amont de Lapalud. Ces ouvrages, restaurés et améliorés, ont été évalués plus d'un million, dans l'estimation qui a été faite des apports de la société. La pente de la plaine étant assez forte à partir de la Berre, on a projeté, dans la restauration de l'ancien canal, plusieurs retenues destinées à soutenir les eaux à des hauteurs suffisantes pour étendre convenablement leur distribution en arrosages. Ces retenues devaient d'abord être au nombre de douze, avec des chutes variables de 1^m à 2^m, mais elles se trouveront modifiées en exécution. Chaque retenue se compose de deux jouées, ou massifs de maçonnerie, entre lesquelles se placent des poutrelles superposées ; à côté se trouvent deux vannes de fond destinées à la transmission du volume d'eau nécessaire aux besoins de l'irrigation. Les chutes et courants d'eau, dans les canaux de transmission, pourront être utilisés comme forces motrices. La compagnie consentira à les louer ; mais avec la réserve très-sage de ne garantir aux locataires que la faculté d'employer les eaux restantes, après que les besoins de l'irrigation seront satisfaits.

Les travaux ont été divisés en plusieurs sections ou catégories : dans la première on a mis l'exhaussement des murs latéraux du canal, restés inachevés vers son origine ; l'élargissement de sa section, pour lui donner 7^m,20 de largeur au plafond, et celui de quatre petits ponts-aqueducs. Dans la seconde catégorie on a placé les travaux à faire pour remonter la prise d'eau, en aval de la maison Fauguier. Ces travaux comprennent : 1° la construction de 1.657^m de murs latéraux; celui de gauche ayant une hauteur de 2^m,50 à 3^m,00 au-dessus du fond du canal, pour soutenir les éboulis du coteau qui domine cette rive. Le mur de droite, côté du Rhône, doit conserver à peu près la même hauteur, jusqu'à Malmouche, où a été projetée la première chute; 2° trois petits ponts-aqueducs, semblables à ceux qui existent déjà sur la partie exécutée, et destinés à donner passage aux eaux des ravins traversant la ligne du canal; 3° un épi oblique en enrochement, à établir dans le Rhône pour protéger la bouche de la nouvelle prise d'eau; 4° l'établissement d'une usine à Malmouche, pour utiliser la chute de 1^m,60, à l'étiage, qui existe en ce point. Dans les troisième et quatrième catégories de travaux on a compris : 1° l'élargissement du canal, depuis Robinet jusqu'à la Berre et de là jusqu'à son extrémité près les Blaches, pour porter sa largeur de 3^m,50 à 7 mètres; 2° l'exhaussement des berges; 3° la rectification du canal, sur 2,300^m de longueur, pour faire passer dessous la rivière torrentielle de la Berre qui actuellement passe au-dessus. Cette opération difficile doit s'effectuer à l'aide d'un pont-aqueduc et de l'abaissement du lit de la Berre sur 1.500^m de longueur.

Mais l'irrégularité du volume d'eau et la masse énorme des matières que ce torrent entraîne dans ses grandes crues rendront peut-être incertain le succès de cette double opération, à cause des changements notables que les atterrissements peuvent apporter promptement dans les niveaux établis. La cinquième et dernière division des travaux se composera du prolongement du canal sur les 9.600^m, restant à ouvrir, depuis la fin du canal actuel jusqu'à la rivière du Lez, près Montdragon. Les ouvrages à exécuter ne consisteront qu'en terrassements, avec quelques ponts sur des chemins ruraux; le seul qui soit un peu important est celui qu'exige le passage du ruisseau du Lauzon, sous le canal; celui-ci doit avoir son débouché dans le petit torrent du Lez à environ 500^m en amont du pont de la route royale de Paris à Marseille. Il formera en cet endroit une courbe destinée à raccorder sa propre direction avec celle de ce cours d'eau naturel.

Les travaux ci-dessus mentionnés ont été estimés à la somme totale de 800.000 fr., y compris une somme à valoir assez forte. Mais, eu égard aux grands dommages récemment causés sur la rive gauche du Rhône, en cet endroit, par les débordements de ce fleuve et par ceux de la Berre, il est difficile de croire que les dépenses des travaux projetés pour le canal de Pierrelatte, malgré la réduction adoptée dans son prolongement, pourront s'achever à moins de 1.200 ou 1.300.000 fr.

Volume d'eau, situation de l'entreprise. — Le canal est disposé pour une portée minimum de 7 à 8^m· et pour une portée moyenne d'environ 8^m·,80 par seconde ou de 200 onces, que le Rhône en cet endroit peut fournir tout l'été, sans aucun inconvénient, surtout après les travaux de dragage et d'amélioration de la voie navigable que l'on y exécute actuellement. Ce volume d'eau, bien employé, pourra subvenir aisément à l'irrigation de 7.000 hectares de terrain. Et si, plus tard, comme il est permis de l'espérer, ce canal répond aux légitimes espérances qu'il a dû faire naître, rien ne s'opposerait à ce qu'il procurât l'arrosage à une superficie de terrain plus que double.

Puiser dans un fleuve aussi riche que le Rhône dont les eaux sont, de plus, très-propices à la végétation, et pouvoir répandre ces eaux sur un terroir aussi fertile que celui des plaines situées à l'est du département de Vaucluse, sont assurément des avantages de premier ordre ; mais ces avantages se feront probablement acheter cher ; car diverses circonstances rendent difficile et quelquefois critique la situation du canal dont il s'agit.

Tout le prolongement supérieur, en construction entre l'ancienne et la nouvelle prise d'eau, se trouve placé sur un terrain d'éboulement qui n'est formé que de débris de rocher et où les travaux d'étanchement sont extrêmement coûteux. Les nombreux ravins qui sillonnent la rive gauche du Rhône, en cet endroit, deviennent, pendant les orages, autant de torrents qui entraînent des matières nuisibles, par lesquelles il est à craindre que le canal ne soit fréquemment obstrué.

En 1840, 1841 et 1842, les inondations réitérées du Rhône ont envahi et bouleversé ce terrain qui allait recevoir l'établissement de la nouvelle prise d'eau et du canal d'amenée. En amont de ce point le fleuve a fait aussi irruption dans les terres riveraines qu'il a dévastées sur près de 2 kilomètres de longueur. Dans le même temps le torrent de la Berre, qui traverse la ligne du canal, en amont de Pierrelatte, a lui-même, dans plusieurs crues extraordinaires, encombré une très-grande étendue du terrain arrosable de dépôts absolument infertiles. Ces grands accidents ont occasionné beaucoup de dépenses et retardé l'avancement des travaux; c'est ce qui a obligé la compagnie à solliciter un nouveau délai d'exécution. Malgré ces circonstances fâcheuses il est à croire que le zèle des directeurs de ce canal n e sera point ralenti, et qu'avant peu d'années les localités intéressées pourront jouir des avantages qu'elles doivent en attendre. Dans l'état actuel des choses l'irrigation qu'il procure s'étend à peine sur 400 ou 500 hectares : mais cette étendue va s'accroître de jour en jour.

Irrigations du département de la Drôme.

Quand le canal de Pierrelatte sera terminé, il

arrosera, dans le département de la Drôme , 4.000 hectares. D'autres irrigations partielles s'étendent encore sur environ 2.000 hectares, dans la partie centrale du même territoire , où elles sont alimentées par les nombreux cours d'eau qui descendent du groupe des Alpes, pour se réunir aux principaux affluents du Rhône. Total, pour ce département, 6.000 h.

Cette superficie n'est pas, à beaucoup près, toute celle qui peut profiter des arrosages ; le département de la Drôme est dans une situation asez avantageuse pour y pouvoir prétendre sur une grande échelle , et il est probable qu'avant peu de temps, il sera donné suite, dans cette localité, à d'anciens projets dont la réalisation serait très-utile. Déjà , dans ses dernières sessions, le conseil général a appelé, plusieurs fois, l'attention publique et celle du gouvernement sur les avantages d'un projet, étudié en 1811 et ayant pour objet l'établissement d'un canal qui serait alimenté par les eaux de la Bourne, pour l'arrosage des plaines de Valence et de la Bayanne. La partie montagneuse, à l'est du département , est très-riche en eaux courantes propres aux irrigations. Le Vernaison, la Drôme , l'Aigues et l'Ouvèze, qui coulent dans cette région , sous des pentes considérables, offrent pour cet usage des ressources satisfaisantes ; et de plus, la qualité de leurs eaux , ordinairement troubles, les rend très-propres à favoriser la végétation.

Irrigations du département de l'Isère.

Dans la région irrigable du S.-E. de la France, ce département est un de ceux qui ont reçu de la nature une situation très-favorable. L'Isère, la Romanche, le Drac et d'autres cours d'eau encore, qui remplissent la condition essentielle de l'alimentation par les neiges, fournissent déjà, depuis long-temps, d'utiles ressources à l'agriculture; mais ces ressources sont loin d'être arrivées à leur dernière limite.

La société du canal dit de la Romanche, a été autorisée par lettres patentes du 12 avril 1789, et par un décret impérial, donné à Milan, le 10 mai 1805. Ce canal, dérivé du torrent dont il a pris le nom, a une portée de 68 onces', avec lesquelles il devrait irriguer 2.500 hectares; tandis que ses eaux se consomment improductivement sur une superficie moitié moindre, tant on met peu d'économie dans leur emploi. Les frais d'entretien du même canal sont couverts par le revenu de plusieurs usines qui y empruntent leur force motrice. Le prix de l'irrigation, pour les membres de la société, ne représente, par hectare, que le faible capital de 292 fr.

La plaine de Grenoble est arrosée par les trois canaux de Barthellon, de Morenas, et de la ville. Ils ont été dérivés de la rive droite du Drac, en aval du pont de Claix, postérieurement à l'établissement du canal de la Romanche. Leurs frais d'entretien sont beaucoup plus considérables que ceux de ce dernier ; et de plus ils sont menacés de voir, de jour en jour, diminuer leurs produits, attendu que le Drac s'éloigne peu à peu de leurs prises d'eau ; inconvénient auquel on ne pourrait remédier qu'avec des travaux très-coûteux.

La superficie irrigable du département de l'Isère, en rapport avec les eaux dont il dispose, est de plus de 20.000 hectares ; actuellement sa superficie arrosée atteint à peine 4.000 h.

Irrigations du département des Hautes-Alpes.

Ce département, depuis une époque assez ancienne, est sillonné par une grande quantité de petits canaux d'arrosage, dont la plupart sont régulièrement alimentés. Il est vrai que, sous ce rapport, sa situation naturelle est des plus favorables. Indépendamment de la Durance qui y prend sa source, vers la frontière du Piémont, et qui le traverse dans sa plus grande. longueur, le territoire des Hautes-Alpes est encore sillonné par les eaux des deux Buech, du Drac, du Guille, de la Guizanne et de plusieurs autres torrents, qui tous s'alimentent en grande partie dans les neiges perpétuelles. Indépendamment de ces cours d'eaux principaux, une quantité presque innombrable de ruisseaux, formés par des sources pérennes, arrosent presque naturellement les hautes et fraîches vallées de ce département. On ne doit donc pas s'étonner de voir que l'industrie de ses habitants se soit portée de bonne heure, et avec un succès remarquable, sur les moyens d'utiliser cette richesse naturelle, dans l'intérêt de l'agriculture. Dans un très-bon mémoire présenté en 1821, à la Société royale et centrale d'agriculture, par M. Farnaud, sur les irrigations du département des Hautes-Alpes, cet auteur a donné, avec beaucoup de détails, une statistique complète des arrosages de la localité. Il résulte de son travail, qu'à cette époque, il existait, dans les trois arrondissements de Briançon, Gap et Embrun, un total de 744 petits canaux arrosant ensemble 13.246 hectares.

Ces petits canaux, ayant généralement moins de $1^{m.}$ de largeur, sur des longueurs très-variables, sont possédés par des communes, des associations et des particuliers. Le plus considérable est celui des Herbeys, qui fut ouvert en 1775, par le propriétaire de ce nom, ancien officier d'artillerie, natif de ces contrées. Ce canal, dérivé du torrent de la Séveraisse, près du village de Lubac, se dirige de l'est à l'ouest, et après un trajet assez long à travers les rochers il débouche dans un plateau, où plusieurs de ses ramifications distribuent les eaux d'arrosage sur les territoires de Saint-Jacques et d'Aubessagne. La longueur de cette dérivation est d'environ 16 kil., sa largeur réduite de $2^{m.},60$ et sa profondeur de $0^{m.},50$.

Le succès obtenu par cette utile entreprise fut immédiat. La Société royale et centrale, voulant honorer le dévouement de son auteur aux vrais intérêts de l'agriculture, lui décerna, en 1801, une médaille d'or, qui dut être pour lui une précieuse récompense.

Irrigations du département du Var.

Le département du Var est encore un de ceux du midi de la France, auquel les irrigations peuvent être le plus profitables. L'agriculture y tient le premier rang parmi les industries locales; elle y représente le principal emploi des capitaux et a déjà fait de notables progrès; maintenant ce n'est plus qu'à l'aide des arrosages, que cette agriculture, déjà florissante, pourrait s'améliorer encore. Depuis très-longtemps il s'effectue dans ce département, des irrigations partielles qui commencent à s'étendre sur une superficie assez considérable; mais les eaux n'y étant pas employées avec ordre et économie, ne produisent pas tout le bien qu'on pourrait en attendre. Trois dérivations principales ont lieu sur le cours de la Nortuby : l'une, qui arrose le territoire de Draguignan, remonte à une époque très-ancienne, sous les comtes de Provence; la seconde, qui existe sur les territoires de Lamotte et du Muy, où elle alimente plusieurs usines, date de 1536; enfin la troisième, qui fertilise le territoire de Trans, a été ouverte en 1701. Rien ne règle pour ces anciens canaux, ni le volume, ni le mode de distribution des eaux. Un grand nombre de dérivations nouvelles, qui ne seraient pas très-coûteuses, offriraient à des associations de propriétaires des avantages incontestables.

Les cours d'eau sont nombreux dans cette localité, et ne sont point réclamés par les besoins de la navigation ; deux d'entre eux seulement, l'Argens et la Siagne, servent au flottage, sur une très-petite longueur en amont de leur débouché dans la mer. Ces cours d'eau semblent donc particulièrement réservés aux industries agricole et manufacturière, qui peuvent en tirer un très-grand parti. Ces rivières sont malheureusement toutes sujettes à des étiages plus ou moins prononcés, de sorte que quelques-unes d'entre elles, qui conservent peu d'eau, sont entièrement mises à sec en été par les dérivations qui s'y pratiquent ; mais aussi, plusieurs autres versent inutilement dans la mer, pendant toute l'année, un notable volume d'eau médiocrement chargée de limon, et qui serait une ressource précieuse pour la terre, sous ce climat méridional.

M. le préfet du département du Var, frappé des avantages qui peuvent être procurés à ce territoire par un bon aménagement des eaux, a récemment ordonné, de concert avec le conseil général, la rédaction d'un travail statistique ayant pour objet de constater les ressources disponibles en eaux courantes et les améliorations que l'on peut obtenir par leur emploi. Le zèle de cet administrateur éclairé, pour obtenir, à l'aide des canaux d'arrosage, une augmentation certaine de la richesse territoriale, ne saurait être trop imité.

Plusieurs associations, ayant l'irrigation pour objet, se sont formées depuis peu dans le département du Var. Déjà une ordonnance royale du 9 juin 1842, modifiant une autre ordonnance du mois de février 1830, a autorisé une association de propriétaires, à établir sur les communes de Lorgues et du Thoronet, deux petits canaux d'irrigation à dériver de l'Argens, au lieu dit le Baou-de-San-Peyré, et devant occuper ensemble une longueur d'environ 20 kilom., avec une portée moyenne de 25 onces d'eau. D'autres demandes sont en cours d'instruction. D'après cette extension des arrosages, la superficie régulièrement irriguée dans le département du Var sera aisément portée à 3.654 hectares.

Résumé des superficies arrosées dans le midi de la France.

En récapitulant les évaluations approximatives, données plus haut, des superficies arrosées dans les sept départements des Bouches-du-Rhône, de Vaucluse, de la Drôme, de l'Isère, des Hautes-Alpes, des Basses-Alpes et du Var, on trouve un total de 62.700 hectares.

En rapprochant ce total de la superficie arrosée dans les sept départements situés le long des Pyrénées, auxquels s'ajoute toutefois celui du Gers, que j'avais d'abord omis , et dans lequel 1.100 hectares environ sont actuellement irrigués, on trouve un total général de 94.600 hectares.

Cette superficie, bien qu'elle ne soit pas le tiers de celle qui pourrait être arrosée dans le midi de la France, serait déjà considérable et représenterait une grande création de richesse, obtenue par l'emploi des eaux, au profit de l'agriculture, si l'irrigation était toujours régulière et assurée ; mais, ainsi que je l'ai déjà remarqué , il n'en est point ainsi ; c'est là ce qui ôte beaucoup de valeur aux arrosages dans un grand nombre de localités. C'est là aussi que doivent se porter, pour arriver à une amélioration si désirable, l'attention du gouvernement et celle des particuliers ; car heureusement l'industrie humaine n'est pas sans action sur le régime des eaux courantes.

LIVRE SECOND.

CANAUX

DU

PIÉMONT,

DESSERVANT LES TERRITOIRES IRRIGABLES

DES PROVINCES

D'IVRÉE, VERCEIL, NOVARE, MORTARA, ALEXANDRIE, BIELLE, VARALLO, AOSTE, SUSE, ETC.

CHAPITRE CINQUIÈME.

SITUATION HYDROGRAPHIQUE,
ORIGINE ET PROGRÈS DES IRRIGATIONS DANS LE PIÉMONT.

La principale région irrigable du Piémont, qui s'étend sur les territoires d'Ivrée, Verceil, Novare, Mortara et Vigevano, se trouve comprise entre l'Orco et le Tessin. Cette région, entourée à l'est et au nord par les groupes les plus considérables des Alpes, où dominent le mont Blanc, le mont Vélan, le mont Cervin, le mont Rosa, se trouve sillonnée par de nombreux cours d'eau, coulant généralement du N.-E. au S.-E., ayant de fortes pentes et un volume considérable pendant l'été ; attendu que la plupart s'alimentent dans les neiges perpétuelles qui environnent ces points culminants du sol européen.

Les principaux parmi ces torrents sont l'Orco, la Doire-Baltée, la Sésia, l'Agogna, le Terdoppio et le Tessin. Tous ont leur débouché sur la rive droite du Pô, et forment, entre Turin et Pavie, les affluents de premier ordre de ce fleuve. La Chiusella, affluent de la Doire, l'Elvo et le Cervo, affluents de la Sésia, complètent le système hydrographique de cette région, disposée, comme on le voit, de la manière la plus favorable pour le succès des irrigations.

Ces cours d'eau ne jouissent pas cependant, comme les principales rivières de la Lombardie, du rare avantage de s'alimenter dans de vastes lacs qui donnent à leur régime la régularité si précieuse en matière d'arrosages. Ils sont soumis à des variations considérables dans leur volume. Mais la condition essentielle de l'abondance des eaux pendant l'été, se trouvant remplie, elle a suffi pour donner lieu, avec certitude de succès, à la création des nombreux canaux d'arrosage qui, depuis plusieurs siècles, ont été ouverts dans cette localité; et qui ont mis, peu à peu, son agriculture sur le pied florissant où on la voit aujourd'hui.

La principale circonstance par laquelle se manifeste, sur les eaux courantes du Piémont, l'absence des lacs que traversent, à leur partie supérieure, celles du Milanais, consiste dans l'abondance d'un sable fin, de couleur grise et de nature siliceuse, charrié par les rivières torrentielles et surtout par la Doire, qui alimente les canaux du gouvernement. En général un peu de limon est plutôt utile que nuisible dans les eaux d'irrigation. Celui-ci agit d'une manière défavorable, par sa nature trop maigre, et par sa trop grande quantité. Malgré la vitesse des eaux, dans les canaux du pays, ce limon occasionne encore des atterrissements considérables qui rendent très-coûteuse l'opération du curage.

Dans l'énumération qui vient d'être faite des cours d'eau utilisés dans les arrosages du Piémont, je n'ai point fait mention du Pô, qui y occupe cependant le premier rang ; car, encore bien que dans cette partie de son cours il ait conservé des pentes plus fortes que dans la Lombardie, son niveau est déjà trop déprimé pour qu'il puisse y être fait utilement des prises d'eau ; et d'après l'usage qui s'est établi très-anciennement de prolonger dans les terres les canaux d'irrigation jusqu'à l'entier épuisement de leurs eaux, il ne remplit pas même la destination de colateur, qu'il a, plus loin, d'une manière très-marquée, relativement aux grands canaux de Milanais.

Le seul canal considérable qui soit dérivé de l'Orco est le canal de Caluso.

Les canaux dérivés de la rive gauche de la Doire-Baltée sont : 1° le canal d'Ivrée, qui est le plus important du pays ; 2° le canal de Cigliano ; 3° le canal del Rotto. Quoiqu'ils ne soient pas navigables ils portent tous les trois le nom de *naviglio*, et alimentent un grand nombre de dérivations secondaires.

Les principaux canaux dérivés de la Sesia sont : 1° à gauche, les roggie Mora, Busca et Rizza-Biragua ; 2° à droite, les deux roggie de Gattinara.

Les canaux dérivés de la rive droite du Tessin sont le naviglio Langosco et le naviglio Sforzesca. Les canaux dérivés de la Sesia et du Tessin sont les plus anciens du pays. Ils furent établis aux époques féodales du XIII° et du XIV° siècle et remontent ainsi à une époque antérieure à la constitution territoriale de cette contrée. Car ce fut au commencement du XV⁰ siècle qu'Amédée VIII, premier duc de Savoie, réunit dans ses mains les domaines héréditaires des descendants d'Humbert aux blanches mains, fondateur de cette maison au XI⁰ siècle, et ceux des ci-devant comtes de Piémont. C'est depuis lors que ce dernier territoire n'a plus été séparé de la Savoie.

Cependant les deux vastes provinces du Novarais et de la Lumelline, situées sur la rive droite du Tessin, continuèrent d'appartenir au Milanais jusqu'en 1736, époque à laquelle elles furent cédées, par le traité de Vienne de ladite année, à Victor-Amédée III. Par suite des dispositions d'un autre traité de Vienne, plus voisin de notre époque, ces provinces firent retour définitivement aux rois de Sardaigne, de la même manière que le Piémont.

Les canaux de ce pays qui ont été ouverts dans le courant du XIV⁰ siècle sont celui du marquis de *Gattinara*, ainsi que les canaux *Busca* et *Langosco*. Du XV⁰ siècle datent : ceux d'*Ivrée*, *del Rotto*, de la commune de *Gattinara* avec les roggie *Mora*, *Sartirana*, *Sforzesca* et *Rizza-Biragua*. Le XVI⁰ siècle vit ouvrir le canal de *Caluso* ; le XVII⁰, le canal d'*Ivrée*, qui avait été abandonné pendant 87 ans ; le XVIII⁰ siècle, le canal de *Cigliano* ; enfin le XIX⁰, le canal *Charles-Albert*, création moderne qui, sous le rapport de l'irrigation, n'a point été satisfaisante.

Pendant longtemps les eaux des premiers canaux d'irrigation créés entre l'Orco et le Tessin, se distribuèrent sans règle précise, à peu près selon le besoin et les exigences des usagers. Ce fut en 1474, sous le règne de Philibert Ier, duc de Savoie, que l'on commença à prescrire, pour les eaux du canal d'Ivrée, une mesure de distribution, fort imparfaite d'abord, mais qui fut le point de départ d'améliorations successives arrivées, de proche en proche, jusqu'à la création du nouveau module métrique adopté par le gouvernement. Ici, comme cela se verra toujours ailleurs, l'introduction des règles sûres et précises dans la distribution des eaux d'irrigation, si sujettes au gaspillage, a été équivalente à l'émission de nouvelles eaux ; ce qui, tout en améliorant la situation des canaux anciens, a encouragé l'établissement des canaux nouveaux.

La création successive de ces nombreuses dérivations vivifia, au delà des espérances que l'on avait conçues, les territoires irrigables des provinces d'Ivrée, Verceil, Novare et Mortara, situées entre l'Orco et le Tessin. Les deux dernières provinces surtout, comprenant l'ancienne Lumelline, éprouvèrent une transformation totale, par le fait des arrosages. Cette localité ne présentait autrefois que des terrains presque incultes, les uns arides, les autres marécageux, où nulle culture régulière ne pouvait s'établir avec avantage ; aussi elle était pauvre et dépeuplée ; l'agriculture, le commerce, l'industrie, tout y était languissant et mort. Les choses ont bien changé : l'introduction des eaux sur ce sol ne produisant rien, y a réveillé les germes d'une fécondité inépuisable, qui eût été à jamais perdue; aujourd'hui l'aisance et la prospérité ont succédé à la misère des anciens habitants, et une population nombreuse se presse dans ces campagnes, devenues une des plus riches contrées de l'Europe.

Cet exemple remarquable vient confirmer un principe sur lequel j'appuie plusieurs fois dans le cours de cet ouvrage, savoir : que là où l'irrigation est facilement praticable, les bénéfices que l'on doit en attendre sont généralement d'autant plus grands que les produits du terrain qui y est soumis, étaient primitivement plus faibles. En effet, le bénéfice qu'on doit attribuer à l'irrigation, celui qui lui est propre, se compose de la différence entre les produits obtenus par elle et ceux qu'on aurait recueillis sans son secours. Or, pour peu que les eaux employées soient, par elles-mêmes, fertilisantes et bonnes, le sol le plus maigre, le terrain le plus ingrat deviennent, après quelques années du régime d'un arrosage bien dirigé, égaux en valeur et en produits aux terrains naturels les plus favorisés.

En France, où, à la vérité, la plupart des cours d'eau sont sujets aux étiages, mais où, jusqu'à présent, l'on ne s'est jamais occupé à fond de rechercher les causes fondamentales du succès des grands arrosages, le gouvernement n'a pas jugé convenable de créer, et encore moins d'exploiter par lui-même, aucun canal d'irrigation ; et lorsque les circonstances lui en ont mis entre les mains, il s'est hâté de s'en défaire en les offrant, même à titre gratuit, à des particuliers ou à des compagnies. En Piémont, le contraire a eu lieu et chacun s'en est bien trouvé. Aujourd'hui les principaux canaux dérivés de la Doire, arrosant les territoires de Verceil et d'Ivrée, et qui étaient jadis des possessions particulières, ont été successivement acquis par le gouvernement piémontais. Une administration spéciale, parfaitement dirigée et secondée par des ingénieurs habiles, a mis sur un excellent pied ces canaux qui, tout en distribuant aussi libéralement que possible le bienfait des eaux à une agriculture florissante, versent encore au trésor public des produits fort intéressants. Dans le tome II, où je parle spécialement de l'administration et du contentieux des canaux d'irrigation, on trouvera les détails nécessaires sur la gestion et l'exploitation par l'État des canaux du Piémont, qui forment, en ce pays, une branche de l'administration générale des finances.

Sous l'influence de ces circonstances favorables, la distribution des eaux d'irrigation a pris, sur le riche territoire compris entre l'Orco et le Tessin, un développement remarquable. Quoique la carte que je donne de cette localité ne présente que les artères principales de la féconde circulation dont elle se trouve dotée, on voit combien, depuis quatre siècles, il a été fait d'efforts heureux en faveur de son agriculture. Les dessins d'ouvrages d'art relatifs à la transmission des eaux d'irrigation, à leur croisement en tout sens, annoncent aussi, par leurs formes variées, cette grande extension des arrosages. Il reste cependant beaucoup à faire encore dans cette heureuse contrée. D'utiles projets s'y élaborent en ce moment ; j'en dirai succinctement quelques mots, mais après avoir parlé d'abord des dérivations existantes.

Les canaux dérivés dans le XIV⁰ et le XV⁰ siècle de la Sesia et de la rive droite du Tessin pour l'irrigation des provinces de Novare et de Mortara sont restés propriétés particulières des communes ou de quelques riches familles. Leur exploitation se fait généralement avec ordre et intelligence, par les soins de leurs propriétaires, qui choisissent leurs ingénieurs. Néanmoins, l'administration des canaux royaux, arrosant les territoires de Verceil et d'Ivrée, peut encore leur être citée pour modèle.

Les cours d'eau mentionnés ci-dessus, étant formés par les neiges des Grandes-Alpes, ont généralement beaucoup d'eau en été. Le contraire a lieu pour les affluents de la rive droite du Pô, qui naissent dans la chaîne secondaire des Alpes-Maritimes.

CHAPITRE SIXIÈME.

CANAUX ROYAUX DU PIÉMONT, ALIMENTÉS PAR LA DOIRE-BALTÉE,
AVEC LEURS DÉRIVATIONS SECONDAIRES, DANS LES PROVINCES D'IVRÉE
ET DE VERCEIL.

CANAUX D'IVRÉE, — DE CIGLIANO, — DE SALUGGIA, — DEL ROTTO, — CAMERA
ET AUTRES.

CANAL D'IVRÉE.

Dérivé vers le milieu du XV⁰ siècle, de la rive gauche de la Doire-Baltée, sous les murs d'Ivrée, ayant 72.200ᵐ de longueur, sur 8ᵐ,60 de largeur réduite et portant 388ᵒⁿᶜ,50.

Historique. Ce canal avait été ouvert, une première fois, en 1468, sous la régence de Yolande de France, femme d'Amédée IX., duc de Savoie. On sait que ce prince étant devenu, peu après son avénement, incapable de porter la couronne, la régence, longtemps disputée entre ses frères et sa femme, finit par rester à cette sœur de Louis XI.

Soit vice de construction, soit défaut d'entretien, cette dérivation avait beaucoup à souffrir des ensablements, qui sont si rapides avec les eaux de la Doire; et elle fut totalement abandonnée en 1564.

Près d'un siècle plus tard, en l'année 1651, le lit du canal, alors en partie comblé, fut acquis par le marquis de Pianezza qui le fit rouvrir à ses frais et le mit, par la réintroduction des eaux, dans l'état où on le voit aujourd'hui.

Ce canal, qui portait jusqu'à ces derniers temps

le nom de naviglio *del Borgo*, était autrefois et serait encore au besoin, navigable pour des bateaux de petite dimension qui servaient jadis à transporter, pour la consommation de la province, le produit des salines existant dans le voisinage. Il paraît qu'avec cette double destination, il donnait des revenus assez considérables à la famille de Pianezza ; elle l'a exploité pendant 169 ans. C'est seulement sous le règne de Victor-Emmanuel qu'en l'année 1820, ce canal, avec toutes ses dépendances, fut acquis par l'État. Depuis, il a pris le nom de canal royal d'*Ivrée* et il est régi par l'administration royale des finances, qui y a apporté de notables améliorations.

Description et tracé. — Le canal est dérivé de la rive gauche de la Doire-Baltée, au moyen d'une grande digue en maçonnerie établie obliquement sur la direction de cette rivière torrentielle, immédiatement au-dessous du pont d'une seule arche situé à l'entrée de la ville d'Ivrée, sur la route de Turin. Ce barrage déversoir se continue sur une grande longueur, au-dessous du mur de quai de la ville, depuis le pont susdit jusqu'aux martellières de prise d'eau. Le canal d'Ivrée, après un parcours de 72.200^m, pendant lequel il forme beaucoup de ramifications secondaires, aboutit à Verceil en un point qu'on appelle le Pertuis (Incastrone) d'où le reste de ses eaux, recueillies dans un canal de fuite, vient déboucher dans la Sesia.

Les longueurs partielles et les largeurs décrois-

santes du canal principal sont distribuées ainsi qu'il
suit :

De l'embouchure à la Rocca,
   largeur. . . . . 8^m,40 long^r.32^{k}661^m·
De là à San-Germano. . . . 7. 50   27. 137
De là à Verceil. 5. 40   12. 402
                               —————————
    Longueur totale. . . . . 72^k,200^m.

Le canal principal, ainsi que les embranchements
dont il va être parlé, ont de fortes pentes, qui ex-
cèdent généralement 0^m.80 et même 1^m·,00 par kil.
Cela était nécessaire, d'après la grande quantité de
limon ou de sable fin, tenue en suspension dans les
eaux de la Doire, et dont les dépôts encombreraient promptement le lit des canaux, si une vitesse suffisante n'y était pas ménagée.

Des canaux secondaires qui portent le nom de
naviletti, forment les branches principales du
canal d'Ivrée. Ils ont eux-mêmes des bouches de
distribution et se ramifient en de nombreuses rigoles, jusqu'à la consommation totale des eaux.
Sur ces canaux secondaires, qui sont au nombre de
huit, six appartiennent, comme le canal principal,
au gouvernement. Les deux qui sont restés propriétés particulières sont le naviletto de Livorno,
dérivé, sur la rive droite, en face de Cigliano, et celui
de Tronzano, dérivé, du même côté, en face de
Santhia. Dans ces deux canaux privés, l'administration royale des finances a le droit d'introduire un

certain volume d'eau pour le transmettre à d'autres canaux secondaires dépendant du gouvernement.

Voici la distribution des six canaux secondaires dérivés du canal d'Ivrée. Le premier et le dernier sont les seuls qui soient situés sur la rive gauche ; les quatre autres ont leur dérivation sur la rive droite du canal principal.

DÉSIGNATION DES CANAUX.	LIEU DE LEUR EMBOUCHURE.	LONGUEURS.	LARGEURS RÉDUITES.	
Della Mandria.	Borgo d'Alice.	17^k· 079^m·	4^m·	oo
De Tronzano.	Santhia. . . .	7 188	3	oo
D'Azigliano (ancien). .	Tronzano. . .	21 950	4	6o
De Crova ou de Tane.	Santhia. . . .	5 o82	3	5o
Del Termine.	Santhia. . . .	2 45o	2	4o
De Salasco	S. Germano. .	5 942	4	oo
De Robarello.	S. Germano. .	4 161	2	5o
Longueur ensemble. . . .		64^k· 68o^m·		

Outre ces principales branches, bien d'autres dérivations dépendent encore du canal d'Ivrée et sont, comme lui, propriété domaniale. Voici l'indication de leurs longueurs y compris celles de plusieurs sources affluentes dans le canal.

Canal de décharge, dei Travi. . . .	865ᵐ·
Canal des moulins de Pianezza. . .	2.911
Id. de la Tour. . .	1.063
Id. de Pratosecco. .	4.774
Canal de décharge d'Albiano. . . .	3.696
Id. de Tina. . . .	1.697
Id. de Borgo Masino.	2.464
Id. della Margarita. .	1.346
Id. della Maddalena. .	158
Cavetto della Stella.	904
Cavetto delle Lucre, et fontaine de Bagliona.	3.163
Fontaines de Valasse et de S.-Grato.	620
Fontaines de Ronco et Ronchetto. .	530

$$\overline{}$$
$$24.191$$

En réunissant cette longueur à celle qui est donnée dans le tableau précédent, on voit que l'ensemble des dérivations, formant une dépendance immédiate du canal d'Ivrée, occupe un développement total de 88.871ᵐ·, plus considérable de 16.671ᵐ· que sa longueur totale, qui est de 72.200ᵐ·.

Voici, à l'aide de nᵒˢ correspondants, placés sur la carte des canaux du Piémont, l'indication et l'emplacement des divers ouvrages, ou constructions, établis sur la direction principale du canal.

1. Pont sur la Doire, à l'entrée de la ville d'Ivrée, et origine du grand déversoir qui effectue la déri-

vation ;— 2. Embouchure disposée pour une portée de 60 roues de Piémont, ou de 466 onces milanaises ;—3. Maison de garde récemment construite ; —4. Déchargeoir dei Travi ;— 5. Canal du moulin de Pianezza ;—6. Canal de décharge de la Tour ;— 7. Moulins de la Tour (inexploités) ; —8. Moulin de Pratosecco, sur le même bief que ceux de Pianezza ; —9. Canal de décharge d'Albiano ;— 10. Pont-canal du Tamboletto ;— 11. Moulin de la commune d'Albiano. Il est mis en mouvement par l'émissaire du lac d'Azeglio ou de Viverone, qui a son débouché dans le canal d'Ivrée ;— 12. Déchargeoir de Tina ; —13 et 13 *bis.* Moulins et usines de Gravellina ; —14. Déchargeoir de Borgo-Masino. Pour rétablir dernièrement cet ouvrage, il a fallu reprendre, sur les riverains, l'ancien canal de fuite qu'ils avaient usurpé ;—15. Pont-canal de Gorla ;— 16. Déchargeoir de la Margherita, se trouvant dans les mêmes circonstances que celui de Borgo-Masino ;— 17. Déchargeoir et maison de garde de la Maddalena ; —18. Bâtiment étant autrefois un magasin à sel, quand le canal servait au transport de cette marchandise. Ce bâtiment est destiné à faire une maison de garde;—19. Prise d'eau, ou dérivation du Naviletto de *Livorno* ;—20. Prise d'eau du Naviletto de la *Mandria* de *Santia* ;— 21. Moulins, foulons à riz, et forge de la Bescarina ;— 22. Prise d'eau du Naviletto de *Tronzano* ;— 23. Moulin et foulons à riz de Tronzano, mus par les eaux de ce canal ;—

24. Moulin et foulon de Santia ;—25. Prise d'eau du naviletto de *Crova* ;— 25 *bis*. Moulin du Martinet ; — 26. Prise d'eau du naviletto *del Termine*, qui a son débouché, à une petite distance, dans celui de la Molinara ; — 27. Moulin, près San Germano ;— 28. Prise d'eau du Naviletto de *Salasco* ; — 29. Magasins et foulons à riz de Salasco ; — 3o. Prise d'eau du naviletto de *Robarello* (rive gauche) ; — 31. Pertuis de Verceil où se termine le canal.

Les ouvrages d'art proprement dits, existants sur le naviglio, ou canal principal, sont distribués ainsi, savoir : de la prise d'eau à la Rocca, 22 ponts et 8 aqueducs ; de là à San Germano, 23 ponts et 1 aqueduc-siphon ; de là à Verceil, 9 ponts et 2 aqueducs. On compte en outre, sur le naviletto de la Mandria, 28 ponts et 6 aqueducs ; sur celui d'Azigliano, 24 ponts et 7 aqueducs ; sur celui de Crova, 4 ponts ; sur celui del Termine, 4 ponts ; sur celui de Salasco, 5 ponts et 5 aqueducs ; enfin, sur celui de Rabarello, 1 pont et 1 aqueduc. Les ponts, sur le canal principal, sont généralement en maçonnerie, ayant de 5 à 6^m· de largeur entre les têtes, et de 6 à 9^m· d'ouverture, suivant qu'ils sont vers la fin ou vers l'origine du canal. Les ponts sur les naviletti, sont de même largeur entre les têtes, mais n'ont généralement que 3^m· à 3^m·,5o de débouché. Les aqueducs servent pour la plupart à la transmission des eaux de dérivation, destinées aux arrosages, ainsi qu'à celles de quelques ruisseaux qu'on n'aurait pas pu introduire dans le canal.

En fait d'ouvrages d'art, il y a donc en tout, sur le canal d'Ivrée, qui a 72.200^m· de longueur, 57 ponts et 11 aqueducs ; et sur ses six dérivations principales, occupant ensemble 64.680^m· de développement, 66 ponts et 19 aqueducs.

Je ne parle que des ouvrages dont l'entretien est à la charge du gouvernement ; car postérieurement à l'ouverture du canal et de ses principales branches, il s'y est établi un assez grand nombre de ponts et de ponts-aqueducs, construits et entretenus aux frais des parties intéressées.

On y compte encore neuf moulins et une forge, outre l'établissement de Salasco, composé de foulons et de magasins à riz ; ces divers bâtiments et usines sont compris dans les baux que passe le gouvernement pour l'amodiation des eaux.

Au moyen des divers embranchements dont il vient d'être fait mention, et des 73 bouches de prises d'eau établies sur sa direction principale, le canal d'Ivrée distribue des irrigations à 32 territoires, qui sont ceux des communes suivantes : Ivrée, Albiano, Tina, Vestigné, Masino, Borgo-Masino, Moncrivello, Villareggia, Cigliano, Saluggia, Livorno, Bianzé-Borgo d'Alice, Alice, Trenzanio, Santhia, S. Germano, Tronzano, Crova, Azigliano, Salasco, Cacine-di-Strà, Olconengo, Veneria-Vercellese, Casalrosso, Viemmino, Lignana,

Selve, Dezzana, Costanzana, Stroppiana et Verceil.

Portée du canal, prix de l'eau, produits. — La portée du canal d'Ivrée, qui pourrait être plus considérable, est évaluée à 50 roues de Piémont, ou à 287,5 modules, ce qui correspond à 388,5 onces milanaises. Si cette quantité était employée uniquement sur des prairies, elle pourrait irriguer près de 15.000 hectares ; mais indépendamment de l'eau perdue en filtrations, le canal d'Ivrée entretient une assez grande quantité de rizières qui, ainsi que les jardins de la Provence, consomment moyennement le double de l'eau réclamée par une égale surface de prairies. Par ces motifs, la superficie arrosée n'est que d'environ 12.600 hectares, ce qui est peu considérable si l'on remarque que le canal d'Ivrée s'enrichit, sur plusieurs points de son long parcours, du produit d'une assez grande quantité de sources, qui suppléent très-utilement à la consommation déjà faite sur les terrains supérieurs.

Le prix de l'eau a varié sensiblement dans cette partie du Piémont, et il a beaucoup augmenté depuis que, le gouvernement ayant mis sur un excellent pied l'administration des principaux canaux dont il est devenu acquéreur, l'agriculture a pu compter sur une complète régularité, si nécessaire dans cet usage des eaux. Anciennement le prix courant de la roue n'était que de 2.200 fr., ce qui mettait l'once milanaise au-dessous de 290 fr. de loyer annuel. Mais depuis une vingtaine d'années, notamment depuis 1824, époque de la mise en ferme des canaux royaux, ce prix a doublé et dépasse aujourd'hui 580 fr. l'once, ce qui approche de celui du Milanais.

Le gouvernement ne traite pas directement avec les particuliers, pour la vente et la location des eaux ; il y a des amodiateurs ou fermiers principaux, à qui on concède, par voie d'adjudication et par baux de neuf années, les eaux de tel ou tel canal, et ces entrepreneurs se chargent d'en faire la distribution en détail, aux particuliers, à des prix dont le maximum est fixé dans l'adjudication. De 1824 à 1837, le canal d'Ivrée, y compris ses principales branches, a été affermé ainsi, moyennant la somme de 116.591 fr. 67. Pendant la même période, les frais, à la charge du gouvernement, comprenant l'entretien général, et la reconstruction, de quelques ouvrages d'art, ont été moyennement de 30.000 fr. par an, depuis 1837. Ce canal forme un seul lot d'adjudication avec celui de Cigliano dont il est question ci-dessous.

CANAL DE CIGLIANO.

Dérivé, à la fin du XVIIIe siècle, de la rive gauche de la Doire, territoire de Villareggia, ayant 31.300^{m.} de longueur, sur 8^{m.} de argeur, et portant 363 onces d'eau.

Historique, description et tracé. — Ce canal fut ouvert en 1785 sous le règne de Victor Amédée III. Il est dérivé de la Doire à environ cinq kil. en aval de la ville d'Ivrée, au lieu dit la Rona. Sa prise d'eau s'opère, comme celle du précédent, au moyen d'un barrage fixe en maçonnerie et de vannes régulatrices. Il se termine, après un parcours de 31.300^{m}, sur le territoire de Carisio où le résidu de ses eaux vient déboucher dans l'Elvo. Sa largeur décroît graduellement depuis 8^{m}.00 à son origine jusqu'à 4^{m}.50 à son extrémité d'aval.

Ce canal alimente le Naviletto de *Saluggia*, ouvert à la même époque, et auquel il ne fournit que cinq roues d'eau ou 40 onces milanaises, ce qui n'est pas le quart de sa portée effective, car il a une largeur de 5^{m}.40 sur 1^{m}.50 de profondeur et un développement de 15 kil.

Dans le prolongement du Naviletto de Saluggia, se trouve celui de *Rive*, exécuté récemment en vertu des lettres patentes de S. M. Charles-Albert, en date du 7 octobre 1837. Cette dernière dérivation a 19.740^{m} de longueur et 4^{m} de largeur.

Voici, sous la même forme que j'ai déjà adoptée pour le canal d'Ivrée, la désignation sommaire des divers ouvrages existant sur le canal de Cigliano et sur sa dérivation principale : — 42. prise d'eau et maison de garde ; 43. déchargeoir et canal de fuite récemment réparés ; — 44. déchargeoir du château ; — 45. déchargeoirs du fourneau, aujourd'hui sans usage ; — 46. prise d'eau du Naviletto de Saluggia ; — 47. siphon pour le passage du Naviletto de Livorno sous le canal de Cigliano ; — 48. dérivation, ou emprunt, de cinq roues, de trente-neuf onces d'eau, en faveur du canal d'Ivrée; — 49. bouche de restitution de cette quantité d'eau augmentée d'une roue, ou en tout de 47 onces, en faveur de la partie inférieure du canal de Cigliano; — 50. pont-canal à l'aide duquel les eaux du canal de Cigliano passent au-dessus de celles du canal d'Ivrée; — 51. chute au-dessus du canal de la Brunenga. En cet endroit celui de Cigliano, au lieu d'être maintenu à mi-côte sur la colline de Corisio, comme il y était d'abord projeté, descend par une chute au niveau de la plaine; —52. prise d'eau du Naviletto de *Berzetti*;—53. extrémité inférieure et débouché du canal de Cigliano dans le torrent de l'Elvo;—54. siphon de Saint-Jacques au moyen duquel le Naviletto de Saluggia passe sous le canal del Rotto, qui lui fournit en ce point une seconde dotation d'environ 13 roues, ou de 100 onces d'eau, moyennant lesquelles il alimente lui-même de nombreuses dérivations secondaires, — 55. ouvrage d'art de la Colombara, où se termine le Naviletto en donnant naissance à ceux de *Magrelli*, de *Lucedio*, etc.

Les ouvrages d'art proprement dits, existant sur ces deux dérivations, consistent, 1° en 25 ponts et 5 aqueducs ou siphons, sur le canal principal; 2° en 25 ponts et 8 aqueducs sur le Naviletto de Saluggia. Total, 50 ponts et 13 aqueducs. Plus, 7 moulins particuliers et une forge.

Les sept territoires sur lesquels se distribuent les

eaux dérivées par le canal de Cigliano sont ceux des communes suivantes : Villareggia, Cigliano, Saluggia, Livorno, Bianze, Tronzano, Santhia, Livorno, Vestigné et Carisio.

Portée d'eau, dépenses, produits. — Le prix de l'eau est le même sur le canal de Cigliano que sur celui d'Ivrée ; c'est-à-dire d'environ 560 à 600 francs l'once de Milan. La portée de ce canal qui n'est pas tout à fait aussi riche que le précédent, est de 363 onces ; cela correspond à 48 roues de Piémont. La superficie qu'il arrose, dans les mêmes circonstances que le canal précité, est d'environ 11.400 hectares.

De 1824 à 1837, le gouvernement a touché, pour le produit du fermage du canal de Cigliano, 37.300 francs par an ; ses dépenses d'entretien, confondues avec celles qui concernent le canal del Rotto, dont il est question au § suivant, s'élèvent habituellement à 20.000 fr. Depuis cette époque le produit a beaucoup augmenté ; mais comme les adjudications comprennent maintenant plusieurs canaux, j'indiquerai ces produits en forme de résumé à la fin du chapitre suivant.

CANAL DEL ROTTO.

Dérivé, au commencement du XVe siècle, de la Doire, territoire de Saluggia ; ayant 12.200m. de longueur, sur 7m.,40 de largeur, et portant 350 onces.

Historique, description et traité. — Ce canal, qui est la troisième et dernière dérivation de la Doire-Baltée, fut ouvert en 1400 par les ordres du duc Jean de Montferrat. A cette époque, la prise d'eau avait d'abord été établie sur le territoire de Saluggia ; mais au bout de quelque temps, elle fut remontée jusqu'au territoire de Mazzé, au lieu dit Rivarossa, un peu en amont du pont en pierre, sur la route de Rondissone.

La longueur du canal est de 12.200^m et sa largeur à son origine de $7^m.,40$; sa profondeur en contre-bas du couronnement des berges est moyennement de $1^m.,80$. Il alimente une dérivation importante qui est le naviletto *della Camera*, dont la prise d'eau est près de Saluggia. La longueur de ce canal secondaire est de $36.660^m.$ et sa largeur réduite de $5^m.,50$. Le naviletto de Saluggia, dont il vient d'être question au § précédent, peut être regardé aussi comme principale dépendance du canal del Rotto ; car on a vu qu'il tire de ce dernier, à l'endroit où ils se croisent, 100 onces d'eau, tandis que le canal de Cigliano, dans lequel il a son embouchure, ne lui en fournit que 40. Au moyen de ces deux grands embranchements qui se ramifient principalement, l'un à l'est, l'autre au midi , le canal del Rotto verse à la fois le résidu de ses eaux dans la Sesia et dans le Tessin.

Voici les divers ouvrages qui se trouvent sur la ligne du canal principal : — 56. embouchure du canal dans la Doire , voisine de celle du canal de Cigliano ; — 57. déchargeoir et maison de garde ; — 58. prise d'eau de la Roggia de la Camera ;—59. bouches de Saint-Jacques , où se termine le canal royal del Rotto et où il distribue 100 onces d'eau aux diverses roggie de *Bianze*, de *Livorno*, d'*Apertole*, etc. Sur le naviletto de la Camera qui longe la rive gauche du Pô, on distingue plusieurs moulins et autres constructions qui sont disposés ainsi qu'il suit : 60. moulins de Saluggia ; — 61. *id.* de la campagne ; — 62. *id.* de Crescentino ;— 63. *id.* de Cazavino ;—64. *id.* de Fontanetto ; — 65.—*id.* de Palazzuolo ;—66. *id.* de Trino ; — 67. Cavetto de *Morano* appartenant au gouvernement ;—68. partiteur de Trino où le canal se termine en diverses ramifications, à peu près à égale distance de Trino et de Robella.

Il y a sur la direction principale 14 ponts et trois aqueducs, et sur l'embranchement de la Camera, 31 ponts et 5 aqueducs; total 45 ponts et 8 aqueducs.

Les communes sur lesquelles se distribue l'irrigation sont les suivantes : Saluggia , Crescentino, Fontanetto, Palazzuolo, Trino, Grangia di Pobietto, Torrione, Morano, Balzala, Villanova, Balono, Livorno, Lucedio, etc.

Portée d'eau, dépenses, produits.—Le volume d'eau que porte régulièrement le canal del Rotto est de 35o onces : ce qui fait un peu plus de 46 roues de Piémont.

Tant en prairies qu'en rizières et autres cultures, il arrose 10.800 hectares.

De 1824 à 1837, l'amodiation de ses eaux ne rapportait annuellement que 43.3oo fr. Depuis cette époque, l'adjudication de ce canal formant un seul lot avec celui de Saluggia, auquel il fournit aussi des eaux, a été passée, pour le bail courant, moyennant la somme de 83.2oo fr.

Les frais d'entretien annuel, qui ne varient pas beaucoup, sont compris dans les 20.000 fr. mentionnés à l'article précédent.

CHAPITRE SEPTIÈME.

SUITE DES CANAUX ROYAUX DU PIÉMONT DANS LES PROVINCES
D'IVRÉE ET DE VERCEIL.

CANAL DE CALUSO.

Dérivé, vers le milieu du XVIe siècle, de la rive gauche de l'Orco, sur le territoire de Castellamonte ; ayant 28 kil de longueur, sur 7^{m.} de largeur, et portant 260 onces, dans la province d'Ivrée.

Historique.—Le maréchal duc de Cossé-Brissac, seigneur feudataire de Caluso, conçut, en 1556, le projet de doter d'un canal d'arrosage, cette contrée qui souffrait beaucoup de la sécheresse. Il obtint en conséquence, de Henri II, roi de France, la faculté de dériver le volume d'eau nécessaire du torrent de l'Orco, près de Castellamonte, et de traverser, pour conduire ce canal à Caluso, les territoires dépendant des domaines royaux de Castellamonte, Bairo Aglié, ainsi que ceux qui dépendaient du duché de Montferrat. En mai 1559, le maréchal de Brissac s'occupa de l'acquisition des terrains, et fit à cet égard, les conventions et transactions nécessaires, tant avec les particuliers qu'avec les communes.

Plusieurs de celles-ci, reconnaissantes d'un si grand bienfait, procuré à la localité, s'obligèrent spontanément à indemniser, sur leurs ressources disponibles, les propriétaires de terrains à céder ; pour éviter ainsi, les difficultés et les retards qui auraient pu avoir lieu, si le fondateur du canal avait eu à traiter directement avec eux. Il résulta de là que, dès avant la fin de l'année 1560, ce canal, ouvert sur toute sa longueur, pouvait déjà fournir un assez grand volume d'eau à l'irrigation et aux usines.

Le duc de Savoie, Emmanuel-Philibert, étant rentré dans la possession de cette contrée, confirma par lettres patentes du 18 mars 1560, la concession faite au maréchal de Brissac. Mais celui-ci, vers la fin de 1562, aliéna à la marquise de Montferrat le fief du canal de Caluso, cession qui fut confirmée par lettres patentes du duc de Savoie, du 18 août 1563. En 1594, le duc de Mantoue, seigneur de Montferrat, céda de nouveau la propriété de cet ouvrage aux comtes de Valperga; après quoi il subit encore divers changements de mains, qui finirent par entraîner de longs procès.

En 1746, l'acquisition du même canal ayant été proposée au duc de Savoie, Victor-Amédée II, ce souverain consulta son administration des domaines, et celle-ci fit procéder, par des hommes de l'art, à une estimation détaillée, d'où il résulta que le canal de Caluso, qui ne portait encore que 72 onces d'eau, pouvait être acheté 167.210 liv.; et rapporter un revenu net d'environ 4 p. 0/0 de ce capital. Cette acquisition fut consentie, et le domaine royal de Piémont devint définitivent propriétaire de cette dérivation, le 17 avril 1760, c'est-à-dire, deux cents ans après la date de son ouverture.

Depuis cette époque, diverses ordonnances de Charles-Emmanuel III, eurent pour objet, l'agrandissment et l'amélioration de ce beau travail ; le projet des galeries de Saint-George, dont il va être parlé plus loin ; le prolongement du canal jusqu'à l'établissement royal de la Mandria, la reconstruction de la prise d'eau, en amont de son ancienne position, pour une portée de trente roues ; l'adoption d'un module régulateur, enfin, plusieurs règlements importants, rendus sur la police des eaux, furent les principales améliorations effectuées sous le règne de ce souverain.

Ce fut vers 1786, que l'ingénieur Contini, qui était alors directeur des canaux royaux du Piémont, inventa, principalement pour le canal de Caluso, le module particulier, dont il est question au T. II, dans le chapitre consacré à cet objet. Ce module, qui fut assez longtemps en usage sur plusieurs autre canaux du même pays, donnait ce que l'on appelle encore aujourd'hui, la petite once, *once de Contini*, ou once de Caluso, dont le produit est de $\frac{1}{5}$ au-dessous de l'once ordinaire de Piémont. Ce même module, qui, sous le rapport de sa disposition, est analogue à celui de Milan, servit de base à toutes les concessions d'eau du canal, à partir de son acquisition par l'État. Ces anciennes concessions y existent encore au nombre de 42.

Le roi Victor-Amédée III faisait ses délices du beau domaine de la Mandria, où, vers la fin du dernier siècle, il avait naturalisé un troupeau de trois ou quatre mille mérinos, qui réussirent et firent un grand bien dans le pays. Dans le mois de mars 1801, sous l'administration française, cet établissement fut mis en ferme et l'on y affecta 52 onces d'eau, à prélever sur le produit du canal de Caluso, quantité plus que suffisante pour l'irrigation des 7.600 hectares dont se compose ce domaine. En 1823, le roi Victor-Emmanuel l'affecta spécialement, ainsi que le canal, à la Société pastorale ; mais celle-ci ne peut faire de concession d'eau qu'à titre provisoire ; le gouvernement s'étant sagement réservé le droit exclusif de statuer sur les concessions à titre définitif.

Description et tracé. —Le canal de Caluso est dérivé, sur le territoire de Castellamonte, de la rive gauche de l'Orco, au point même où celui-ci reçoit les eaux des deux torrents secondaires de Piova et de Rivotorto. Sa dérivation s'effectue à l'aide d'un barrage fixe en maçonnerie ; il traverse les territoires des communes de Castellamonte, Bairo, Aglié, San Giorgio, Montalenghe, Orio, Barone, Caluso et Massé ; sa longueur totale est de 27.972^m, depuis sa prise d'eau, jusqu'à l'entrée du domaine royal de la Mandria, où il se termine, par l'épuisement de ses eaux, avant d'arriver à la Doire.

Sa largeur au plafond est de 5^m,70, et d'environ 8^m à la surface de l'eau. Sa profondeur moyenne au-dessous du niveau général de la campagne, de 2^m

et sa hauteur d'eau de 1ᵐ·, 20. On évalue à 217 hectares la superficie totale du terrain qu'il occupe, y compris ses digues, francs-bords, canaux de fuite, etc.

Les pentes du canal sont très-considérables ; mais j'ai peine à croire que la pente moyenne aille à plus de 3ᵐ·,70 par kil., ainsi que cela résulterait d'un travail fait, en 1827, par M. l'ingénieur Michela ; travail dont cependant j'ai été à même de vérifier l'exactitude, sur d'autres points essentiels.

Les ouvrages d'art les plus importants du canal de Caluso, sont les suivants :

1° La grande digue qui défend son embouchure contre les eaux de l'Orco. En 1812, elle fut construite en pierre de taille, sur une longueur de 278ᵐ·, après une crue terrible qui avait menacé d'envahir toute la partie supérieure du canal. Un grand déchargeoir et le partiteur de Castellamonte, font suite à cette digue. Aux abords, les berges sont revêtues de perrés sur une grande longueur. Dans le même lieu se trouve une maison de garde.

2° Les galeries de Saint-Georges, ouvrage remarquable pour l'époque où il fut entrepris (1764); la première, nommée galerie Bioleto, a 693ᵐ· de longueur ; la seconde, appelée galerie Fenoglio, a 723ᵐ·,80 de longueur. Elles ont une section commune, dont les dimensions sont : 3ᵐ·,08 au niveau du radier ; 3ᵐ·,60 aux naissances des voûtes qui sont en plein cintre, et 4ᵐ·,55 de hauteur sous clef. Les voûtes et piédroits sont en moellons de fortes dimensions, l'intervalle qui sépare ces deux galeries, est occupé par une tranchée de 43^m· de longueur, dont 37^m· sont occupés par un pont-aqueduc, au moyen duquel les eaux du canal franchissent celles du petit torrent de Madenzone.

3° 27 ponts-canaux, parmi lesquels on distingue ceux de Malesina, de Rivo alto, de Louisetto, de Fenoglio, etc. : 23 ponts en maçonnerie, 4 travées sur culées en pierre, 8 ponts-canaux entretenus par des particuliers et communes; total, 86 ponts ou ponts-aqueducs.

4° 1.455^m· courants de revêtements de berges en maçonnerie à mortier, et 1.372^m· en pierres sèches; plus, 6.469^m· de pavé sur le fond du canal, tant pour empêcher les filtrations, que pour lui conserver sa pente régulière.

On distingue encore, sur sa direction, divers ouvrages moins importants, tels que : maisons de garde, déchargeoirs partiteurs et bouches de prise d'eau, pour les dérivations secondaires, appartenant tant aux communes qu'aux particuliers. Ses eaux mettent en mouvement trois moulins, une forge et une filature, usines assez importantes, occupant ensemble 22 roues hydrauliques.

Portée, valeur de l'eau, superficie arrosée, prix de l'eau.— Le volume d'eau dérivé par le canal de Caluso a été successivement augmenté. De 1760, époque à laquelle il devint propriété domaniale, jusqu'en 1800, les concessions ne s'élevaient qu'à 326 onces de Contini, ce qui correspond à 176 onces milanaises. Depuis cette époque, les améliorations successives rendirent ce canal capable de porter 38 à 40 roues de Contini, c'est-à-dire 260 onces milanaises; c'est effectivement le volume d'eau qui y entre, et qui y a été constaté par des jaugeages exacts, faits en 1823 et 1824. Néanmoins, le volume effectivement distribué en arrosages n'est que de 227 onces, les 37 onces de différence, représentent donc la quantité d'eau perdue ou absorbée par les filtrations, par l'évaporation ou par quelques abus dans leur consommation.

Nous verrons dans le livre suivant, que l'on a fait plusieurs fois, sur les grands canaux du Milanais, cette même comparaison, qu'il serait très-utile de répéter, dans l'intérêt de l'art des irrigations; car on arriverait ainsi à connaître quel est moyennement le déchet que doit subir, par les filtrations, le volume d'eau introduit dans un canal placé dans des circonstances données; en mettant à part, bien entendu, tout ce qui aurait lieu pendant les premières années, sur les canaux nouvellement construits.

On estime en Piémont, que l'once de Contini irrigue 50 journées de terrain, de 38 ares chacune. Cela correspond à un peu plus de 35 hectares par once milanaise; cela est bien en rapport avec les quantités d'eau employées dans les localités analogues car, sans les rizières qui diminuent la su-

perficie arrosée, celle-ci se calculerait à raison de
37 hectares par once; ce qui, dans le climat du
Piémont et du Milanais, correspond à l'emploi le
plus économique de l'eau, pour les prairies et les
cultures analogues. La superficie irriguée par les
eaux disponibles du canal de Caluso, devrait être,
d'après cela, de 7.945 hectares, mais il paraît qu'il
se perd un peu d'eau, puisqu'en réalité, la superficie arrosée, n'est que d'environ 7.000 hect.

De 1760 à 1800, le prix de l'eau s'est maintenu
sur son ancienne base qui était de 2.000 à 2.500 fr.
la roue de Contini. Elle était donc cotée au taux
très-bas d'environ 335 fr. l'once; mais depuis, la
concurrence a fait hausser ce prix jusqu'à 550 fr.
et plus.

Estimation du canal, dépenses, produits.—
L'administration, des canaux, qui a opéré de grandes améliorations sur le canal de Caluso, ayant désiré, il y a quelques années, avoir une évaluation
approximative du capital qu'il représente, elle a été
donnée, en 1823, par les ingénieurs, ainsi qu'il suit :

Valeur du sol. . . . .   40.000 fr.
Terrassement. 195.000
Barrage, embouchure, canal d'a-
    menée, etc. 35.000
Déchargeoir, partiteurs, maison de
    garde. 40.000
                        ————————
      A reporter. . . . . 310.000 fr.

Report.	3ıo.ooo fr.
Galeries Saint-Georges et pont-canal attenant.	3oo.ooo
Ponts et ponts-canaux en maçonnerie.	85.ooo
Pont en bois.	ıı.ooo
Rigoles et petits canaux en bois pour l'irrigation.	ı.2oo
Murs de soutenement à mortier. .	3o.ooo
Id. de revêtement à sec. . . .	4o.ooo
Défense des rives et soutien des terres.	ı.2oo
Pavé sur le fond du canal. . . .	ı5.ooo
Partiteurs d'Arré, de la Mandria, etc.	ıo.ooo
Frais de rédaction des projets et de surveillance des ouvrages. .	25.8oo
Dépense totale.	829.2oo fr.

La dépense annuelle pour l'entretien de ce canal, est évaluée moyennement à . . . . 7.ooo fr.

Les salaires d'employés, gardes et conducteurs, s'élèvent à 5.ooo

Total des frais annuels. . . . 12.ooo

Les produits ordinaires du canal se sont augmentés au fur et à mesure des améliorations qui s'y sont réalisées. En 18oo, lorsqu'il ne portait encore que 175 onces, le revenu annuel était de 23.533 fr.,

naux d'Azigliano et de Rive, qui sont encore en construction, de sorte que de jour en jour leur produit doit s'accroître rapidement. D'autres projets très-utiles dont je dirai quelques mots dans le chapitre suivant peuvent encore, s'ils sont mis à exécution, accroître considérablement les revenus que le gouvernement est en droit d'attendre de cet utile emploi de fonds. Ne perdons pas de vue toutefois que le revenu net, produit par la location des eaux disponibles d'un canal d'arrosage, est bien rarement une mesure exacte des avantages qu'il représente. Car si, comme cela a lieu sur tous les anciens canaux, il y a eu des donations ou aliénations, les eaux, qui ne figurent plus que pour mémoire dans les produits actuels, n'en sont pas moins aussi profitables que les autres à l'agriculture. Si le fondateur du canal en consomme par lui-même une certaine partie soit pour l'irrigation, soit pour des usines, ces quantités, qui ne comptent pas non plus dans la vente des eaux, ne sont pas pour cela des non-valeurs. Ces différents cas se présentent presque toujours, et c'est ce qui fait que les avantages généraux produits par l'irrigation ne peuvent être bien étudiés que sur des tableaux analogues à ceux que je donne à la fin de ce volume, pour les canaux du Piémont et de la Lombardie.

CHAPITRE HUITIÈME.

CANAUX PARTICULIERS SITUÉS DANS LES DIVERSES PROVINCES
DU PIÉMONT; PROJETS; RÉSUMÉ.

§ I.—*Canaux dérivés de la Sesia.*

Roggia Gattinara (1ʳᵉ).

Le plus ancien canal dérivé de la Sesia est celui qui fut ouvert dans le commencement du XIVᵉ siècle, par le marquis de Gattinara, alors feudataire de la plus grande partie du territoire situé sur la droite de cette rivière; il est resté la propriété de cette famille.

Sa dérivation, qui est la troisième de la Sesia, a lieu sur le territoire de Gattinara, province de Verceil; elle s'effectue au moyen d'un barrage mobile ou temporaire, qui ne fonctionne que pendant la saison des arrosages. A $13{,}600^{m}$ en aval de la prise d'eau, le canal se divise en deux branches; l'une conserve le nom de *Roggia di Gattinara*, l'autre porte celui de *Cavo delle Baragie*. La Roggia, qui se termine sur le territoire d'Oldenico ou elle débouche dans l'Elvo, a une longueur totale de 24.640^{m}, sur une largeur réduite d'environ $3^{m}60$ à l'origine. Le Cavo a 12.320^{m} de longueur sur 2^{m} de largeur. Le parcours total de la dérivation appartenant à la famille de Gattinara est donc de 36.960^{m}.

Les communes traversées tant par la direction principale que par la branche secondaire, sont les suivantes : 1° Gattinara, Lenta, Gistarengo, Arborio, Greggio, Albano, Aldenico; 2° Gattinara, Lenta, Roasenda, Cascine di San Giacomo, Buzenzo, Bollono.

Il y a procès entre les propriétaires des sept canaux dérivés de la Sesia ; car quoique ce torrent, qui s'alimente au pied des neiges du Mont-Rosa, roule en été un volume d'eau considérable, il n'est pas suffisant pour alimenter complétement ces divers canaux, selon les besoins de l'agriculture. D'après cela, jusqu'à ce qu'une décision ait été prise, par l'autorité supérieure, sur cette grave question, les volumes d'eau, autorisés pour chaque dérivation, ne sont réglés que provisoirement.

Ainsi le canal dont il s'agit, qui avait été ouvert pour porter 200 onces d'eau, n'en reçoit actuellement que 60, et n'irrigue que 1.800 hectares. Il paraît qu'autrefois il rapportait de 75 à 80 mille fr.; aujourd'hui ce revenu doit être très-diminué, par la réduction qui a lieu dans le volume des eaux.

Roggia Gattinara (2.).

Elle fut ouverte vers 1482, sur la rive droite de la Sesia, territoire de Romagnano, province de Novare. Les eaux sont dérivées au moyen d'un canal d'amenée qui prend naissance au barrage, établi plus haut, pour la roggia *Mora*. Les martellières régulatrices sont situées sur le territoire de Gattinara. Ce canal, qui n'arrose que les terres de la commune dont il porte le nom, se termine vers le territoire de Lena, après un parcours d'environ 4 kilomètres.

Par suite des contestations pendantes, relativement au volume d'eau à dériver dans les sept canaux qu'alimente la Sesia, celui de la commune de Gattinara ne reçoit qu'une dotation provisoire de 15 onces, servant à l'irrigation minime d'environ 500 hectares de prés, appartenant à divers habitants de cette commune, qui considèrent ce canal comme leur propriété collective. Ils ont en conséquence le droit d'arrosage, sans payer aucune taxe, et perçoivent à leur profit les 5 ou 6 mille fr. de fermage que produisent plusieurs moulins mus par les eaux du canal.

Roggia Mora.

Ce canal, qui est aujourd'hui la propriété des familles Saporiti et de Beauregard, fut ouvert, à une époque des plus reculées, par la ville de Novare. En 1481, le duc de Milan Louis Sforce, dit le *More*, à cause de son teint basané, fit élargir cette roggia et prolonger son cours jusqu'à la rencontre du canal Sforzesca, en aval de la ville de Vigevano.

C'est la prise d'eau la plus élevée de celles qui ont lieu sur la Sesia, elle s'opère sur la rive droite de ce torrent, au moyen d'un barrage fixe, sur le territoire de Romagnano, province de Novare. La longueur de la dérivation est de 52.200^m. Les autres territoires qu'elle traverse sont ceux des communes de Ghemme, Sizzano, Fara, Vignale, Novare, Trecate, Cerano, Cassolo et Vigevano.

La portée moyenne de la Roggia Mora, qui a 7 à 8^m de largeur, pourrait être de 340 onces; mais, d'après les réductions exigées par l'insuffisance des eaux, le volume qu'elle reçoit n'est provisoirement que de 86 onces; sur quoi encore il y a un assez grand nombre de concessions gratuites faites à perpétuité et remontant à une époque très-ancienne. Aussi, le produit du canal qui n'est plus que de 20 à 22 mille fr. n'est qu'une faible partie de ce qu'il aurait pu être. L'irrigation d'environ 3.000 hectares se distribue, en proportions variables entre tous les territoires que traverse le canal, depuis Ghemme jusqu'à Vigevano.

Roggia Busca.

C'est la seconde dérivation de la rive gauche de la Sesia. Elle fut ouverte à la fin du XIV⁰ siècle, de 1380 à 1382, par la famille Crotta-Tettoni, dont elle porta d'abord le nom; après avoir été abandonnée pendant longtemps, elle fut rouverte dans le XVII⁰ siècle aux frais de la famille Busca-Arcenati-Visconti.

Le barrage de prise d'eau est établi sur la commune de Ghemme, province de Novare. Après un parcours de 32 kilom., le canal se termine sur le territoire de Valle, province de Mortara. Les treize communes qu'il traverse sont celles de Ghemme, Carpignano, Silavenzo, Mondello, Biandrate, Casaleggio, Orfengo, Confienza, Robbio, Castel-Novetto, Rosasco, Cozzo et Valle.

La portée de la Roggia *Busca*, ouverte primitivement sur 6 à 7 mètres de largeur, pourrait être de 240 onces. Elle n'en reçoit cependant moyennement que 42 ; ce qui met fort en souffrance l'irrigation des territoires voisins, où des réductions considérables ont lieu, par cette raison, dans la culture si lucrative des rizières.

Sur ce canal, comme sur tant d'autres, d'anciennes concessions ou aliénations gratuites annullent presque entièrement les produits actuels.

Roggia Rizza-Biragua.

Ouverte en 1488 par le marquis Rizzo de Birague, en vertu d'une concession de Ludovic Sforce, duc de Milan. C'est de lui que naquit, en 1407, le célèbre René de Birague, qui, pour éviter la colère de ce duc, dont il n'avait pas suivi la cause, se réfugia en France, où il devint successivement : conseiller au parlement de Paris, sous François Ier, garde-des-Sceaux sous Charles IX, puis chancelier de France, et enfin cardinal.

Cette dérivation, qui est la troisième sur la rive gauche de la Sesia, a sa prise d'eau établie à l'aide d'un barrage sur le territoire de Capignano, province de Novare. Son cours qui est de 33 kilom., se termine sur le territoire de Zemme, province de Mortara, et vient déboucher dans l'Agogna. Les territoires traversés sont ceux de Carpignano, Biandrate, Confienza, Cameriano, Vespolate, Marza et Zemme.

La portée de ce canal n'est que d'environ 40 onces, qui sont aliénées presque en totalité.

Roggia Sartirana.

Ouverte en 1380, par les auteurs du marquis de Brenne, comte de Sartirana. La prise d'eau s'opère au moyen d'un barrage fixe établi sur le territoire de Pallesta, province de Mortara, c'est la quatrième et dernière dérivation effectuée sur la rive gauche de la Sesia ; sa prise d'eau n'est qu'à environ 15 kilomètres en amont du point où ce torrent a son débouché dans le Pô, près Casale. Elle a 31.300^m de longueur et ne travers eque les deux communes sur lesquelles elle a son origine et sa fin.

La portée de ce canal est considérable; pendant une partie du printemps, il distribue près de 400 onces d'eau. Mais en été, tant par la diminution naturelle du volume de la Sesia que par la répartition qui s'en fait entre sept dérivations, dont les six premières sont très-voisines l'une de l'autre, chacun de ces canaux éprouve beaucoup de pénurie. Sa portée moyenne n'est donc que d'environ 260 onces, avec lesquelles, eu égard à beaucoup de rizières, on irrigue un peu plus de 8.000 hectares.

On conçoit que sur un canal aussi ancien que la Roggia Sartirana, qui existe depuis quatre siècles et demi, il y a eu un grand nombre d'aliénations faites sur ces eaux. Cependant elle donne encore à ses propriétaires, outre l'irrigation de leurs domaines, un revenu de plus de 80,000 fr.

§ II.—*Canaux dérivés de la rive droite du Tessin.*

Naviglio Langosco.

Deux canaux assez considérables et d'une égale portée ont été, depuis une époque très-ancienne, dérivés de la rive droite du Tessin, pour l'arrosage de la partie orientale des provinces de Novare et de Mortara. Le premier est le Naviglio Langosco.

Il fut d'abord ouvert dans le milieu du XIVe siècle, jusqu'au pont-canal de Croscia, sur le territoire de Cerano, par la famille Langosco ainsi; que cela résulte d'une inscription gravée sur une des pierres de taille de cet édifice. Plus tard, il fut prolongé aux frais de l'hôpital de Pavie, de la maison Pasquale et du cardinal Calderara. Actuellement il est possédé conjointement par l'hôpital de Pavie et par divers propriétaires des familles Busca, Borromée, Strada et Litta. Ces co-propriétaires sont réunis en une association connue sous le nom de compagnie du canal Langosco.

La dérivation a lieu au moyen d'un barrage fixe, situé sur le territoire de Galliate, province de Novare. Sa longuenr est de 43 kilomètres répartis, savoir :

Sur la province de Novare. . . . 12 k.
Sur celle de Mortara . . . . . 31 k.

Les dix-sept territoires qu'il traverse sont ceux de Galliate, Trecate, Cerano, Cassolo, Vigevano, San-Marco, Borgo Saint-Sirco, Garbagna, Gambolo, Trumello, Cascinale, Garlasco, Gropello, San-Giorgio, Scaldasole, Ferrera, et Alagna. Apartir de Cascinale, le reste des eaux du canal se partage entre diverses ramifications secondaires dont la principale est la Roggia Regina, et à l'aide desquelles il arrose encore les six derniers territoires indiqués ci-dessus.

Les deux canaux de la rive droite du Tessin, participent aux grands avantages que cette rivière procure surtout aux irrigations du Milanais, qui ne sont jamais en souffrance. Aussi, quoique l'on cultive dans cette localité beaucoup de rizières, les 340 onces que porte le naviglio Langosco, irriguent d'une manière régulière et complète environ 10,800 hectares de terrain auparavant stérile, et qui tire actuellement de ses eaux une valeur extrêmement élevée.

Naviglio Sforzesca.

C'est la deuxième et dernière dérivation de la rive droite du Tessin sur le territoire sarde. Elle fut ouverte en 1482 aux frais de Ludovic Sforce, duc de Milan. Ce canal a pris son nom du beau et vaste domaine de la villa Sforzesca, situé près de Vigevano et pour l'arrosage duquel il fut originairement ouvert. Il appartient aujourd'hui au comte Apollinari Rona Saporiti, propriétaire actuel du domaine de la Sforzesca, composé d'un peu plus de 900 hectares.

C'est là que se termine le canal proprement dit : qui a sa prise d'eau, établie à l'aide d'un barrage, ainsi que ses martellières régulatrices, sur le territoire de Galliate, province de Novare. Sa largeur est de $7^m,50$ à 8^m, et sa longueur totale de 36.960^m. Il traverse en partie les mêmes communes que le naviglio Langosco, parallèlement auquel il longe la rive droite du Tessin, depuis sa prise d'eau jusqu'à Vigevano.

Après l'irrigation complète du domaine susdit, les colatures, qui sont considérables, ajoutées au résidu des eaux du canal, représentent encore environ 60 onces d'eau qui, en aval de Vigevano, forment la Roggia-Marangone ; elle n'est, comme on le voit, que le prolongement du naviglio Sforzesca, dont les eaux se trouvent entièrement consommées sur le territoire de Garlasco.

La portée de ce canal est, comme celle du naviglio Langosco, de 34o onces milanaises qui arrosent également 10.8oo hectares. Il met en mouvement, sur le territoire de Vigevano, deux moulins à blé, ayant ensemble huit roues hydrauliques, cinq filatures de soie et une de coton.

Outre l'irrigation complète du domaine de la Sforzesca, la location des eaux du canal, y compris les usines, rapporte à son propriétaire un revenu net de 4o,ooo fr. : ce qui n'est qu'une bien faible partie de son produit total, absorbé en grande partie par les concessions et aliénations, opérées successivement pendant le cours de plusieurs siècles.

§ III.—*Canaux des provinces de la rive droite du Pô.*

Sur la rive droite du Pô les provinces sardes d'Alexandrie et de Novi sont traversées par des cours d'eau qui descendent du revers septentrional de l'Apennin, à la hauteur de Savone et de Gênes; c'est-à-dire, à l'endroit où cette chaîne succède, sur le littoral, à celle des Alpes-Maritimes. Ces montagnes ne conservent pas de neige en été et les eaux qui en descendent diminuent sensiblement, ou même tarissent tout à fait, pendant cette saison.

Canal Charles-Albert.

Ouvert en 183g aux frais d'une compagnie, ce canal a sa prise d'eau établie au moyen d'un barrage fixe sur le torrent de la Bormida, territoire de

Castel-Nuovo. province d'Alexandrie ; il a une longueur totale de 26.100 mètres et traverse les six communes suivantes : Castel-Nuovo, Sezze, Gamalero, Frasiaro, Borgonetto et Alexandrie ; c'est près de cette ville que le résidu de ses eaux, aboutit dans la partie inférieure du torrent qui l'alimente.

La portée de ce canal qui a une largeur moyenne de 5$^{m.}$ avait été calculée en raison de 400.000$^{m.\,c.}$ d'eau à distribuer en 24 heures, ce qui correspond à 205 onces de Milan. Mais ce volume n'y est obtenu qu'au printemps. Du milieu de juillet au milieu de septembre, la Bormida, comme tous les cours d'eau de la rive droite du Pô, éprouve un étiage des plus marqués ; ce qui réduit alors à moins de 40 onces le volume pouvant être utilisé dans le canal. Sa portée moyenne doit donc être considérée comme étant, au plus, de 72 onces, et tandis que l'étendue de terrain sur laquelle on se proposait de répandre les eaux, est de plus de 6.000 hectares, la superficie effectivement arrosée est à peine de 2.000.

Le prix de l'arrosage est réglé à raison de 10 fr. par journée de 38 ares, ce qui correspond à 26 fr. 31 c. par hectare ; prix conforme à ceux qui sont en usage sur les canaux modernes du midi de la France. Mais ni en Provence, ni dans les Pyrénées, il n'y a pas de canal qui souffre autant que celui-ci de la diminution des eaux pendant l'été. Par les travaux d'amélioration qui y sont projetés ou même déjà en exécution, l'on espère y maintenir une portée régulière d'aumoins 90 onces ; ce qui établirait le produit de l'irrigation à environ 5o.ooo fr. par an.

Les dérivations de ce genre offrent toujours de grandes ressources ; et lors même que l'irrigation y est en souffrance, on peut en être en partie dédommagé par le produit des usines, qui ont toujours une haute valeur dans le voisinage des centres de population. Quoique Alexandrie ne soit pas une bien grande ville, les trois moulins du nouveau canal qui y sont établis sont loués 37.6oo fr. Ce revenu allége, pour la compagnie, la diminution qu'elle éprouve sur le produit des arrosages.

Un canal analogue au précédent est depuis quelque années projeté, aux abords de la ville de Novi, sur les projets de M. l'ingénieur A. Calvi, de Milan. Les planches X et XI indiquent les principaux projets de ce canal, destiné égalelement à la navigation, aux arrosages et aux usines.

Un assez grand nombre de canaux, actuellement projetés dans les diverses provinces du Piémont, à l'aide des eaux qui y sont encore disponibles sur plusieurs rivières, et notamment sur la Doire, répondent à des améliorations vivement désirées. Les limites de cet ouvrage ne me permettant pas de m'arrêter sur ces projets, je me suis borné à indiquer leurs principales directions, par des lignes ponctuées sur la carte des canaux de ce pays.

§ IV.—*Autres canaux secondaires existant dans les diverses provinces du Piémont.*

Je viens de décrire les principaux canaux d'arrosage auxquels les riches plaines du Piémont sont en grande partie redevables de leur fertilité. Dans ces mêmes plaines il en existe encore beaucoup d'autres, moins importants à la vérité, mais procurant cependant aussi des irrigations étendues et avantageuses, d'après la régularité des eaux. En amont et en aval de l'embouchure du canal de Caluso, il part des deux rives de l'Orco et de ses affluents une foule de petites dérivations ouvertes très-anciennement aux frais des communes dont elles portent le nom; tels sont, sur la rive droite, les canaux des communes de S.-Pons, de Valperga, de Salasso, de Favria, de Rivarolo, etc.; sur la rive gauche, ceux de Salto, de Courgné, de Castellamonte, d'Aglié, d'Ozegna, de S.-Giorgio, de S.-Giusto, de Foglizzo, de Montanaro et de Chivasso.

Outre le canal de Parella, qui est le principal, et dont la nouvelle prise d'eau se trouve représentée avec détails, dans la pl. VII, la Chiusella alimente encore les canaux moins importants des communes de Gavone, de Perosa, etc.

Le cours supérieur de l'Elvo forme, sur la rive gauche, les roggie Fausano, Canapali, San-Pietro, Casanova, etc.; sur la rive droite, les roggie del Piano, Marchesa, de Vestigné, de Porta, de Quinto et de Verceil.

Sur cette même rive de l'Elvo, il y a deux dérivations assez considérables qui sont la roggia Cavallera, prenant naissance en amont de Carisio, et la roggia Molinara qui a sa prise d'eau en aval de cette commune. Ce dernier canal, qui remonte à une origine très-ancienne, était primitivement d'une portée assez considérable, augmentée encore par des sources abondantes qui s'y réunissent vers sa partie inférieure. Voici, à l'aide des numéros placés sur la carte, les dispositions principales qu'il présente : 32. ancienne prise d'eau ; — 33. portion du lit occupée par les riverains ; — 34. portion encore ouverte et recueillant les eaux des colatures provenant des irrigations voisines ; — 35. pont-canal sur la roggia Cavallera ; — 36. fontaines de San-Grato, qui enrichissent la Molinara ; — 37. jonction du naviletto del Termine avec la roggia Molinara ; — 38. moulin de San-Germano.

Le Cervo, ainsi que le cours supérieur de la Sesia et de l'Agogna, fournissent aussi plusieurs dérivations, d'intérêt communal, qui sont régulièrement alimentées.

Ces diverses irrigations s'étendent sur des superficies assez considérables, formant ensemble plus de 20.200 hectares.

Pour avoir le total des irrigations actuelles du Piémont, il faut y comprendre encore celles de la partie montagneuse qui forme le nord-ouest de ce territoire, irrigations qui sont réparties à peu près ainsi qu'il suit :

1° Vallée du Chisson et vallons affluents, depuis la frontière de France jusqu'au Pô, dans le canton de Pignerol. . . . . 1.240$^{hect.}$

2° Vallée de la Doire de Suze et vallons affluents, depuis la frontière de France jusqu'aux environs de Turin. 1.530

3° Vallée de la Sture et vallons affluents depuis les sources de ce torrent jusqu'aux environs de Turin. 1.600

4° Val d'Aoste depuis le pied du Saint-Bernard jusqu'à Ivrée. 1.020

5° Vallées supérieures de la province de Bielle. 2.050

6° *Id.* de la province de Varallo. 1.160

Ensemble 8.600$^{hect.}$

Résumé des superficies arrosées en Piémont.

En récapitulant les superficies irriguées par les divers canaux du Piémont, on arrive au résultat suivant :

Canaux royaux. . . . . 41.800$^{hect.}$

Canaux dérivés de la Sesia. 16.000

Canaux dérivés de la rive droite du Tessin. 21.600

À reporter. 79.400

Report. 79.400
Canal Charles-Albert. 2.000
Canaux secondaires, principalement
d'intérêt communal. 20.200
Petits canaux des vallées supérieures 8.600

Nombre total d'hectares. 110.200

Cette superficie ne diffère guère de celle qui a été indiquée à la fin du livre I, pour l'arrosage des deux régions du midi de la France. Mais ici, à part cependant les canaux de la Sesia, toutes les autres irrigations laissent peu à désirer sous le rapport de la régularité, avantage dont nous ne jouissons ni en Provence, ni le long des Pyrénées.

Dans les provinces du Piémont, on cultive beaucoup de rizières, et cela diminue le total des superficies arrosées, attendu que cette culture exige bien plus d'eau que les autres; mais les profits qu'elle donne sont très-considérables.

Un nouveau module a été adopté il y a peu d'années, par le gouvernement; mais comme il n'a pas encore été appliqué aux irrigations anciennes, il y en a effectivement trois différents, en usage dans le pays; ce sont : celui-ci, qu'on désigne exclusivement sous le nom de *Module*, celui de Contini, pour le canal de Caluso, et celui de Michelotti, qui est le plus général. Je donne au tome II, la description de ces appareils.

LIVRE TROISIÈME.

—

CANAUX

DE LA

LOMBARDIE,

DESSERVANT LES TERRITOIRES IRRIGABLES

DES PROVINCES

DE

MILAN, PAVIE, LODI, MANTOUE, VERONE, BRESCIA,
CREMONE, BERGAME, CREMA, ETC.

CHAPITRE NEUVIÈME.

SITUATION HYDROGRAPHIQUE DE LA LOMBARDIE, ET EN PARTICULIER
DU MILANAIS.
ORIGINE ET PROGRÈS DES IRRIGATIONS DANS CETTE CONTRÉE.

§ I.—*Situation hydrographique.*

Considérations préliminaires. — Dans l'introduction qui précède, j'ai indiqué succinctement les
avantages que présente, pour l'irrigation, le voisinage des hautes montagnes ayant la propriété de
conserver des masses considérables de neiges et de
glaces qui fondent régulièement pendant l'été. Je
ne reviendrai donc sur cet objet que pour signaler
les circonstances particulières qui ont fait à l'Italie
supérieure et surtout au Milanais une situation
unique, par les avantages naturels que ce pays retire de l'abondance et de la régularité des eaux.

Dans l'emplacement de quelques grandes exploi-
tations métallurgiques on remarque la disposition
suivante : à la partie supérieure, une montagne de
minerai ; au deuxième degré, une vaste plate-forme,
servant au grillage ou aux autres manipulations
préalables que réclame ce minerai ; et au même niveau les bouches ou gueulards des hauts fourneaux ;
au troisième degré, l'usine proprement dite ; au
quatrième, un fleuve, comme véhicule économique

des arrivages et des produits. Cette disposition, comme on le conçoit aisément, est, pour les grands établissements industriels, la meilleure de toutes, celle qui donne un gage assuré de succès et qui interdit la concurrence aux établissements de même genre, placés dans des conditions moins favorisées. Telle est la disposition remarquable de la Lombardie; mais, sous le rapport de l'importance, à quelle opération industrielle pourrait-on comparer l'exploitation agricole des douze cent mille hectares de plaines occupant la partie de ce royaume qui s'étend entre les Alpes et le Pô, depuis le Tessin jusqu'à l'Adige !

L'industrie des irrigations se trouve exactement dans toutes les conditions énoncées plus haut, qui assureraient la perfection d'une industrie ordinaire. En effet, si l'on se place sur un point assez élevé pour pouvoir saisir l'ensemble de la topographie locale, depuis le faîte des Alpes jusqu'au cours du Pô (pl. II et III), on voit : 1° une grande étendue de la région culminante, dominant cette immense plaine, occupée par des neiges perpétuelles qui lui versent chaque été leur tribut régulier; 2° au pied des montagnes, de vastes lacs, placés là comme tout exprès pour modérer et pour épurer les eaux torrentielles, chargées d'un limon siliceux dont les dépôts, sans être utiles à l'agriculture, encombreraient promptement les canaux; 4° ensuite des rivières d'une abondance et d'une limpidité admirables, qui, à la faveur de la déclivité naturelle du sol, du nord au midi, s'y répandent avec facilité et y distribuent, dans tous les sens, les irrigations; 5° enfin le Pô, ce grand colateur, qui reçoit et entraîne toutes les eaux, soit naturelles, soit dérivées, existant sur ses rives, et qui procure ainsi au sol de la Lombardie, du moins dans la partie qui nous occupe, le rare avantage d'être constamment salubre quoique continuellement humecté. On pourrait ajouter encore que le climat de cette contrée, peu méridionale dans la zone des irrigations, mais puissamment abritée par une chaîne de hautes montagnes, jouit d'une de ces températures moyennes et régulières qui sont éminemment propices à la santé des hommes comme à celle des végétaux. En effet, le grand rideau des Alpes, au pied desquelles se trouve la Lombardie, produit sur les vents du nord, si nuisibles à la terre, le même effet que les lacs du pays produisent sur les torrents qui viennent s'y amortir.

Les détails sommaires qui complètent ce paragraphe achèveront de faire comprendre tout ce qu'il y a d'admirable dans la situation de la Lombardie et en particulier dans celle du Milanais.

Lacs du Milanais.—La nature aurait déjà beaucoup fait pour ce pays, en le dotant seulement des vastes rivières du Tessin et de l'Adda, si remarquables par leur mode d'alimentation dans les neiges; mais sa richesse hydrographique s'accroît encore par l'existence des lacs situés dans la région supérieure, parmi les dernières ondulations du grand soulèvement des Alpes.

Le principal et le plus remarquable est le lac Majeur, qui était désigné chez les anciens, sous le nom de *Verbanus* ; il a dans sa plus grande longueur , 78 kil. et 5 kil. 1/2 de largeur moyenne ; sa superficie est de plus de 432 hectares, son émissaire est le Tessin. Le deuxième par ordre d'importance, est le lac de Côme, autrefois *Lerius*, qui a pour émissaire l'Adda ; il a 70 kil. de longueur, environ 2 kil. de largeur et 137 hectares de superficie ; le troisième est le lac de Lugano qui, plus encore que les précédents, offre à l'œil des contours très-irréguliers ; sa surface est environ le tiers de celle du lac de Côme. En sus de ces trois principaux lacs, on distingue encore dans leur voisinage, ceux d'Orta et de Varese, qui sont d'une grandeur moyenne , puis les petits lacs d'Annone, de Porlezza, de Sagrino, de Monate, de Corgenno, de Pusiano et d'Alserio, qui tous sont traversés par des cours d'eau destinés à arroser le territoire milanais. Le lac Majeur est élevé de 227^m,50, et le lac de Côme, de 211^m,25 au-dessus du niveau de la mer. La plupart des autres lacs secondaires de la même contrée sont à des niveaux plus élevés, et se déversent dans le premier ; de sorte que leur ensemble représente, dans le haut Milanais, l'accumulation d'une énorme masse d'eau, limpide et en grande partie exempte des variations funestes qui sont propres aux rivières torrentielles.

Les eaux qui descendent sur les pentes rapides d'une grande chaîne de montagnes sont propres à très-peu d'usages, soit pour l'industrie, soit pour l'économie rurale. La rapidité des pentes, les obstacles qu'elles rencontrent, les rendent impétueuses et bondissantes. Quelque résistant que soit le lit dans lequel elles roulent, en entraînant avec elles des fragments de rocher et des cailloux, il est impossible que ces eaux, lorsqu'elles arrivent à la partie modérée de leur cours, ne charrient pas, en quantité plus ou moins grande, un sédiment qui peut être utile ou nuisible à l'agriculture, mais qui est toujours dans ce dernier cas, par rapport aux canaux, à cause des dépôts qu'il y forme.

Un lac interposé sur le cours d'un torrent y produit d'abord l'effet d'un bassin d'épuration, de manière que les eaux en sortent généralement dépourvues de toute matière étrangère; il y produit surtout l'effet d'un régulateur, qui transforme les produits irréguliers des cours d'eau à fortes pentes en un débit successif et réglé, tel qu'il est si désirable de l'obtenir pour tous les usages quelconques, mais plus particulièrement encore pour l'irrigation : il opère, en un mot, sur ces eaux torrentielles, le même effet que le réservoir à air, qui donne, dans les pompes, un jeu continu en échange d'une alimentation intermittente. Enfin, il est facile de le concevoir, en matière d'irrigation, un lac d'un niveau élevé et ayant des affluents considérables, est un gage certain de régularité, ce qui, ici, est synonyme de succès.

Les grands lacs du Milanais, quoique rendant sous ce rapport un éminent service à la localité, sont cependant sujets, de temps en temps, à des crues violentes auxquelles participent nécessairement leurs émissaires le Tessin et l'Adda. Pour le lac Majeur, ces crues, qui ont lieu ordinairement au printemps et à l'automne, durent de six à quinze jours; leur hauteur varie de 3^m à 5^m au-dessus des eaux moyennes; mais on cite des crues extraordinaires beaucoup plus élevées. Ainsi la tradition a gardé le souvenir de celle qui paraît avoir atteint la hauteur effrayante de 18 brasses ou de $10^m,80$, dans l'automne de 1178. En 1705, la crue du même lac s'éleva à $6^m,55$ et causa de grands désastres : c'est la plus forte que l'on ait constatée depuis cette époque. Les autres principales crues considérables eurent lieu en 1787, 1792, 1823, 1830, 1834 et 1842. Les exhaussements de niveau du lac de Côme ont lieu aux mêmes époques et durent un peu moins longtemps; leur hauteur ordinaire varie de 3 à 4^m; mais on cite moins de cas extraordinaires que sur le lac Majeur. La plus forte crue, celle de 1705, ne s'éleva qu'à $5^m,57$ au-dessus des eaux ordinaires : les autres grandes eaux dont la date a été conservée, atteignirent les hauteurs suivantes : 1792 : $3^m,29$; 1810 : $3^m,69$; 1823 : $3^m,40$; etc.

L'étendue et la rapidité des versants qui aboutissent à ces lacs sont telles que malgré leur grande superficie, quelquefois leurs eaux se gonflent d'une manière presque instantanée. C'est ainsi que le 7 septembre 1807 le lac Majeur s'éleva de 4 brasses ou de $2^m,40$ en vingt-quatre heures; mais il est vrai de dire que de tels accidents sont très-rares. Les plus basses eaux des deux grands lacs ont lieu en hiver, notamment dans les mois de janvier et février. Dans des cas extraordinaires seulement, cette diminution de volume s'est prolongée au delà de l'ouverture des irrigations, qui a lieu vers l'équinoxe de mars.

Des profondeurs très-considérables sont un des signes distinctifs des lacs des Alpes; celles qui ont été observées sur les principaux de ceux du Milanais, sont : pour le lac Majeur, de 800^m; pour le lac de Côme, de 588^m; pour le lac de Lugano, de 161^m; pour le lac de Varese, de 79^m, et pour le lac de Puziano, de 50^m; etc. C'est sans doute à ces grandes profondeurs et peut-être à l'existence des courant, qui s'y établissent lors des crues, que l'on doit attribuer le niveau à peu près stationnaire de ces lacs, du moins pour la plupart d'entre eux, malgré les masses charriées qui, depuis leur formation, dans la dernière révolution du globe, s'y accumulent journellement. Quant aux petits lacs du Milanais, il est positif que plusieurs d'entre eux éprouvent, par cette raison, des exhaussements de niveau qui tendent à envahir graduellement les propriétés voisines devenues marécageuses. On attribue cet inconvénient aux constructions de barrages et usines, faites à la partie supérieure des émissaires des lacs; constructions qui, en rétrécissant les débouchés naturels par lesquels les grandes eaux se dégageaient autrefois librement, font que ces eaux, au lieu de sortir, à certaines époques, chargées de matières limoneuses, coulent maintenant toujours claires, parce que le lac fonctionne complétement comme bassin d'épuration; ce qui ne peut avoir lieu sans qu'il se remplisse peu à peu.

Il y aurait plusieurs observations intéressantes à faire sur ces mêmes lacs, soit sous le rapport des vents réguliers, espèces de vents alisés, qui y règnent deux fois par jour, le matin d'aval en amont, et dans le sens contraire au milieu du jour; circonstance dont le commerce sait très-bien tirer parti pour la navigation à voile; soit même sous le rapport des poissons particuliers qui vivent dans leurs couches inférieures et dont l'organisation est curieuse, par cela seul qu'elle résiste à l'énorme pression d'une colonne d'eau de 600 à 800^{m} de hauteur. Mais ces détails sortiraient de mon sujet, à la matière duquel je suis déjà obligé de faire subir de bien grandes réductions, pour la ramener aux proportions de cet ouvrage.

Rivières principales du Milanais. — Le Tessin prend sa source au pied des rochers du val Bedretto et dans les gorges effrayantes qui avoisi-

nent le Saint-Gothard. A sa partie supérieure il
reçoit, notamment dans le val Leventina, une multitude de cascades. Il a, sur la rive droite, trois
affluents principaux qui sont la Moësa et les torrents des vals de Blegno et de Morobbia, de sorte
qu'à son entrée dans le lac, à Maggadino, il offre
déjà un volume d'eau considérable. Néanmoins, et
c'est le fait essentiel que je veux signaler ici, il n'y
a nul rapport entre les deux états de ce cours d'eau,
considéré comme affluent ou comme émissaire du
lac Majeur; c'est-à-dire entre le Tessin médiocre
torrent des Alpes, et le Tessin vaste rivière du Milanais. La chose est facile à concevoir lorsqu'on
jette seulement les yeux sur la carte du lac Majeur,
qui reçoit, par d'autres affluents directs, plus de
deux fois autant d'eau que ne lui en apporte le
Tessin. En effet, indépendamment d'une multitude de petits ruisseaux et d'eaux de sources qui
tombent et découlent des pentes escarpées existant
principalement sur la rive gauche de ce lac, indépendamment des eaux abondantes des torrents des
vallons de Verzasca, de Falmenta et d'Intra, il reçoit
encore comme affluents directs : à droite les rivières
torrentielles de la Maggia et de la Toccia, plus l'é-
missaire du lac d'Orta ; à gauche, les rivières de
Tresa et de Bardello, émissaires des lacs considérables de Lugano et de Varese ; outre les eaux des
lacs moins importants de Monate, de Comabio, etc.

La constitution granitique étant celle qui est

dominante dans cette partie des Alpes, le Tessin, ainsi que les autres affluents du lac Majeur, lui versent ordinairement des eaux claires, quoique chargées néanmoins d'un sable très-fin qui, malgré cette épuration, s'accumule encore assez rapidement dans les canaux du Milanais. Mais le fait le plus remarquable à signaler ici, sur ces affluents, qui sont par le fait ceux du Tessin lui-même, c'est la proportion vraiment étonnante suivant laquelle cette masse d'eau, si admirablement disposée pour le Milanais, puise son alimentation régulière dans les neiges et les glaces des Alpes. Si l'on jette les yeux sur le vaste bassin au centre duquel se trouve le lac Majeur, on y voit d'abord le Tessin, dont la partie supérieure s'alimente directement déjà dans les glaciers du Gries, du Mut-Horn et du Saint-Gothard, et dont tout le cours supérieur traverse une région où l'hiver ne dure guère moins de huit mois, puiser encore, par son affluent du val de Blegno, dans la masse inépuisable des vallées de neige voisines des sept sources du Rhin, depuis la cime des Luckmaniers jusqu'à celle du Plattenberg; tandis que, par son affluent considérable de la Moësa, il met aussi à contribution les grands glaciers des monts Adula, dont les masses formidables dominent les routes nouvelles du Bernardin et du Splügen.

Si, du Tessin, on passe à l'examen des autres affluents directs du même lac, on voit la Maggia qui s'y jette à sa partie supérieure, près de Locarno, s'alimenter aussi dans de hautes vallées qui conservent leurs neiges. On voit surtout la Toccia, d'une part, puiser, par ses affluents de la rive droite, dans les glaciers du Simplon, et, de l'autre, étendre, dans le val d'Anzasca, un rameau de dix lieues qui vient, aux frontières du Vallais, s'épanouir dans l'énorme masse des neiges du Mont Rosa.

Telles sont les circonstances auxquelles le Tessin inférieur, à sa sortie du lac, est redevable des rares avantages qu'il offre à l'irrigation de la vaste plaine située entre Milan et Novare. Dans le trajet de plus de 180 kil. qu'il parcourt depuis sa sortie du lac, à Sesto-Calende, jusqu'à son embouchure dans le Pô, un peu au-dessous des murs de Pavie, il ne reçoit plus d'affluents, ni à droite ni à gauche; mais, assez riche pour donner beaucoup sans rien recevoir, il subvient, dans ce trajet, par ses seules ressources, du côté de la Lombardie, à l'alimentation considérable du Naviglio-Grande, et du côté du Piémont, à celle des deux canaux Langosco et Sforzesca, qui arrosent la partie orientale du Novarais.

Le Tessin distribue régulièrement, à ces divers canaux, environ 2.000 onces d'eau, et comme son volume est loin d'en être épuisé, on ne peut estimer sa portée moyenne en cette saison, à moins de 2.800 onces, ce qui dépasse 1.200 mètres cubes par seconde. Dans des crues extraordinaires, on a calculé que le volume que roule cette rivière, allait au moins à 6.000 mètres cubes, ou à plus de 13.600 onces; ce qui n'est pas étonnant, d'après l'immense étendue du bassin dont il reçoit les eaux.

Les pentes du Tessin, à partir de sa sortie du lac, sont variables depuis $0^m,70$ jusqu'à $2^m,05$ par kilom.

L'Adda, par le moyen du lac de Côme, jouit d'avantages analogues à ceux qui viennent d'être signalés pour le Tessin, mais à un degré moins marqué. Ainsi, encore bien que, sur une longueur de plus de trente lieues, il parcoure toute l'étendue de la Valteline, vaste vallée, à la partie supérieure de laquelle ses sources se forment, principalement par la fonte des neiges; quoique la Maïra, autre torrent qui se jette aussi dans la partie la plus septentrionale du lac de Côme, s'alimente de la même manière, Ce lac n'a pas, à beaucoup près, par ses affluents, les mêmes ressources que le précédent; il n'a pas, comme lui, un cortége de petits lacs supérieurs qui lui versent avec régularité le tribut de leurs eaux clarifiées. Celui d'Annone est le seul qui lui envoie les siennes. Ceux de Sagrino, de Pusiano et d'Alserio ont leur débouché directement dans le Lambro.

Cela explique comment la rivière d'Adda, à sa sortie du lac de Côme, si elle approche de celle du Tessin par son grand volume, ne l'égale, ni pour la pureté ni pour la régularité des eaux. Les dépôts

limoneux sont beaucoup plus rapides dans les canaux
dépendant de l'Adda, et les crues de cette rivière
sont plus violentes que celle de l'émissaire du lac
Majeur.

L'Adda distribue aux grands canaux dérivés de
sa rive droite, sur le territoire du Milanais, un volume d'eau au moins égal à celui qui est fourni
par le Tessin ; mais il ne lui en reste pas autant de
disponible. Quant à ses crues, quoique moins considérables par leur volume, elles sont cependant
plus redoutables, ainsi qu'on le verra dans les chapitres suivants, par la relation des grands désastres
auxquels ont été exposés, et que peuvent redouter
encore, les canaux qui en dépendent. Ses pentes,
plus fortes que celles du Tessin, sont rarement au-
dessous de $2^m,3o$ par kilomètre.

Rivières secondaires du Milanais. — Outre
le Tessin et l'Adda, entièrement hors de ligne,
par l'abondance et la régularité de leur cours,
il existe dans le Milanais d'autres rivières secondaires, parmi lesquelles on distingue principalement l'*Olone*, le *Nirone*, le *Seveso*, le *Lambro*, la *Molgora*; toutes ont leurs sources entre
le Tessin et l'Adda, au pied des derniers rameaux des Alpes Milanaises, mais en deçà des
lacs. Ces cours d'eau n'ayant plus aucune part
à l'alimentation extraordinaire du Tessin et de
l'Adda, sont torrentiels, comme cela a lieu presque constamment dans les situations analogues.

Leurs basses eaux ont lieu en été, et ils grossissent rapidement, quelquefois même par l'effet d'un seul orage; enfin ils charrient, dans ces circonstances, une grande quantité de terre, sable et cailloux, de dimensions proportionnées à l'intensité des crues.

Le Lambro Septentrional et le Seveso, qui sont les plus considérables de ces torrents, prennent naissance entre Côme et Lecco ou, pour mieux dire, entre les deux branches méridionales du lac.

L'un et l'autre traversent, à peu de distance de Milan, la ligne du canal de la Martezana; mais le Seveso perd son nom en s'y introduisant, tandis que le Lambro continue son cours jusqu'à Melegnano où il reçoit le Lambro Méridional et s'achemine ensuite vers le Pô, sous le nom de grand Lambro ou simplement de Lambro. Le cours d'eau, qui, au sud de Milan, est désigné sous le nom de Lambro méridional, est plutôt un canal de main d'homme qu'une rivière naturelle, car il fait fonction de canal de fuite, pour le Naviglio-Grande, et ne remonte pas au delà. Il est probable qu'il occupe ainsi l'ancien lit qu'avait l'Olone avant qu'elle n'eût été introduite dans le canal intérieur de Milan.

Le Lambro septentrional reçoit, dans sa partie supérieure, les émissaires des petits lacs de Pusiano, d'Alserio et de Sagrino. Dans la partie au N.-E. de Milan, comprise entre l'Olone, le Seveso et le lac Majeur; il existe encore plusieurs petites rivières ou torrents dont, malgré l'irrégularité de leur régime, on a su tirer parti pour l'irrigation et d'autres usages : ce sont la *Lura*, l'*Arno* et les ruisseaux torrentiels de *Tradate*, de *Bozzente* et de *Gardaluso*.

Parmi les rivières secondaires du Milanais, le Lambro est le plus considérable. Depuis le confluent des deux émissaires des petits lacs de Pusiano et d'Alserio jusqu'à son embouchure dans le Pô, à Sant-Angiolo, il a une longueur de 106 kilomètres, et une pente totale de 211^m,605, ce qui répond à une pente moyenne de 1^m,95 par kilomètre. L'Olone, depuis le pont de Malnate, près Varese, jusqu'à sa jonction dans le Grand-Canal, sous les murs de Milan, a une longeur de 53.244^m, une pente totale de 172^m,50 et une pente moyenne de 3^m,23 par kilomètre, pente excessive qui explique bien le régime tout à fait torrentiel de cette rivière.

Outre les divers cours d'eau que je viens d'énumérer, on doit compter encore comme appartenant au Milanais, ceux qui forment les émissaires des petits lacs de cette contrée.

Ainsi, la Tresa qui forme l'émissaire du lac de Lugano dans le lac Majeur, a 11.500^m de longueur, et une pente totale d'environ 76^m, qui est, dans les eaux moyennes, la différence du niveau existant entre les eaux de ces deux lacs. Le volume d'eau que la Tresa verse moyennement dans le dernier peut être évaluée à 800 onces, ce qui fait plus de

$35^{m.c.}$ par seconde. Ce cours d'eau forme la frontière entre le canton Suisse du Tessin et le royaume Lombard-Vénitien.

L'émissaire par lequel le lac de Varese déverse également dans le lac Majeur le trop-plein de ses eaux est la rivière de *Bardello* qui a 10 kil. de longueur ; elle a son débouché dans le lac, près de Brebbia, et y verse moyennement 250 onces, ou $11^{m.c.}$ d'eau par seconde ; sa pente, par kil., est moins considérable que celle de la Tresa.

L'émissaire du lac de Monate est l'*Acqua-Nera* qui a $3.600^{m.}$ de longueur. Sa pente totale qui représente la différence de niveau de ce lac, au-dessus du lac Majeur est, dans les eaux moyennes, de $70^{m.},37$.

L'émissaire du lac de Comabio dont le trop-plein n'aboutit dans le lac Majeur qu'en passant par le lac de Varese, est le ruisseau ou petit torrent de *Varanno*, qui a $3.600^{m.}$ de longueur.

En ce qui touche les trois petits lacs voisins de la partie inférieure du lac de Côme, le plus élevé qui est celui de Sagrino, se déverse dans l'étang ou lac de Pusiano par un fort ruisseau de deux kilom. de longueur. Enfin, ce lac et celui d'Alserio aboutissent eux-mêmes directement dans le Lambro, qui prend naissance en cet endroit.

Ces cours d'eau, dont je viens de parler, ceux qui forment les émissaissaires des petits lacs du Milanais, offrent un intérêt particulier en ce que la plupart d'entre eux, réunissant de fortes pentes avec un volume d'eau régulier, sont d'excellents moteurs pour les usines, outre l'alimentation précieuse qu'ils procurent à l'irrigation.

C'est ce qui fait que les établissements hydrauliques sont très-multipliés dans cette partie du Milanais.

Indépendamment du Tessin et de l'Adda qui mettent en mouvement un très-grand nombre de roues faisant tourner des moulins, pour la plupart d'une origine très-ancienne, les émissaires des petits lacs servent aussi de moteurs à beaucoup d'usines diverses, parmi lesquelles on distingue des papeteries, des filatures de soie, des scieries, des foulons à riz, etc.

Le Bardello, émissaire du lac de Varese dans le lac Majeur, fait mouvoir trente-six roues hydrauliques. La Tresa, émissaire du lac de Lugano, en met en mouvement vingt-deux, sur la rive milanaise et plusieurs autres du côté du Novarais. Il en est de même des émissaires des autres petits lacs.

Enfin, outre ces cours d'eau si considérables et si nombreux, la richesse hydrographique du Milanais, se complète encore par l'existence de sources, en quantité peu commune, qui ont été jusqu'ici d'un grand secours pour l'extension des arrosages. Il y a toutefois à faire, sur ces sources du Milanais, des observations particulières que j'ai renvoyées au chapitre du T. II. qui traite de cet objet en général.

Lacs et Rivières des autres provinces de la Lombardie—A l'est de l'Adda, il n'y a plus, au pied du versant méridional des Alpes que deux lacs considérables, savoir : celui d'Iseo, alimenté presque exclusivement par les eaux de l'Oglio, qui coule entre les provinces de Bergame et Brescia, et celui de Garda, le plus grand de tous, qui sépare cette dernière province et celle de Vérone. Le premier n'a guère que l'étendue du lac de Lugano, tandis que le second est plus considérable même que le lac Majeur. Il a également, comme ce principal lac du Milanais, divers affluents dont le plus important est le Mincio qui en sort en conservant son nom. Mais, en ce qui touche les moyens d'alimentation, le lac de Garda est inférieur à l'un et à l'autre des deux grands lacs du Milanais, et, sous ce rapport, il a une influence moins remarquable sur l'irrigation de la plaine qui s'étend au-dessous de lui. Néanmoins, l'effet salutaire qu'il produit, en régularisant le cours du Mincio, est incontestablement la cause pour laquelle les irrigations des provinces de Mantoue et Vérone viennent, par ordre d'importance, immédiatement après celles du Milanais.

Entre l'Adda et l'Oglio coule le Serio, rivière de médiocre grandeur qui ne s'épure dans aucun lac et dont le volume ne se maintient pas régulièrement pendant l'été. Cependant, ses eaux, qui ne sont pas habituellement troubles, rendent de bons services à l'irrigation dans les provinces de Bergame et de

Crema. Plus à l'est, entre l'Oglio et le Mincio, émissaires des lacs d'Iseo et de Garda, les rivières très-secondaires de la Mella et de la Chiese qui se jettent dans l'Oglio, à l'ouest de Mantoue, sont encore de quelque utilité pour les arrosages, notamment dans la province de Brescia ; mais ces cours d'eau n'ont pas la régularité nécessaire pour qu'on puisse y attacher un grand intérêt.

Enfin, sur le territoire de Vérone, l'Adige, ce fleuve limoneux, qui vient se perdre dans les lagunes de l'Adriatique, forme, dans la Lombardie, la limite actuelle des irrigations. Les provinces de Vicence, de Trévise et de Padoue cherchent, il est vrai, à utiliser leurs ressources dans ce genre, et il s'en faut beaucoup qu'elles en soient dépourvues ; mais enfin, dans ces localités, les résultats sont à obtenir et non encore obtenus.

Quant aux plaines de la rive droite du Pô, formant les duchés de Parme et de Modène, et le nord de l'État Romain, elles ne peuvent être réputées irrigables, attendu que les cours d'eau ayant leurs sources dans les Apennins, tarissent en grande partie pendant l'été. Il faudrait donc aller jusque dans les environs de Rome, et dans quelques parties du grand duché de Toscane, pour trouver, hors de la haute Italie, des territoires situés favorablement pour l'irrigation.

En récapitulant les considérations préliminaires qui précèdent, on doit concevoir déjà que s'il est une contrée unique au monde par les facilités naturelles qu'elle offre aux arrosages, c'est assurément la riche et vaste plaine d'alluvion qui, dotée comme on vient de le voir, par les eaux du Tessin et de l'Adda, se prolonge, sous une douce inclinaison, et sans contre-pentes, sur une étendue de plus de cent mille hectares, depuis le pied des Alpes, jusqu'aux rives du Pô, en comprenant principalement les territoires de Milan, Pavie et Lodi.

Ainsi, par sa topographie, son climat et ses eaux, le Milanais était une région, en quelque sorte prédestinée à recueillir, aussi complétement que possible, les grands avantages de l'irrigation, et à devenir, comme elle l'est aujourd'hui, une nouvelle Égypte, encore mieux partagée que celle dont les eaux du Nil venaient régulièrement baigner les campagnes, aux temps de son antique civilisation.

On ne devra donc pas s'étonner de voir que, dans les descriptions qui terminent ce volume, les résultats vont grandir subitement. Soit dans les volumes d'eau employés, soit dans les superficies arrosées, il faudra compter par mille ce qui se comptait jusqu'ici par centaines. En un mot, c'est désormais sur la plus grande échelle connue que nous allons étudier l'art des irrigations, par les canaux du Milanais.

§ II.—*Origine et progrès des irrigations dans le Milanais.*

En indiquant, dans le paragraphe qui précède, les conditions physiques auxquelles le Milanais est en grande partie redevable de sa prospérité actuelle, je n'ai pas prétendu induire de là que ses habitants avaient trouvé cette situation toute faite, et que la Providence s'était montrée tellement généreuse envers eux qu'elle ne leur avait rien laissé à faire. Je pense, au contraire, que le travail et l'industrie humaine ont eu la plus grande part dans la réalisation des avantages dont il s'agit. L'on verra en effet, par les détails historiques qui font partie de la description des grands canaux de ce pays, que de peines et de persévérance il a fallu, pendant plusieurs siècles consécutifs, pour amener les choses au point où elles sont aujourd'hui.

Le Milanais, entouré de toutes parts, et dominé, comme il l'est, par des eaux d'une abondance extraordinaire, ne pouvait pas se trouver, sous ce rapport, dans une situation médiocre; il fallait qu'il triomphât de ces eaux ou qu'il fût anéanti par elles. Il fallait qu'il optât entre ces deux situations : être une des contrées les plus florissantes du monde, ou bien l'une des plus insalubres et des plus misérables. On sait dans quel sens le problème a été résolu.

Qu'on ne croie pas qu'il y a de l'exagération dans cette manière de voir, elle est justifiée par des faits incontestables ; elle est, d'ailleurs, conforme à la marche ordinaire des choses. Il en est de cela comme

d'une terre fertile qui s'épuise à produire des plantes
inutiles ou nuisibles, si l'on a négligé d'ouvrir son
sein pour lui confier quelque bonne semence. Il en
est de même encore de l'intelligence humaine qui,
à son degré le plus éminent, ne peut avoir qu'une
influence funeste, une fois qu'elle est sortie de la
bonne voie, faute d'un aliment utile donné à son
activité. C'est la pensée que les anciens avaient tra-
duite par cet axiome très-juste : *corruptio optimi
pessima.*

Il n'y a pas encore bien des siècles que la fertile
contrée, située en aval des trois lacs, n'offrait à l'œil
attristé qu'un marais, entrecoupé de quelques landes
arides. Ici, plus encore que sur l'autre rive du Tessin, des plantes aquatiques et de tristes bruyères
furent longtemps les seuls produits d'une végétation inutile. Aujourd'hui, quelle différence ! Mais,
on ne saurait trop le dire, il a fallu les efforts de
plusieurs siècles, il a fallu des prodiges de travail
et de patience pour compléter ce triomphe de
l'homme sur la nature, et pour créer, dans les campagnes du Milanais, la richesse étonnante dont
elles jouissent aujourd'hui.

Lorsque les Romains s'emparèrent de la ville et
du territoire de Milan, cette citée gauloise, fondée,
385 ans avant J. C., par les peuples de la Cisalpine,
était devenue la capitale des Insubriens. Éclipsée
quelque temps par Mantoue et Modène, elle rede-
vint bientôt la première, par sa population et par

les embellissements qui y furent exécutés, surtout quand, au III° siècle, l'empereur Maximien la choisit pour sa résidence. Sous les rois Lombards, Pavie et même Mouza furent aussi, pour quelque temps, en concurrence avec elle ; mais à la destruction de cet empire par Charlemagne, Milan reprit, et conserva toujours le premier rang parmi les villes de l'Italie septentrionale.

Les Romains y ont laissé de nombreux vestiges des ouvrages hydrauliques qu'ils y avaient fondés. Ils consistaient principalement en des aqueducs souterrains, destinés à assurer la propreté et l'assainissenent des rues de la ville, par le moyen des eaux des rivières secondaires du haut Milanais qui, dès cette époque, y étaient déjà dérivées.

Pendant les quatre ou cinq premiers siècles du moyen âge, les invasions réitérées de l'Italie par les peuples du Nord, qui avaient hâte d'en finir avec la puissance romaine, amenèrent la destruction totale ou partielle de ces ouvrages destinés à la conduite des eaux ; celles-ci devinrent stagnantes, et transformèrent en marécages les abords de Milan, de sorte que les populations durent déserter, alors, un séjour infecté par le mauvais air.

Tous les peuples qui conjurèrent la ruine de l'empire romain ne méritaient pas indistinctement le nom de barbares ; les Wisigoths et d'autres encore, qui furent ses premiers assaillants, étaient amis de l'agriculture et des lois qui la protégent. Il est donc probable que la belle position du Milanais ne fut pas longtemps dédaignée de ces nouveaux conquérants, et qu'il y eut des ouvrages faits pour en tirer parti. Mais, d'un autre côté, à ces époques de troubles, et de violences, dont l'histoire est ensevelie dans une obscurité profonde, n'est-il pas probable aussi que la décadence générale dut atteindre l'agriculture, et à plus forte raison ses perfectionnements ?

Jusqu'au milieu du XIIe siècle, l'Olone, le Seveso, le Nirone, rivières de second ordre, qui ont leur source dans le haut Milanais, continuèrent de couler hors de la ville, en baignant seulement le pied de ses antiques murailles, bâties par l'empereur Maximien. En 1155, lorsqu'elle fut réédifiée sur un plan plus vaste, cette ceinture d'eau se trouva renfermée dans sa nouvelle enceinte et devint le canal intérieur, qui reçut plus tard des perfectionnements successifs. En 1176, les peuples du Milanais, ayant remporté sur l'empereur Frédéric Barberousse, la victoire mémorable et définitive qui donna lieu à la paix de Constance, signée le 25 juin 1183, leurs efforts persévérants, qui avaient été jusqu'alors absorbés dans la guerre, se tournèrent vers les améliorations intérieures; les ouvrages hydrauliques, ayant pour objet l'assainissement de la ville et du territoire de Milan, furent mis en première ligne. Les anciens aqueducs existant sous les rues, furent déblayés et réparés, ou reconstruits, de manière à donner un libre passage aux eaux qu'ils recevaient autrefois. On en dériva de nouvelles de l'Olone, du Seveso, du Nirone ; outre le nettoiement des égouts, elles servirent encore à des fontaines, ainsi qu'à divers établissements publics, tels que les hôpitaux, les boucheries, etc.

Jusqu'ici, il n'y a rien encore qui soit relatif à l'irrigation, mais nous allons voir cette belle industrie naître au pied des murs de Milan, et de là, se propager rapidement dans les provinces voisines.

Dès cette même époque du milieu du XIIe siècle, les eaux du canal intérieur, alimentées, soit par les dérivations directes de l'Olone, du Seveso, du Nirone, soit par les égouts de la ville, avait déjà pour émissaire le canal secondaire, dit de la *Vettabia*, autrefois *Veterabia*, qui, partant de la partie inférieure ou du midi de la ville, coule du nord au sud vers la province de Pavie. A quelques kilomètres de distance, la pente naturelle du terrain permet de répandre sur les terres ces eaux chargées de principes fertilisants ; cependant il fallait quelques travaux pour les y amener.

Les plus anciennes traditions locales établissent que les premiers propriétaires auxquels le pays est redevable de cet utile emploi des eaux, furent les religieux de la ci-devant abbaye de *Chiaravalle* (Clairval ou Clairvaux), située à une petite distance au sud de Milan, et qui, peu de temps auparavant, venait d'être fondée par saint Bernard.

Dans le cours de mes recherches sur ce sujet important, le nom de cet illustre saint, qui eut la Bourgogne pour berceau, mais le monde entier pour témoin de l'influence qu'il exerça sur son siècle, vint exciter mon attention plus vivement encore que ne l'avait fait celui d'un autre Français célèbre, que peu de temps auparavant, je venais de reconnaître comme le créateur d'un des principaux canaux du Piémont; j'acquis bientôt la certitude que cette abbaye de *Clairval*, près Milan, n'était qu'un des nombreux établissements, du même nom, que le fondateur de l'ordre de Citeaux, laissa sur son passage, dans la plupart des États d'Europe. C'est même cette circonstance qui a donné lieu au jeu de mots qui constitue cette épitaphe bizarre et bien connue :

> Claræ sunt valles, sed claris vallibus abbas
>   Clarior his clarum nomen in orbe dedit.
> Clarus avis, clarus meritis et clarus honore,
>   Clarus et ingenio, religione magis.
> Mors est clara, cinis clarus clarumque sepulcrum.
>   Clarior exultat spiritus ante Deum.

J'entre dans ce détail, parce que l'irrigation est un service tellement signalé, rendu à l'Italie septentrionale, qu'il était d'un véritable intérêt de bien mettre en lumière tout ce qui concerne les hommes à qui elle en est redevable.

Nos plus célèbres économistes modernes se sont

empressés de reconnaître qu'au point de vue de la production agricole, les associations religieuses du moyen âge avaient rendu d'importants services, à ces époques de désordre, où la civilisation antique étant détruite, la civilisation moderne ne l'avait pas encore remplacée. Ce mérite appartint surtout aux disciples de saint Bernard, qui, tout en cultivant de leurs mains les terres de la communauté, avaient voué leur intelligence à la recherche des plus hautes vérités des sciences et de la morale.

Les résultats surprenants que produisit, tout d'abord, l'emploi des eaux si riches de la Vettabia, a inspiré aux habitants de Milan la confiance nécessaire pour tenter l'entreprise du grand canal du Tessin, qui lui-même remonte à la fin du XIIe siècle.

Les XIIIe, XIVe et XVe siècles virent ouvrir les grandes dérivations de l'Adda; et le canal de la Martesana, en réunissant, dans les murs mêmes de Milan, les eaux de cette rivière à celles du Tessin, vint compléter la belle position de cette cité florissante. Dans sa première origine, elle n'était située au bord d'aucun cours d'eau; de sorte que plusieurs historiens ont reproché à ses fondateurs d'avoir manqué de prévoyance; aujourd'hui, la situation de cette capitale est préférable à celle de la plupart des villes qui sont bâties au bord d'un fleuve, car elle profite, sous tous les rapports possibles, du bienfait des eaux, sans en avoir les inconvénients.

Depuis lors, l'irrigation fut toujours prospère dans les campagnes de la Lombardie, qu'elle enrichit de jour en jour. Les divers gouvernements qui se succédèrent dans ce pays, furent constamment animés du zèle le plus grand pour les progrès de cette puissante amélioration. Le gouvernement espagnol, qui, sous d'autres rapports, n'a pas laissé, aux XVIe et XVIIe siècles, de bien bons souvenirs en Italie, fut néanmoins extrêmement favorable à l'extension des arrosages ; ce qui s'explique facilement, puisque les travaux des Maures en avaient déjà réalisé les avantages sur le sol de l'Espagne.

A cette époque on sentait déjà, dans toute l'Italie, moins le besoin de créer des irrigations nouvelles que celui de régler les irrigations existantes. Aussi, à partir de la seconde moitié du XVIe siècle, les plus grands efforts furent faits pour arriver à la connaissance des *modules*, ou régulateurs, qui sont la sauvegarde des irrrigations. Le plus remarquable de ces appareils fut le fruit précoce des premiers pas de la renaissance.

Dans la seconde moitié du XVIIIe siècle, les règnes remarquables de Marie-Thérèse et de Joseph II produisirent, en améliorations au profit de l'agriculture et de ses perfectionnements, tout ce que l'on devait en attendre. Le gouvernement français entoura d'une haute bienveillance ces intérêts si grands, et de nombreux décrets, dont l'autorité est encore invoquée, posèrent les bases d'une bonne administration des canaux de navigation et d'arrosage. Enfin le gouvernement actuel, animé des mêmes intentions, se montre jaloux de stimuler, autant que possible, cette féconde source de richesses, tout en maintenant l'impôt foncier sur des bases extrêmement modérées.

CHAPITRE DIXIÈME.

GRAND CANAL DU TESSIN.

Dérivé, vers la fin du XIIe siècle, de la rive gauche de cette rivière, à Tornavento; ayant 5o kil. de longueur sur 3o^{m.} de largeur moyenne, et portant 1.075 onces d'eau, dans les provinces de Milan et de Pavie.—Canal d'arrosage et de navigation.

Historique. —Les statuts et coutumes du Milanais, réunis pour la première fois en un seul code, en 1216, sont le plus ancien document qui fasse mention de ce canal, dont la construction remonte aux années 1177, 1178 et 1179, époque où les principales villes de l'Italie formaient, sous la protection de l'empereur d'Allemagne, de petits états indépendants. Ainsi que cela se remarque pour la plupart des grandes créations architecturales du moyen âge, on n'a conservé les noms ni de ceux qui conçurent le plan de cette vaste entreprise, dont il n'existait jusqu'alors aucun exemple, ni des ingénieurs qui exécutèrent et amenèrent à fin, en si peu de temps, un ouvrage hydraulique de cette importance. Dans l'origine, ce canal n'était destiné qu'au seul usage de l'irrigation. Il portait alors le nom de *Ticinello*, petit Tessin, qui ne s'applique plus aujourd'hui qu'à deux de ses dérivations secondaires. Plus tard, il fut adapté à la navigation, et prit, vers 1447, le nom de *Naviglio-Grande*, qu'il porte encore actuellement. Cette dénomination lui fut donnée, surtout pour le distinguer du canal de la Martesana, qui venait d'être ouvert, sous le duc de Milan, François Ier Sforce, et qui, peu de temps après, fut réuni au canal intérieur de la ville.

Le canal actuel du Tessin n'est pas la première grande dérivation qui ait été exécutée, ou du moins tentée, sur cette rivière. Il paraît que dès l'année 1037, un canal de navigation mettait en communication Milan avec le Pô et lui facilitait un commerce étendu au delà des mers. En outre, il existe encore aujourd'hui, dans le lit du Tessin, en amont de la prise d'eau actuelle du grand canal, des files de pieux, vestiges d'un ancien barrage qui dut servir très-anciennement à l'établissement d'une autre dérivation, dont on voit d'ailleurs des traces très-reconnaissables dans la campagne. L'ancien canal de Milan au Pô, fut probablement détruit pendant les guerres du moyen âge. Quant à celui qui paraît avoir été plus anciennement dérivé du Tessin, quelques ingénieurs pensent qu'il fut abandonné comme impraticable, par suite de la nature du sol. En effet, toute la vallée en amont de la prise d'eau de Tornavento n'est presque entièrement formée que de galets et de graviers, à peine recouverts de terre végétale; ce qui constitue un sol entièrement perméable, dans lequel on ne pourrait maintenir l'eau sans des dépenses énormes. La dérivation actuelle devrait être regardée, d'après cela, comme la plus élevée qui puisse exister sur le Tessin.

Dans le cours du XIII⁰ siècle, la ville de Milan fit exécuter les ouvrages nécessaires pour rendre navigable ce canal, et pour lui faire porter un plus grand volume d'eau, destiné à l'accroissement des irrigations.

A diverses époques les crues extraordinaires du lac et du Tessin lui causèrent de grands préjudices. Au milieu même des travaux de son premier établissement, la crue mémorable de 1178 vint mettre en question le succès de l'entreprise. Cette crue, la plus grande qui, de mémoire d'homme, ait eu lieu dans le pays, s'éleva, au dire des historiens, de 18 brasses, ou de 10^{m},80 au-dessus du niveau des basses eaux. Si les ouvrages en lit de rivière avaient été déjà établis, nul doute qu'ils n'eussent été emportés. Depuis cette époque, la plus forte crue fut celle du mois de novembre 1705 ; les eaux s'élevèrent à une hauteur de 6^{m},55 ; et comme le Tessin fait beaucoup de sinuosités aux abords de Tornavento, il changea de lit, à une assez grande distance en amont de l'embouchure du canal, ce qui semblait devoir rendre à jamais inutiles les ouvrages considérables déjà faits sur ce point. En effet, l'ensablement de l'ancien lit, l'accumulation énorme des cailloux et galets, entraînés par les eaux, le barrage rompu, les déchargeoirs et autres ouvrages d'art en partie détruits, les digues affouillées ; tout, en

un mot, faisait désespérer de pouvoir jamais réparer
un tel désastre. Au lieu d'être découragés, les magistrats et les commissaires, délégués en cette circonstance, s'occupèrent immédiatement d'y porter
remède. On fit rédiger à la hâte les devis des différentes réparations, qui furent estimées plus de
3oo.ooo livres, somme qui, il y a un siècle et
demi, valait plus d'un million de notre monnaie.
Comme il y avait urgence, et qu'un petit gouvernement ne pouvait fournir de suite à une aussi forte
dépense imprévue, elle fut réalisée en partie, au
moyen d'une taxe additionnelle sur les usagers des
autres canaux du Milanais. Cette taxe se composait :
1° de l'augmentation des trois quarts en sus du droit
ordinaire de navigation ; 2° d'une contribution de
1oo livres par once d'eau dérivée, soit pour l'irrigation, soit pour les usines. La saison des basses eaux,
qui ici ont toujours lieu en hiver, favorisa les travaux. On mit donc immédiatement la main à l'œuvre
pour cette grande opération, à laquelle plus de 4.ooo
ouvriers furent employés à la fois. Les ingénieurs
et les commissaires du gouvernement restaient eux-
mêmes au milieu des travailleurs, sans les quitter un
seul instant ; de sorte qu'à l'aide de tant d'efforts,
les travaux furent promptement terminés ; ce qui
permit de rendre les eaux à leur double destination
dès l'époque ordinaire de l'ouverture des arrosages
au commencement du printemps.

En 1755 et en 1787, deux autres crues extraordinaires du lac et du Tessin faillirent renouveler les mêmes bouleversements, dont le souvenir était encore si récent ; mais heureusement ces crues ne causèrent que de médiocres dégradations sur les ouvrages de la prise d'eau, et l'on en fut quitte pour quelques travaux peu considérables ; mais de grandes précautions furent prises, en même temps, dans la prévision des crues subséquentes. A l'aide de ces sages mesures et des travaux annuels d'entretien, les grandes crues, qui arrivèrent principalement dans les années 1789, 1792, 1810, 1823, 1829, 1834 et 1842, n'occasionnèrent plus que des dégâts minimes. Au contraire les guerres du XVIIIe siècle, qui n'épargnèrent pas le Milanais, entraînèrent, pour ces mêmes ouvrages, de nouveaux désastres et des réparations très-coûteuses.

Le Tessin, qui forme frontière entre les États Sardes et le royaume Lombard-Vénitien fournit, sur la rive droite, deux dérivations assez considérables au premier de ces territoires ; mais d'après un traité passé, le 4 octobre 1751, entre les deux États, relativement à la libre navigation sur cette rivière, tout y est subordonné à l'alimentation du Naviglio-Grande, qui constitue, pour le Milanais, des droits préexistants.

Modellation. — L'invention de l'ingénieux régulateur qui constitue le module milanais et l'application immédiate de ce système aux bouches du grand canal, font époque dans les annales du pays.

La description de ce module, regardé, avec raison, comme le plus parfait de tous ceux qui ont été employés jusqu'à présent, se trouve dans le chapitre spécial consacré à cet objet. Le peu de mots que je vais en dire, dans ce paragraphe, portent principalement sur son histoire, c'est-à-dire sur les difficultés qui se rattachèrent à son établissement, qui avait pour but de substituer l'ordre aux abus. Les détails qui suivent sont, en partie, extraits de l'ouvrage de M. Bruschetti.

Parmi les anciennes bouches du Naviglio-Grande, aucune n'était pourvue de régulateur, ou du moins ceux qui étaient censés exister, n'offraient pas de garanties; car la fixation des hauteurs et largeurs des orifices de prise d'eau était la seule limitation apportée à leur débit. De grands et nombreux abus étaient donc la conséquence d'un tel état de choses. Les magistrats de Milan, pénétrés, de plus en plus, de la nécessité d'y porter remède, et de parvenir enfin au degré désirable d'exactitude dans la distribution des eaux d'irrigation, se déterminèrent, en 1570, à mettre enfin un terme au préjudice dont on se plaignait en vain depuis près de quatre siècles, et qui devenait intolérable, attendu que les prises d'eau abusives faites sur ce vaste canal avaient fini par rendre sa navigation impossible. Ces magistrats appelèrent donc le concours et les lumières des ingénieurs sur cette grave question, à l'effet de proposer un mode de distribution des eaux , préférable à ceux qui étaient usités jusqu'alors , et destiné surtout à maintenir en état de navigation le canal du Tessin , par la cessation des abus qui s'y étaient multipliés , en dernier lieu , d'une manière scandaleuse.

Jacques Soldati, ingénieur milanais, se présenta, et dit que tant que l'on n'aurait pas assujetti les bouches à avoir toutes une même hauteur , et , de plus , une même pression ou charge d'eau sur leur paroi supérieure , aucune précision n'aurait lieu dans leur débit ; qu'au contraire ces deux conditions remplies , il suffirait de combiner , une fois pour toutes, la dépense légale des bouches avec le niveau d'eau nécessaire dans le canal, pour que ce dernier niveau n'éprouvât plus de variations. Le même ingénieur s'engageait , en même temps , à obtenir cet important résultat , au moyen d'un appareil de son invention , que sa grande simplicité rendait tout à fait usuel. Il ajoutait que, pour assurer définitivement la liberté de la navigation il faudrait, outre l'emploi du régulateur invariable qu'il proposait, consolider le fond, ainsi que les remblais du canal, sujets à de grandes filtrations, notamment aux abords de Milan, et accroître, dans une certaine proportion , le volume d'eau dérivé du Tessin, ce qui était facilement praticable.

Les vues si nettement exprimées par cet ingénieur étant complétement approuvées par les magistrats, il reçut d'eux la mission de visiter, dès le commencement du printemps de l'année 1572, toute la ligne du Naviglio-Grande, afin de faire son rapport sur les moyens de mettre promptement à exécution les procédés par lui proposés. Aussitôt après cette formalité remplie, l'administration publia un règlement qui rendait obligatoire, à tous les usagers du canal, la modellation des bouches, d'après la méthode de Soldati, ayant pour but d'assurer, dans toute circonstance, l'égalité de pression au-dessus des orifices. C'est par suite de cette sanction, que furent adoptées les dénominations, encore souvent usitées aujourd'hui, de module magistral, et d'once magistrale de Milan.

D'après les prescriptions de l'autorité compétente, la réforme des anciennes bouches du Naviglio-Grande s'opéra donc peu à peu, dans le nouveau système, aux frais des usagers respectifs, et d'abord sans trop d'opposition de leur part. Mais il est bien rare que l'auteur d'une découverte sortant de la ligne commune poursuive paisiblement ses travaux sans se voir susciter une foule d'obstacles et de difficultés. C'est ce qui arriva à l'ingénieur chargé de l'importante mission dont il s'agit ; il éprouva de la part de ses collègues, non-seulement de l'envie, mais d'ardentes inimitiés, trouvant facilement de l'écho dans le grand nombre de mécontents qui se prétendaient lésés par suite des réductions légales que l'on avait eu pour but d'obtenir, et dont il assumait toute la responsabilité, en se chargeant lui-même de diriger l'application de son système. En réponse aux objections qu'on lui adressait, Soldati signala, en 1572, l'expérience bien authentique des premières modellations faites sur plusieurs bouches, dont le produit, notoirement le même que l'ancien, dans son état normal, était seulement à l'abri des variations et altérations frauduleuses qu'auparavant ou pouvait y apporter sans obstacle. Il suppliait en même temps les magistrats de lui faire connaître exactement toutes les observations qui seraient produites contre l'appareil de son invention, afin qu'il pût les réfuter, et faire ressortir, envers et contre tous, la bonté de sa méthode.

Les intérêts privés une fois déchaînés contre ce réformateur, on ne lui laissa plus de trêve. Il devint l'objet d'injures et de vexations de tout genre; et les choses en vinrent à tel point, qu'en mars 1573, Soldati se vit obligé de recourir à l'autorité publique pour pouvoir persister dans sa courageuse entreprise. Il demanda donc des instructions nouvelles, ne pouvant laisser aucun doute sur la nature de sa mission, et lui donnant, au besoin, la faculté de réclamer la force publique, pour l'exécuter. L'administration s'empressa d'acquiescer à son désir, et en le félicitant sur son zèle, elle lui adjoignit d'autres ingénieurs, et des employés capables de le seconder, tant dans l'établissement des nouveaux modules régulateurs, que dans la surveillance de ceux qui étaient déjà en activité. C'est ainsi que l'ingénieur

Lonati s'est trouvé associé aux fatigues et à la gloire de cette grande entreprise. Avec le secours et l'appui de l'autorité publique, les travaux recommencèrent à marcher avec assez d'activité. Dans un rapport du 28 mai 1573, les deux ingénieurs constatèrent les améliorations obtenues, et quoique la modellation n'eût encore atteint qu'à peine la moitié des bouches du canal, l'économie obtenue sur la dépense de l'eau s'élevait déjà à plus de 100 onces, qui garantissaient le maintien de la navigation, en permettant l'établissement de nouvelles irrigations.

A cette époque de l'opération, un autre ingénieur, nommé Sitoni, vint encore en entraver le cours, en élevant des doutes sur l'exactitude de la méthode appliquée par Soldati : celui-ci fit mander ce nouvel adversaire devant les magistrats, qui lui enjoignirent d'assister à une visite contradictoire des bouches, déjà réglées d'après cette méthode, et de signaler, par écrit, les erreurs qu'il pourrait constater. On nomma une commission, composée de personnes notables et des ingénieurs les plus célèbres du temps, pour procéder à cette expérience, et pour donner leur avis sur le mérite du nouveau module de distribution des eaux. L'avis de cette commission ne se fit pas attendre; elle proclama les avantages incontestables de ce nouveau mode, en décernant à son auteur tous les éloges qu'il méritait. Néanmoins, comme l'ingénieur Sitoni persis-

tait dans ses allégations, Soldati, d'après un usage
bien en rapport avec les mœurs naïves de cette époque, adressa à cet adversaire une provocation publique, « afin que, dans un délai de trente jours il eût à
prouver par écrit tout ce qu'il avait avancé à son préjudice, touchant la modellation des bouches du grand
canal, sous peine d'être signalé, à la face du pays,
comme un de ces hommes qui, par orgueil, ignorance
ou malice, se plaisent à attaquer la réputation d'au-
trui; s'offrant d'ailleurs de disputer publiquement
contre lui, sur les huit sciences qui constituent le
bon architecte (1). »

Soldati sortit encore victorieux de cette épreuve
de la science, en combat singulier ; mais l'effet le
plus fâcheux ne fut pas moins produit, par cette
nouvelle attaque d'un ingénieur qui jouissait d'une
certaine réputation. Les oppositions se réveillèrent
plus actives que jamais ; et à mesure que l'entreprise
de la modellation s'approchait de son terme, les
résistances devenaient de plus en plus nombreuses,
de plus en plus violentes. Les principales des bouches restant à régler, appartenaient à de grands pro-
propriétaires, à de puissantes corporations qui,
dans cette circonstance, luttaient ouvertement contre l'autorité publique; et Soldati était seul en butte à

---

(1) Ces huit sciences étaient, selon Vitruve, l'écriture, le dessin,
l'arithmétique, la géométrie, l'optique, la physique, la mécanique
et l'hydraulique.

leurs attaques ; des voies de fait, des menaces de mort, l'accueillaient journellement dans l'exercice de sa pénible tâche ; peut-être y eût-il succombé avant de pouvoir l'accomplir ; mais les vicissitudes de ces temps agités, la mort des plus zélés des magistrats, et surtout l'invasion de la terrible peste de 1576, qui transforma Milan en un vaste cimetière, firent suspendre cette grande opération. Elle ne fut jamais entièrement terminée, notamment sur les parties du canal les plus voisines de la ville.

Une dernière circonstance montre combien il faut de dévouement à ceux qui, même pour un but légitime d'utilité publique, sont dans le cas de léser des intérêts privés. Soldati, après avoir, pour un très-modique salaire, rempli avec persévérance la mission qui lui avait été confiée ; après avoir été, pendant plusieurs années, abreuvé d'injures et d'outrages, se vit obligé, en 1578, après la cessation de ses travaux, d'accepter de l'administration une modeste pension de neuf livres par jour, motivée sur la perte totale de sa clientèle, comme ingénieur hydraulicien ; attendu que la tâche qu'il avait courageusement entreprise, l'avait rendu odieux au plus grand nombre des usagers des eaux d'irrigation.

Il fut donc un de ces hommes convaincus et persévérants, qui, une fois pénétrés d'une idée utile et grande, savent la faire triompher, en dépit des entraves que l'intérêt, l'ignorance ou l'envie, ne manquent jamais de dresser sur leurs pas.

Ce récit était utile, d'abord en considération de l'intérêt qui lui est propre ; en second lieu, parce que, à un moindre degré peut-être, des difficultés analogues se sont renouvelées lors de la modellation successive des bouches des autres canaux du Milanais, dans ce même système, à l'article desquels je ne parle plus que très-sommairement de cet objet ; ces détails servent encore à montrer combien est grande l'importance que l'on a toujours attachée aux arrosages, et combien est complète la limitation obtenue à l'aide du module milanais ; car si ce régulateur eût été moins exact, s'il se fût prêté à la continuation des anciens abus, les intéressés, menacés de réduction, n'eussent pas opposé une aussi vive résistance.

Description et tracé. — Le Naviglio-Grande s'étend sur une longueur de 49.980^{m}·, depuis son origine, sur la rive gauche du Tessin, à Tornavento, près Lonate, jusqu'à la nouvelle darse, où il aboutit, sous les murs de Milan. De sa naissance jusqu'à Buffalora, sur une longueur de 21 kil., il suit la vallée du Tessin, en passant par Turbigo, Peregnagno, Castelleto et Bernate. Dans cette partie de son cours, il est presque toujours sinueux, par suite des inégalités du terrain. Pendant environ 12 autres kilomètres, il se trouve placé à mi-côte et soutenu par des digues. Ensuite il abandonne, à Buffalora, la vallée proprement dite, pour entrer dans la plaine où il suit une direction plus rectiligne. Il passe ainsi par Robecco, Castelletto, côtoie la grande route de Vigevano, et arrive à Milan en traversant les territoires de Gaggiano, Trezzano, Corsico et St-Christophe. De Buffalora à Robecco, le lit du canal se trouve assez profondément encaissé dans les terres ; ensuite cette profondeur diminue jusqu'à Castelleto où il se trouve à peu près au niveau du terrain naturel. Enfin de là à Milan, il est tantôt en déblai tantôt en remblai, mais avec des terrassements peu considérables. On doit comprendre dans son parcours le prolongement qui va jusqu'à l'écluse de Viarenna, où il se trouve en communication avec le canal intérieur. Quelque temps après l'achèvement de ce canal, on établit, à peu de distance de Milan, les deux grands déchargeoirs de St-Christophe et de Binasco, afin de se prémunir, aussi complétement que possible, des crues redoutables du Tessin. Le premier de ces déchargeoirs donne naissance au Lambro méridional, rivière artificielle qui coule aujourd'hui dans l'ancien lit qu'occupait la rivière d'Olone, avant d'avoir été rectifiée aux abords de Milan. Le deuxième déchargeoir, placé entre Abiategrasso et Binasco, donne naissance à une rivière, ou canal, qui a seul conservé le nom de *Ticinello*. Tout en ayant pour principal but de recevoir le trop plein du naviglio, ils servent l'un et l'autre à l'irrigation des terres qui les avoisinent.

22

La longueur de 49.980^m, indiquée plus haut, se subdivise ainsi :

Sur la province de Milan . . . .   15.183^m
Sur celle de Pavie 23.677
Sur celle de Milan. 11.120

Total . .   49.980^m

Sur la première partie, le canal a toutes les apparences d'une grande rivière naturelle. Ses sinuosités, considérables et arrondies ; ses largeurs variables, depuis 22^m jusqu'à 50^m ; ses profondeurs qui vont de 1^m,30 à 4^m ; ses pentes qui varient depuis 0^m,72 jusqu'à 1^m,55 par kilomètre, sont autant de caractères extérieurs qui pourraient faire quelque jour révoquer en doute l'intervention du travail de l'homme dans l'existence de ce vaste cours d'eau. Mais on conçoit qu'étant établi sans barrages ni écluses, ce n'est qu'à l'aide de grands développements que l'on pouvait y modérer la vitesse de l'eau, qui y est encore restée très-considérable.

La seconde partie du trajet, qui a lieu sur la province de Pavie, présente de moins grandes inégalités. Néanmoins, les largeurs varient de 18^m à 24^m ; les profondeurs de 1^m,10 à 2^m,70 ; les pentes de 0^m,20 à 1^m,16 par kil. Enfin, sur la troisième et dernière partie du même canal, celle qui aboutit à Milan, les largeurs ne varient plus qu'entre 12^m et 18^m ; et les profondeurs qu'entre 1^m.25 et 2^m,55. Une pente moyenne de 0^m,55 par kil. y correspond à une vitesse à la surface, de 0^m,23 par seconde. La pente totale du canal étant de 34^m pour une longueur de 50 kil., il en résulte une moyenne de 0^m,68 par kilom. ou de $\frac{1}{1470}$; pente qui, lors même qu'elle ne serait pas distribuée très-irrégulièrement, est près du double de celle qu'il est convenable d'adopter pour les canaux destinés, à la fois, aux arrosages et à la navigation, surtout avec des eaux aussi claires que celle du Tessin.

Principaux ouvrages d'art. — Le premier, comme le plus remarquable de ces ouvrages, est, sans contredit, le grand barrage ou écluse de prise d'eau, dite la *Paladella*, qui traverse obliquement presque toute la largeur du Tessin (Pl. VI), laissant seulement, sur la rive droite, une ouverture de 65^m de largeur, qu'on appelle la *Bouche-de-Pavie*.

La longueur du barrage est de 280^m, et sa largeur varie de 9^m,50 à 17^m,80; à l'exception, toutefois, des 37^m formant à son extrémité une sorte d'appendice qui ne présente qu'une largeur de 2^m,40. Le système de sa construction est mixte. Les enrochements, les bétonages, et diverses natures de maçonneries y sont habilement combinés. Des files de pieux jointifs maintiennent généralement le pied des enrochements. Le corps du barrage, formé d'une maçonnerie de briques entremêlée de massifs de béton, est recouvert de dalles ou libages de très-fortes dimensions.

Les talus sont revêtus d'une manière analogue tant du côté de la rivière que du côté du canal. Sur la rive lombarde, l'extrémité de ce grand barrage se termine à un mur de jouée en maçonnerie de briques surmonté par un glacis en libages et cailloux ; sur la rive piémontaise, l'autre extrémité, qui aboutit à la Bouche-de-Pavie, est défendue par un enrochement à pierres perdues qui forme un massif continu tant sur le fond de ce pertuis que sur la berge de la rive droite. En 1819 des avaries considérables exigèrent la reconstruction de l'extrémité du barrage sur 36^m de longueur, du côté du Milanais ; plus récemment encore, il fallut renouveler les revêtements sur 43^m. A ces deux réparations près, tout le reste de ce barrage s'est maintenu dans l'état où il fut rétabli, lors de la dernière grande crue du lac et du Tessin, dont j'ai parlé dans le chapitre qui précède. La bonne direction, la nature et le mode d'emploi des matériaux, et surtout les nouveaux déchargeoirs construits postérieurement à son établissement, semblent devoir garantir indéfiniment cette grande construction, dont la ruine serait désastreuse pour le pays.

Les autres ouvrages d'art principaux du grand canal sont les suivants :

2° Six grands déversoirs, ayant généralement leurs glacis solidement construits en blocs et libages, avec ou sans ciment ; les jouées sont formées ou par des murs en maçonnerie, ou seulement par des files de pieux soutenant, à chaque extrémité, les terres de la berge ; tous, à l'exception du premier sont surmontés d'une passerelle en bois, contre les montants de laquelle s'appuie, dans les eaux basses, un batardeau en fascines, destiné à empêcher celles-ci de sortir du canal.

3° Douze déchargeoirs, ayant ensemble 185 vannes de fond, o^m,87 à o^m,88 de largeur; leur manœuvre s'effectue au moyen d'une crémaillère fixée à la queue de chaque vanne (Pl. VIII), et d'un levier en fer qui reste entre les mains du camparo ou préposé chargé de cette manœuvre. La construction de ces déchargeoirs n'a rien de particulier ; ils se composent, comme tous les empèlements, d'un seuil en maçonnerie, et quelquefois en bois de chêne, de jouées, potilles, chapeaux et vannes de fond. Les canaux de fuite ou de décharge étant une dépendance essentielle du canal principal, sont comme lui placés dans le domaine public. Leurs eaux sont également utilisées, soit pour l'irrigation, soit pour des usines.

4° Il existe sur toute la longueur du canal, dix ponts dont quatre se trouvent aux abords de Milan.

5° Les aqueducs ou siphons pour le passage des eaux privées, n'y sont qu'au nombre de trois, ce qui s'explique par la grande ancienneté de son origine, puisqu'il a précédé, dans le Milanais, presque tous les autres canaux qui y existent aujourd'hui.

6° On compte, en outre, sur la ligne de Naviglio-

Grande, sept maisons ou magasins appartenant au gouvernement; les uns sont destinés au dépôt de certains matériaux, outils et appareils d'un usage fréquent; les autres servent au logement des employés et des ingénieurs en tournée, ainsi qu'à celui des autres fonctionnaires, qui prennent part, dans l'intérêt du trésor, à la surveillance de ce canal.

7° Parmi les ouvrages d'art d'une utilité spéciale, on ne doit point oublier les hydromètres, qui sont au nombre de huit. Les anciens sont formés de tiges ou plaques de fer scellées dans une forte dalle, et graduées en mesures milanaises. Dans les nouveaux hydromètres, l'échelle de graduation est tracée sur une plaque de marbre blanc, enchâssée dans un pilier de granit, matériaux l'un et l'autre très-communs dans la localité. Ce sont des guides indispensables pour mettre les préposés à même de bien régler la hauteur et la distribution des eaux, ce qui est pour eux une occupation continuelle.

8° Le fond du canal est généralement établi sur le terrain naturel; néanmoins, du pont de Castelletto à celui de Mantegna, il existe 96 portions de radier, ou pavé en cailloutages, destiné à prévenir les corrosions; et, en aval de ce dernier pont, le fond est entièrement recouvert d'un semblable radier. Les revêtements, pour la défense des berges, sont construits, soit à sec, soit à mortier, en blocs ou dalles, briques ou cailloux; leur longueur totale,

sur les deux rives, est de 62.113_m. Devant ces revêtements ou perrés, il existe des files de pieux,
avec ou sans moises horizontales, pour les préserver
du choc des bateaux, et pour les consolider contre
la poussée des terres. Lorsque je visitai ces travaux,
dans l'automne de 1841, l'administration proposait
d'en augmenter la longueur d'à peu près 2.000^m·
dans divers endroits où les berges laissées à nu
avaient à souffrir, tant par le fait des eaux que par
celui de la navigation.

Surveillance, entretien et curages. — Outre les
ingénieurs et employés secondaires faisant des
tournées sur le canal, il est affecté, à sa surveillance
permanente, six gardes dont les fonctions sont
analogues à celles des mêmes agents sur les canaux
de navigation. Ils ont, de plus, la surveillance et la
police immédiate des bouches de prise d'eau, et
doivent veiller à ce qu'il n'y soit apporté, par les
usagers, ni par qui que ce soit, aucun changement
pouvant en altérer le débit. Le premier et le dernier
garde sont particulièrement chargés de veiller à ce
qu'aucun des bateaux qui entrent dans le canal,
soit en descendant, soit en remontant, n'excè-
dent les dimensions prescrites, savoir : 0^m·,75 de
tirant d'eau, 4^m·,75 de largeur et 1^m·,20 de hauteur
pour le chargement. Le premier garde règle, en
outre, d'après l'inspection des hydromètres et la
manœuvre des déchargeoirs, l'introduction du volume d'eau constant qui doit alimenter le canal. Les

fonctions de ce garde n° 1 étant les plus importantes, la longueur de sa section n'est que de
3.300ᵐ·, tandis qu'elle est de 7 à 8 kilom. pour les
cinq autres.

Les dépenses d'entretien et de réparations ordinaires du canal, y compris les ouvrages d'art, et notamment ceux de la prise d'eau, sont affermées par
baux de 9 ans. Le montant du bail courant, qui
doit finir en 1844, est de 52.900 livres ou de
40.733ᶠʳ·.

Quant aux curages, on pourrait croire que le Naviglio-Grande doit en être à peu près exempt. Car
à la vue de ces eaux si limpides qui, provenant des
neiges des Alpes, sont encore épurées par leur séjour dans le lac Majeur, comment présumer qu'elles
forment des dépôts et atterrissements dans un lit où
elles coulent généralement avec beaucoup de vitesse?
C'est cependant ce qui a lieu ; et la coûteuse opération du curage se renouvelle deux fois chaque année.
Le principal chômage, qui a lieu au printemps,
dure environ un mois ; le plus court a lieu en automne et ne dure que huit jours. Il est vrai de dire
que le faucardement des herbages qui tendent à
encombrer rapidement le lit du canal, contribue à
la nécessité de ces chômages, au moins autant
que l'enlèvement des graviers et du limon qui s'y
amassent. Ces dépôts se forment néanmoins avec assez d'abondance, et surtout d'une manière irrégulière
sur certains points. Mais aussi toutes les eaux du

Naviglio-Grande ne viennent pas du lac Majeur : l'introduction de celle de l'Olone, qu'il reçoit à son extrémité inférieure, sous les murs de Milan, est la principale cause des grands envasements auxquels il est exposé et qui lui sont extrêmement nuisibles. A diverses reprises on s'est occupé sérieusement de remédier à un si grand inconvénient, en dirigeant cette rivière torrentielle sous le Grand-Canal, pour la faire aboutir directement dans quelqu'un de ses canaux de décharge; mais ce changement, qui serait très-coûteux, rencontrerait en outre une foule d'oppositions, aujourd'hui que toutes les eaux sont utilisées dans leur situation actuelle, aux abords de Milan.

Lors des travaux de curage et de faucardement qui s'exécutent pendant la mise à sec du Naviglio-Grande, aux époques que je viens d'indiquer, il doit être entièrement évacué par les bateaux, pour lesquels des darses, bassins, ou autres espaces convenables, sont réservés à cet effet.

La mise à sec, par le détournement des eaux, s'effectue au moyen d'un batardeau, ou barrage temporaire, formé de chevalets, pieux, fascines et toiles, représenté Pl. XXVI, et sur la construction duquel je donne, dans le t. II, les détails nécessaires. Ordinairement le batardeau s'établit à Nonate, où il n'occupe qu'une petite largeur; mais de temps en temps il est nécessaire de le construire à l'embouchure même du canal, où il devient très-coûteux. Cette mise à sec générale a dû avoir lieu en 1842.

En 1780, pour la conservation des pentes du canal aux époques des curages, on y avait établi, de distance en distance, des repères qui consistaient en pieux de chêne, avec frettes et sabots en fer, battus au mouton, jusqu'au niveau du fond ; mais ces pieux, qui n'étaient pas d'un usage commode pour cette destination, ont été en grande partie remplacés par des seuils en pierre qui remplissent bien mieux leur but.

Portée d'eau, irrigations, prix de l'arrosage, etc.—La portée d'eau du Grand-Canal, mesurée en onces milanaises, sur le débit des bouches qui sont en grande partie réglées, est, selon la dernière statistique de l'administration, de 1.075 onces ; mais ce volume d'eau comprend 104 onces destinées pour le canal de Berguardo, et 142 onces pour celui de Pavie ; restent donc 829 onces qui sont distribuées entre les bouches du Naviglio-Grande pour le service des irrigations et pour quelques usines.

Un jaugeage direct du canal fut fait vers son origine, à Tornavento, les eaux étant à leur niveau normal ; cette opération donna un produit équivalent à 1.234 onces, au lieu de 1.075 qui sont effectivement dépensées par les bouches : il y aurait donc, d'après cela, une différence de 159 onces ou de 7^{m} par seconde, qui doit être attribuée à l'évaporation, aux filtrations et autres pertes d'eau, mais aussi à un excédant de débit de plusieurs bouches qui sont restées sans régulateur. Un autre jaugeage direct a donné pour résultat 1.182 onces, ce qui diffère moins du débit effectif.

Dans les années où les basses eaux, qui ont toujours lieu en hiver, se prolongent trop avant dans le printemps, c'est-à-dire, au delà de l'ouverture des irrigations d'été, on est dans l'usage d'établir sur le glacis du grand barrage de la Paladella, une hausse mobile destinée à parer à cet inconvénient. Cette hausse régulatrice règne, soit sur une partie, soit sur la totalité de sa longueur; on l'enlève aussitôt que les eaux ont repris leur niveau moyen, ce qui arrive ordinairement, au plus tard, avec les fontes de neige de la fin d'avril, mais on a vu les basses eaux se prolonger jusque dans le mois de mai. En 1812, l'exhaussement temporaire a été maintenu jusqu'au 19 de ce même mois. En 1821, les basses eaux commencèrent au 10 septembre et se maintinrent sans interruption pendant cinq mois consécutifs, jusqu'au 11 février suivant; période pendant laquelle la pénurie fut si grande pour les irrigations d'hiver, qu'elle exigea non-seulement la présence de la rehausse sur toute la longueur de la Paladella, mais encore la fermeture complète de la Bouche-de-Pavie, moyen extraordinaire auquel on n'avait eu recours qu'une fois, en 1817. Un inconvénient plus grand encore eut lieu dans l'été de 1822, non plus par le même motif, mais par l'absence de la crue régulière des eaux d'été; car à l'époque où cette crue devait atteindre son maximum, on n'eut, pour le service des irrigations, si abondantes en cette saison, qu'une eau moyenne, de beaucoup insuffisante, ce qui causa un préjudice notable à l'agriculture; c'est, du reste, le seul cas qu'on puisse citer de ce phénomène.

D'après une vérification des bouches du Grand-Canal, faite en 1694 par l'ingénieur Pessina, leur débit total fut évalué, à cette époque, à 794 onces. La vérification faite en 1785 par l'ingénieur Ferrari, donna pour résultat 844 onces, mais divers changements faits pour augmenter la portée d'eau du canal, notamment en faveur de l'ouverture de celui de Pavie, ont modifié cet ancien état de choses. Actuellement le nombre des bouches du Naviglio-Grande est de 120, dont 116 sur la rive droite et 4 sur la rive gauche. La première est la Bocca-Ceriana, de 1 once ⅓; la dernière est formée par le déchargeoir du *Résidu*, sous les murs de Milan. Il est composé de 10 vannes de 0^m,87 de largeur, dont l'une sert à la dérivation de trente-deux onces continues, qui forment la portée d'eau du canal de ce nom. En mettant à part les grandes bouches alimentaires des canaux de *Bereguardo* et de *Pavie*, dont la dotation est mentionnée ci-dessus, les plus grandes bouches du Naviglio-Grande sont : celle du Ticinello, de 36 onces continues, la Bocca-Bernate de 31 onces, la Bocca-

Visconti de 24 onces, etc. Parmi les plus petites, on peut citer les Bocchetti Calvi et Corona, de chacune une once d'eau d'été, etc. La portée moyenne de toutes ces bouches est de 7 à 8 onces; il y en a 22, qui sont assujetties à rendre les colatures dans le canal.

Il n'y a plus d'eau disponible sur le Naviglio, car les irrigations d'été absorbent toute celle qu'il peut distribuer en cette saison, et depuis la construction du canal de Pavie, les 60 à 70 onces qui y restaient disponibles en hiver, sont maintenant utilisées sur ce dernier canal.

Les 829 onces d'eau du Naviglio-Grande, subviennent en été à l'irrigation de 31.500 hectares de terres cultivées en prairies perpétuelles et à rotation; ce qui représente sensiblement 38 hectares par once. En hiver, il distribue environ 660 onces, qui entretiennent 660 hectares de *marcite*.

Outre les irrigations, qui s'étendent à de grandes distances du canal, dans les provinces de Milan et de Pavie, les mêmes eaux mettent encore en mouvement 160 tournants de moulins à blé et une vingtaine d'autres usines. Le prix comme la valeur de l'eau du Grand-Canal ont toujours été à un taux plus élevé dans la partie voisine de Milan, que dans sa partie supérieure. Avant 1787, les prix, pour la location de l'eau d'été, variaient ainsi qu'il suit : de l'origine du canal à Buffalora, 300 livres milanaises; de là au pont de Venezia, 400; de là à Milan, 45o livres. En 1787, une demande considérable fit monter ces redevances aux chiffres suivants : de l'origine du canal à Castelletto, 5oo liv. mil. ; de là à Gaggiano, 6oo liv.; de là à Milan, 7oo et ensuite 8oo liv., ou 616 fr.

Ces prix résultent aujourd'hui d'un décret du vice-roi, en date du 21 novembre 1822, établissant, ainsi qu'il suit, d'une manière uniforme, les *minima* qui servent de bases aux adjudications, tant pour la vente que pour la location des eaux, sur le Grand-Canal ainsi que sur ceux de Bereguardo et de Pavie, qui en dérivent.

	liv. mil.	francs.
Vente en capital, d'une once d'eau.	14.000	10.780^{fr}.oo
Location à perpétuité, d'une once d'eau continue.	65o	55o 5o
Id. d'une once d'eau d'été.	6oo	462 oo
Id. temporaire de l'eau d'été.	5oo	385 oo
Id. de l'eau d'hiver. .	6o	46 2o
Id. dans un rayon de 9 kil. de Milan. . .	8o	61 6o

Ces prix sont très-bas; ou, en d'autres termes, très-avantageux pour l'agriculture, attendu qu'ils reviennent aux suivants :

Pour les prairies et cultures analogues, eau con-

tinue, en rente perpétuelle, ou en capital (à un peu
plus de 4 ½ p. %), par hectare. .   .   14 fr. 47
   Id. par location annuelle. .   .   12   16
   Eau d'hiver pour les *marcite*, prix
moyen, à raison d'une once par
hectare. . . . .   70 fr. 00

Tels sont les prix régulateurs de l'eau d'irrigation
sur les trois territoires de Milan, Pavie et Lodi, qui
forment la principale région irrigable du Milanais.

Malgré le taux peu élevé de ces redevances, en
les rapprochant des quantités d'eau qui sont distribuées sur le Grand-Canal, on pourrait croire
qu'il est actuellement, pour l'État qui le possède,
l'objet d'un revenu important. Il n'en est rien ; car
pendant la longue période de près de sept siècles
écoulés depuis sa création, le nombre des concessions gratuites, dues à la munificence des divers souverains, et celui des aliénations définitives, se sont
successivement accrus ; de sorte que, comme branche du revenu public, ce produit, qui pourrait
être d'un intérèt majeur, se réduit actuellement
à la perception de quelques mille livres, provenant de la rente des plus anciennes concesssions.
Le droit de navigation est lui-même réglé sur une
base extrêmement modérée, et ne donne en conséquence au gouvernement qu'un médiocre produit.
— Voir les résumés donnés à la fin de ce volume.

CHAPITRE ONZIÈME.

CANAUX DOMANIAUX DÉRIVÉS DU NAVIGLIO-GRANDE, DANS LES PROVINCES DE MILAN ET DE PAVIE.

CANAL DE BEREGUARDO.

Ouvert au milieu du XVe siècle; ayant 17.850^{m.} de longueur sur 10^{m.} de largeur réduite, et portant 104 onces d'eau dans la province de Pavie. — Canal d'arrosage et de navigation.

Historique, description et tracé. — Les 120 bouches du Naviglio-Grande donnent naissance à un pareil nombre de canaux, qui ont généralement une grande longueur, et dont plusieurs ont une portée de 30 à 36 onces. Les deux plus considérables, qui sont l'objet de ce chapitre, appartiennent au gouvernement comme le canal principal.

Ce fut en 1457 que François Ier Sforce, duc de Milan, ordonna l'ouverture du canal de Bereguardo, qui fut consacré, dès son origine, à la navigation et à l'irrigation, et qui, à ce double titre, fut éminemment utile au territoire, jadis improductif et aujourd'hui si fertile, qui forme la rive gauche du Tessin, entre Milan et Pavie.

Dans cette même année 1457, le canal, commencé sous la direction de l'ingénieur Bertola, de Novate, fut dérivé du Naviglio-Grande, près d'Abbiategrasso, d'où il s'étend dans la direction de Pavie, jusqu'à la commune dont il porte le nom. Les travaux furent terminés vers 1462, et le canal fut mis en navigation à cette époque; mais, sous le rapport de la distribution des eaux à l'agriculture, il reçut de notables perfectionnements en 1470, époque de laquelle date véritablement son achèvement. Depuis l'ouverture du canal de Pavie, les transports par eau ont beaucoup perdu de leur importance sur celui de Bereguardo; ils s'y trouvent réduits à un petit nombre d'articles propres à la localité. Ce dernier canal est, au contraire, par sa situation favorable, d'un grand intérêt pour l'irrigation; et si celui d'où il dérive pouvait lui fournir un plus grand volume d'eau, elle trouverait immédiatement son emploi sur les terrains qui l'avoisinent. Sa dérivation a lieu sur la rive droite du Naviglio-Grande, aussitôt après le pont de Castelletto-d'Abbiategrasso, et se fait à bouche libre, c'est-à-dire au moyen d'un simple déversoir. Il suit pendant quelque temps la route de poste de Milan à Vigevano; puis, se retournant vers la gauche, il se dirige, presque en ligne droite, jusqu'à Bereguardo, où il finit. Les territoires qu'il traverse sont ceux d'Abbiategrasso, Bugo, Caselle, Morimondo, Coronate, Basiano, Besate, Motta, Visconti et Zelada; sans que cependant il rencontre dans son trajet aucun de ces dix villages, sur le finage desquels il passe. Le niveau des eaux dans le canal se trouve tantôt au-dessus, tantôt au-dessous de celui de la campagne,

23

mais cela avec des différences minimes, qui n'ont exigé que des terrassements peu considérables.

Sa longueur, depuis son embouchure à Castelletto jusqu'à Bereguardo, trajet dans lequel il est entièrement situé sur la province de Pavie, est de 18.850^m. Sa pente totale est de 23^m,80. Sur cette pente, 20^m,67 sont rachetés au moyen de onze écluses ; les 3^m,13 de pente restante sont répartis, d'une manière à peu près uniforme, sur le fond des différents biefs ; ce qui leur donne une déclivité très-faible de 0^m,17 par kilomètre, ou de $\frac{1}{5881}$. La largeur ordinaire du canal, mesurée au niveau de l'eau, est de 10^m. Sur quelques points seulement, elle va à 12 et 13^m. La hauteur d'eau, qui est plus grande en été qu'en hiver, comme cela a lieu dans le Tessin et d'où il dérive, varie de 1^m,20 à 1^m,80.

Les digues ou remblais du canal sont d'une largeur proportionnée à leur hauteur, qui est variable. Les talus, qui ont plus de deux et demi de base pour un de hauteur, sont garnis, à l'extérieur, de gazon, et à l'intérieur, dans les places menacées de dégradation, de perrés ou revêtements dont la longueur totale est de 8.751^m ; sans compter une assez grande longueur de revêtements semblables qui sont à la charge des particuliers jouissant des bouches d'irrigation. Le chemin de halage se trouve placé tantôt à droite, tantôt à gauche ; dans le voisinage du pont de Basiano, une partie de 860^m de longueur de ce chemin, sert de route communale ;

une autre partie de 150ᵐ· de longueur est entretenue aux frais des particuliers. A l'exception des radiers, établis dans l'emplacement des onze écluses ou aux abords, le fond du canal se trouve partout sur le sol naturel. Les perrés, ou revêtements des talus, sont construits, soit à sec soit à mortier de chaux et sable, en cailloux et galets, ou en maçonnerie de briques. Leur hauteur varie d'un point à un autre, suivant les circonstances locales, et suivant le plus ou moins de danger, pour ces talus, d'être dégradés par les eaux ou par le choc des bateaux.

On ne voit que très-peu d'ouvrages d'art sur ce canal. Ils se réduisent à peu près aux seules écluses de navigation, qui sont au nombre de onze; et à trois ponts, dont l'un, celui de Castelletto, n'est qu'une simple passerelle en bois. Il n'y a pas de déchargeoirs ni d'autres ouvrages régulateurs; leur construction eût été superflue, attendu que le canal alimentaire en étant suffisamment pourvu, les eaux qu'il transmet à ses dérivations ont, par elles-mêmes, la régularité nécessaire. Les cinq petites vannes de décharge qui s'y trouvent, n'ont pour but que d'assurer l'écoulement des eaux de source, pendant les chômages annuels. La maison destinée au logement des gardes, se compose en outre de magasins pour le service du canal. Un jardin et un terrain assez vaste sont annexés à cette maison, indépendamment d'autres terrains, destinés spécialement à recevoir en dépôts les produits du curage.

Pour assurer, lors de ces curages annuels, les dimensions du lit et le maintien de la section , le fond du canal est pourvu, de distance en distance, de seuils ou *caractères*, en pierre et en bois , destinés à servir de repères pour cet objet.

Pour régler le niveau et la distribution des eaux, il n'y a qu'un seul hydromètre, semblable à ceux du canal du Tessin , dont j'ai donné la description au chapitre précédent. Il est placé à l'origine même de la dérivation. On voit , par l'inspection de cet hydromètre, que quand, à la fin de l'été , les herbages commencent à encombrer le canal, on est obligé, pour le maintien de la navigation , d'y tenir l'eau à environ $0^m,07$ au-dessus de son niveau normal. Je ferai à ce sujet une observation . très - importante , relativement à l'emploi du module : c'est que, sans ce secours, une pareille ressource ne pourrait être employée, attendu que les bouches , dépourvues d'un régulateur efficace, profiteraient seules de l'exhaussement, qu'elles tendraient même à détruire sans cesse, par l'excédant de la dépense d'eau qui en résulterait pour chacune d'elles.

La surveillance journalière du canal est confiée à deux gardes : le premier a une station de 8.540^m ; celle du second est de 9.310^m.

Sur la longueur totale de 17.850^m, les 17.068 compris depuis l'embouchure jusqu'à la Bocca-Gambirona , sont entretenus aux frais de l'État. Les 782^m restants sont à la charge des usagers.

Portée d'eau, bouches, irrigations. — Le volume d'eau transmis au canal de Bereguardo par le Naviglio-Grande, est de 104 onces, ou de $4^{m.\,c.},58$ par seconde. Cette quantité n'est pas rigoureusement limitée par un module ; elle résulte simplement du passage de l'eau par des orifices convenablement disposés dans les portes d'amont de la première écluse de navigation, située à $1.520^{m.}$ en aval de l'origine du canal.

Le volume d'eau susdit se distribue d'abord entre les 12 bouches modellées qui sont placées à la partie supérieure du canal, six à droite et six à gauche : elles en absorbent ensemble 50 onces $\frac{11}{12}$.

Les 53 $\frac{1}{12}$ onces restantes sont absorbées par six vannes libres, ou bouches non modellées, qui sont situées sur la rive droite, vers la partie inférieure du canal. Ces dernières profitent, en outre, du produit de quelques sources qui sont introduites dans le Naviglio, et de celui des colatures provenant de plusieurs irrigations supérieures. La plus grande des 12 bouches modellées est la B. Zelata-Grande, de 12 onces d'été ; la plus petite, la B. Landrina, de 1 once, aussi d'été. Parmi les bouches d'été, trois seulement ont droit à l'eau continue, les neuf autres n'ont droit qu'à l'eau temporaire disponible. La portée des premières est de 28 onces $\frac{11}{12}$; la portée des autres est de 24 onces $\frac{1}{12}$; ce qui représente bien les 104 onces ou la portée totale du canal. Les bouches libres ont droit à l'eau continue, ou du moins les usagers le prétendent ainsi , en invoquant en leur faveur un titre qu'ils font remonter à 1553.

Pendant l'été, le service de la navigation sur ce canal, dont l'alimentation est très-limitée, ne pourrait se concilier avec celui de l'irrigation , si toutes les bouches restaient constamment ouvertes en même temps. D'après cela ces bouches sont assujetties, par mesure de police, à rester fermées , pendant le jour, le temps nécessaire pour assurer la manœuvre des écluses et le passage des bateaux. Lorsque ceux-ci, qui sont eux-mêmes obligés de marcher par convois, ont effectué leur passage, alors les bouches voisines , situées dans le bief qu'ils viennent de traverser, se rouvrent immédiatement ; et ainsi de suite , dans le sens de la navigation ascendante ou descendante.

L'eau d'été est entièrement distribuée en irrigations ; l'eau d'hiver ne sert que jusqu'à concurrence de 84 onces ; de sorte que , jusqu'à présent, les 18 ou 20 onces de surplus sont restées disponibles et même en partie sans emploi , attendu que les locations temporaires et éventuelles d'eau d'hiver, n'en ont pas réclamé jusqu'à présent plus de 10.

Les 104 onces d'eau qui se distribuent en été, sur le canal de Bereguardo , sont employées à l'irrigation de 3.900 hectares ; et sur 92 onces qui y sont disponibles en hiver, environ 84 servent à l'entretien d'un pareil nombre d'hectares de *marcite*, qui sont d'un grand produit. Ces irrigations ont lieu en totalité sur la province de Pavie ; les bouches réglées

le sont d'après le module milanais , à l'exception ,
toutefois , que les vannes sont dépourvues de gattello. Par une bizarrerie assez singulière , cet obstacle se remarque aux seules vannes des prises d'eau,
à bouche libre , ou dépourvues du module. Il est
vrai que les inconvénients attachés à cet état de
choses sont moins grands ici qu'ailleurs, puisque
les eaux , distribuées au canal en quantité à peu de
chose près constante , n'éprouvent que bien peu de
variations dans leur niveau normal.

CANAL DE PAVIE.

Dérivé , au commencement du XIX⁰ siècle, de l'extrémité du Naviglio-Grande, sous les murs de Milan ; ayant 33.330ᵐ· de longueur
sur 11ᵐ· de largeur ; portant 142 onces en été, et 200 onces en hiver, dans les provinces de Milan et de Pavie.— Canal d'arrosage
et de navigation.

Historique. — Dès le commencement du XVII⁰
siècle, on s'occupait déjà de l'ouverture du canal de
Pavie, dont les plans furent , depuis cette époque ,
repris et abandonnés plusieurs fois. Sous le gouvernement espagnol, on avait décrété, en 1601, la vente
des droits et redevances produits par les eaux de la
Muzza , jusqu'à concurrence d'un capital de 25 mille
écus , qui devaient être affectés à la construction du
nouveau canal. Mais les circonstances s'opposèrent à
la réalisation de l'entreprise. En 1646, l'ingénieur
milanais Bigatti, ayant présenté un projet régulier
des travaux, une compagnie s'offrit quelques années

après pour les exécuter, mais à la condition que l'administration poursuivrait l'achèvement de la réformation des bouches du Grand-Canal, selon le module milanais; opération qui est toujours restée incomplète.

Après le traité d'Aix-la-Chapelle, la seconde moitié du XVIIᵉ siècle vit luire des jours prospères pour la monarchie autrichienne. On s'occupa beaucoup alors, dans ce pays, d'améliorations intérieures, parmi lesquelles le canal de Pavie fut nécessairement compris. Les travaux avaient été commencés dans le siècle suivant, mais bientôt après il fallut les suspendre, par suite des événements de la révolution.

En 1805, le gouvernement français institua une commission chargée spécialement d'assurer la reprise de ce travail, dont l'exécution était vivement désirée. On avait proposé de faire procéder à des jaugeages directs, sur le Tessin, pour se rendre compte du volume d'eau qu'il pouvait fournir au nouveau canal. Les ingénieurs du pays déclarèrent qu'il n'existait aucune méthode assez exacte pour qu'on pût tirer de ce moyen, appliqué à une rivière aussi importante, des indications suffisantes. On y renonça donc, et c'est à l'aide des bouches de distribution du Naviglio-Grande que l'on reconnut la possibilité d'y introduire aisément, en toute saison, la quantité d'eau nécessaire à l'alimentation du nouveau canal, même sans apporter de changement notable à sa section. Cette prévision se trouva complétement vérifiée , puisqu'en réalité un abaissement de $0^m,30$ à $0^m.35$ obtenu, en quelque sorte par un simple curage, suffit pour modifier, autant qu'il le fallait, la portée primitive du Grand-Canal alimentaire.

Les travaux furent entrepris en 1807, et une partie du canal fut exécutée dans les années suivantes ; mais les vicissitudes politiques qui signalèrent le commencement de notre siècle, en amenèrent encore l'interruption. Le canal de Pavie ne fut donc définitivement repris et terminé que sous le gouvernement actuel. Ce fut le 17 septembre 1819, qu'eut lieu, avec grande solennité, l'inauguration de ce bel ouvrage qui, outre son utilité pour les irrigations, forme une des artères les plus intéressantes de la navigation intérieure de la Lombardie, par la jonction qu'il opère entre le cours supérieur du Tessin et celui du Pô, en passant par Milan.

Description et tracé, pentes, etc. — Le canal prend son origine au pont du Trophée, sous les murs de la ville, au point où aboutit le Naviglio-Grande. De là il se dirige vers Pavie en suivant la grande route, tantôt à quelque distance, tantôt en contact immédiat avec elle. A peu près au milieu du trajet, la ligne du canal longe le bourg de Binasco, où elle s'infléchit, en déviant sur la gauche, sous un angle très-ouvert, et à partir de ce point elle se dirige en ligne droite sur Pavie, dont le canal contourne l'enceinte, avant d'aboutir dans le Tessin.

Sur la longueur totale de 33.330^m·, il se trouve douze écluses de navigation, qui partagent le canal en autant de biefs, sans compter la darse ou dernier grand bassin, situé à son extrémité inférieure.

Sa largeur, à la cuvette, est de 10^m·,80, et de 11^m·,60 au niveau des berges. Aux abords de Pavie, où se fait principalement le stationnement des bateaux, cette largeur est portée graduellement de 14^m· à 20^m·, et s'accroît ainsi jusqu'à la darse qui a 65^m· de largeur. Les hauteurs régulatrices de l'eau, au-dessus du fond, sont de 1^m·,20 en été, et de 1^m·65 en hiver, par suite de l'introduction d'un volume d'eau supplémentaire de 60 onces, dans cette dernière saison.

Il paraît que, dans les derniers projets du canal, on se proposait de régler les pentes des biefs à raison de 0^m·,21 par kil., sur la première moitié de son trajet, et seulement de 0^m·12 par kil., sur la seconde; ce qui devait correspondre à des vitesses superficielles de 0^m·,44 et de 0^m·,16 par seconde. En réalité ces pentes sont beaucoup plus fortes, surtout dans les premiers biefs. De Milan à la Conchetta, j'ai constaté, dans l'automne de 1841, une vitesse habituelle de plus de 0^m·,60 par seconde, qui se maintient presque aussi forte dans les biefs suivants. D'ailleurs, si, comme le porte la dernière statistique dressée par l'administration, la pente totale est de. . . . . 56^m·,61
La pente rachetée étant de. . . . . . 43 ,01

Il doit rester sur le fond du bief une pente
de. . . . . $13^m,60$
Laquelle étant répartie sur les 33.330^m de longueur,
donnerait pour moyenne, $0^m,41$ par kilomètre :
or, cette pente, trop forte pour un canal seulement navigable, ne serait point excessive pour
celui-ci qui sert encore, en même temps, à l'irrigation et aux usines.

Ouvrages d'art.—Les principaux ouvrages d'art
de ce canal sont d'abord les 12 écluses à sas, destinées
à assurer le passage des bateaux. Elles sont construites en maçonnerie de briques et de pierre de
taille, avec radier en libages, dalles, et cailloux. Leurs
dimensions en longueur et en largeur sont indiquées dans le tableau ci-après. Les écluses n°s 8 et
9, 10 et 11, sont accolées deux à deux et n'ont
alors que trois paires de portes busquées au lieu de
quatre. Pour les écluses simples, la longueur du sas,
entre les buscs d'amont et d'aval, est toujours de
33^m.; pour les écluses accolées, il y a $0^m,20$ de
plus dans chaque sas. Toutes les écluses ont deux
passages distincts; l'un, qui forme le sas proprement dit, et qui est destiné à la navigation; l'autre
est un simple pertuis muni, à la tête d'amont, de
vannes régulatrices servant, non-seulement à maintenir un niveau convenable dans le bief supérieur,
mais surtout à transmettre aux biefs inférieurs l'eau
qui doit y être dépensée en arrosages, d'une manière tout à fait indépendante de la manœuvre des

portes d'écluses et de celle de leurs buses ou ventelles ; manœuvre qui doit demeurer exclusivement réservée au service de la navigation. Il existe généralement sur les chutes d'eau, ainsi ménagées à côté de chaque écluse, des moulins qui sont loués au profit de l'État. Pour la facilité des communications de l'une à l'autre rive, un pont en pierre existe toujours un peu au delà des portes d'aval. Les planches XXIV et XXV donnent la disposition et le détail de ces sortes d'ouvrages.

N°s D'ORDRE DES ÉCLUSES.	CHUTE.	LONGUEUR TOTALE.	LARGEURS ENTRE LES BAJOYERS.	
			minim.	maxim.
N° 1. Sas de la Conchetta.	1^m., 855	50^m., 00	5^m., o6	6^m., 26
N° 2.—————————————	4 655	53 00	5 4o	5 4o
N° 3.—————————————	3 6oo	49 6o	5 o6	6 26
N° 4.—————————————	1 700	49 5o	5 o6	62 6
N° 5.—————————————	4 8oo	52 00	5 o6	6 26
N° 6.—————————————	3 5oo	51 00	5 o6	6 26
N° 7.—————————————	4 4oo	56 00	5 o6	6 26
N° 8.—————————————	3 8oo	} 104 00	5 20	6 20
N° 9.—————————————	3 8oo			
N° 10.————————————	3 8oo	} 107 00	5 20	6 20
N° 11.————————————	3 8oo			
N° 12. Sas du Tessin. .	3 3oo	66 8o	5 20	6 20
Total des chutes. . . .	43^m., o1o			

On distingue encore sur le Naviglio : quatre ponts en pierre et sept maisons d'habitation. Deux de ces maisons servent seulement au logement des gardes éclusiers ; quatre servent au logement des gardes et à celui des fermiers des moulins établis sur les déchargeoirs contigus aux écluses ; la dernière est occupée par le garde et par les employés de la perception.

Les autres principaux ouvrages d'art sont : le pont—canal sur le Lambro, composé de deux arches ayant ensemble 14$^{m\cdot}$ de longueur , dont la rive droite forme déversoir de superficie ; les trois déchargeoirs latéraux, ayant ensemble sept vannes de fond, et enfin 75 aqueducs ou siphons, pour le passage des eaux privées qui traversent la ligne du canal ; 62 de ces ouvrages ayant dû être construits lors de l'établissement du Naviglio, qui avait à traverser un pareil nombre de rigoles ou de dérivations particulières existant avant sa construction, sont à la charge de l'État ; les 13 autres étant au contraire d'une date postérieure, restent à la charge des usagers. Ces ouvrages d'art sont construits en maçonnerie de briques et de pierre de taille ; leurs longueurs varient de 25$^{m\cdot}$ à 30$^{m\cdot}$ et 33$^{m\cdot}$, eu égard à la traversée des deux routes, de chacune 6$^{m\cdot}$, qui, actuellement, se trouvent placées de chaque côté du canal, sur presque toute sa longueur. Le nombre des siphons proprement dits est de 65 ; les différences de niveau les plus ordinaires qu'ils présentent, au-dessus du Naviglio, sont entre 1^m et 2^m, les trois plus fortes sont de 3^m,80, 3^m,65, 3^m,18; leurs largeurs varient de 1^m à 4^m. La pl. XXIII donne la disposition des principaux de ces ouvrages. Enfin, 10 aqueducs simples traversent la ligne du canal, sans exiger aucune disposition particulière. Ces aqueducs ne conduisent que des colatures; au contraire, les siphons conduisent tous des eaux d'irrigation.

Hors de l'emplacement des ouvrages d'art, le fond du canal est établi sur le terrain naturel. Quant aux berges ou talus intérieurs, ils sont munis de perrés ou revêtements en maçonnerie de briques ou en pierres sèches, là où le besoin s'en fait le plus sentir. Dans les parties le plus exposées au choc des bateaux, au mouvement des eaux, ou à la poussée des terres, le pied de ces perrés est en outre consolidé par des files de pilotis, avec ou sans moises horizontales. La longueur totale de ces revêtements de talus est de 49.106^m; sur quoi 294^m sont à la charge des riverains, ce qui réduit la longueur à la charge de l'État, à 48.812^m. Les pieux de rive placés le long de ces revêtements, principalement aux abords de Milan et de Pavie, et dont l'emploi est reconnu très-avantageux, occupent aujourd'hui environ 2.000 de longueur; leur espacement varie de 0^m,60 à 2^m,50 de milieu en milieu. Les figures 5, 6 et 7, de la pl. XXIII, font connaître le détail de la construction des revêtements.

Depuis une douzaine d'années, ce canal est accompagné de deux routes de six mètres de largeur chacune, car à droite se trouve la route de poste, et à gauche le chemin de halage, qui a été porté à cette même dimension. Ces deux routes sont accompagnées de forts parapets, ou garde-corps, composés de pilastres ou colonnettes de granit blanc, surmontées d'une architrave en bois de chêne peint. Dans ceux qu'on établit ou que l'on reconstruit actuellement les supports et l'architrave sont entièrement en granit, ce qui est bien préférable.

Ce système de balustres en granit, qui dessinent les grands alignements du canal de Pavie, n'est point ici un luxe déplacé, car indépendamment de l'avantage qu'ils offrent comme construction impérissable, cette nature de roche est très-commune dans la localité, et la texture lamellaire de cette variété de granit la rend facile à débiter. Ensuite, comme il s'en travaille une très-grande quantité dans le pays, l'habileté des ouvriers a beaucoup réduit la main-d'œuvre. A raison de 8 p. par chaque colonnette, pilastre ou balustre de $0^m,80$ de hauteur, outre la culasse, et de 5 à 6 fr. pour l'architrave, dont chaque morceau n'a pas moins de $3^m,50$ à 4^m, le mètre courant de ces beaux parapets ne revient qu'à 13 ou 14 fr.

Il n'y a qu'un seul hydromètre sur le canal; il est placé à l'écluse de la Conchetta, qui est la première, et se trouve à quelques cent mètres des murs de Milan. Celui qui règle l'introduction de l'eau dans le canal, est le dernier hydromètre du Naviglio-Grande, situé au pont du Trophée.

A défaut d'hydromètres gradués, les ouvrages d'art et notamment les seuils, ou buscs des portes d'amont des écluses, peuvent en tenir lieu; et les gardes chargés de veiller à la distribution des eaux se sont fait, par rapport à ces seuils, des points de repère habituels dont l'observation leur suffit.

Surveillance, entretien et curages. —— La surveillance journalière du canal de Pavie se fait par le moyen de 12 gardes établis dans les maisons éclusières dont il a été parlé précédemment. Leurs stations sont d'autant moins longues qu'elles sont plus importantes. Elles varient de 3.500$^{m.}$ à 5.000$^{m.}$. Les deux gardes établis aux extrémités supérieure et inférieure du canal, ont à surveiller les dimensions des bateaux qui s'y introduisent, soit en montant, soit en descendant. Ils doivent avoir 32$^{m.}$ de longueur, 4$^{m.}$ de largeur, 0$^{m.}$,75 de tirant d'eau, et 1$^{m.}$,20 de hauteur de chargement; cela résulte des dimensions des écluses et des ponts, ainsi que de la hauteur d'eau du canal. Ce contrôle doit être exercé sévèrement, attendu que les bateaux qui naviguent habituellement, soit sur le Tessin, en amont et en aval, soit sur le Naviglio-Grande, ont des dimensions plus considérables que celles qui conviennent au canal de Pavie.

Les chômages du canal ont lieu deux fois par

an, comme ceux du canal du Tessin dont il dérive; la première, du 3 mars au 1er avril; la seconde, du 17 au 24 septembre. Le chômage du printemps, qui est le principal, a pour but un curage complet pendant lequel on enlève les graviers et la vase qui s'amassent en assez grande quantité, non par le fait des eaux limpides du Tessin, mais par le fait des crues de l'Olone, et même par suite de celles du Lambro et du Seveso, car depuis la jonction du canal de l'Adda avec le Naviglio-Interno, ces vases et graviers se transmettent peu à peu dans les biefs supérieurs de ce dernier, jusqu'à l'écluse de Viarenna, et de là dans la nouvelle darse, qui forme le récipient de toutes les eaux artificielles coulant dans la ville de Milan, ou aux abords; il en est de même des immondices provenant des égouts, dont les eaux ne passent pas en totalité dans les déchargeoirs de la Vettabia et du Ticinello.

Par ces diverses causes, les curages du canal de Pavie sont fort importants; mais il est une opération analogue plus essentielle encore: c'est le faucardement des herbages qui y croissent avec une rapidité telle que, malgré les deux chômages dont je viens de parler, on n'a pas encore pu parvenir à empêcher ces herbes de modifier d'une manière très-regrettable la section ou la portée d'eau du canal. Il est bizarre de voir cet inconvénient résulter de la bonté même de ses eaux. Cela peut se comparer au cas où un guerrier se blesse par ses propres armes.

En effet, le limon de la rivière d'Olone, et surtout une certaine quantité des immondices de la ville, qui se rassemblent dans le bassin alimentaire du canal de Pavie, contribuent puissamment, avec la température naturellement favorable du climat et du sol, au renouvellement si rapide de ces herbages, qui modifient graduellement sa section dans le cours de chaque été, de manière qu'il faut la plus grande attention, de la part des préposés, pour y régler, à peu près uniformément, la hauteur d'eau nécessaire au maintien de la navigation et au service des arrosages; encore bien que ceux-ci aient éprouvé par ce même motif une réduction de près de moitié de ce qu'ils auraient dû être sans cette cause. Cette circonstance est tellement fâcheuse pour la régularité du régime des eaux, que l'on avait pensé sérieusement, dans ces dernières années, à paver d'un bout à l'autre, en dalles de granit, les huit lieues du Naviglio, entre Milan et Pavie, ce qui eût entraîné une dépense énorme.

L'observation faite, sur l'importance des modules, dans une circonstance analogue à l'occasion du canal de Bereguardo, décrit au paragraphe qui précède, se reproduit exactement ici.

Les frais d'entretien ordinaire et de curage, à la charge de l'État, se mettent en adjudication par baux de neuf années. Le montant du bail courant, qui expire en avril 1844, est de 41.430 livres d'Autriche, ou de 35.945^{fr},,10.

Portée d'eau, bouches, irrigations, etc. —
Le volume d'eau transmis au canal de Pavie par le
Naviglio-Grande n'est, en été, que de 142 onces ou
de 6$^{m.\,c.}$,248 par seconde. Dans l'origine, la dotation
qui lui avait été assignée était de 150 à 160 onces,
quantité encore bien au-dessous de la demande d'eau
qni a lieu sur cette ligne. Mais l'expérience eut bientôt démontré que ce volume ne pourrait pas être
contenu dans le canal, en été, d'après l'abondance
des herbes aquatiques qui y croissent rapidement
en cette saison, et y occupent une place considérable
aux dépens de sa section libre ; car les faucardements, même répétés deux fois par an, sont im-
puissants pour combattre efficacement ce préjudice.
Il n'eût donc été ni utile ni prudent de persister à
envoyer dans le canal de Pavie une quantité d'eau
surabondante, et en conséquence sa portée effective
fut réduite, en été, à 142 onces. Ce volume n'est
pas rigoureusement limité par des modules ; on le
règle seulement par approximation, en raison de la
hauteur d'eau qui coule sous l'arche du pont du
Trophée, origine de la dérivation. Le garde du dernier bief du Grand-Canal, situé en amont de ce pont,
a pour mission d'entretenir au-dessus de son radier,
par la manœuvre convenable des dernières vannes,
1^{m},50 de hauteur d'eau, qui se réduisent ensuite à
1$^{m.}$,20 au-dessus des radiers des écluses et sur le
fond du canal. En hiver, cette hauteur est plus
considérable d'environ six centimètres, car la

quantité d'eau dont il se trouve privé en été, lui est rendue avec usure, pendant l'autre saison; et alors, sa consommation est de plus de 200 onces ; attendu que, comme je l'ai déjà fait remarquer, les 60 onces que l'on prélève sur le Naviglio-Grande, viennent se joindre aux 142 que reçoit déjà celui de Pavie. Cette circonstance tient à ce qu'une demande considérable des eaux d'hiver a eu lieu sur le nouveau canal avant de se manifester au même degré sur celui qui l'alimente.

Les bouches de prise d'eau sont au nombre de 25. Il y en a six à droite et dix-neuf à gauche ; leur portée ordinaire est de 2 à 6 onces ; elles servent principalement aux irrigations, mais aussi au roulement de plusieurs usines ; les deux plus grandes, qui sont les bouches Barinetti, l'une à droite, l'autre à gauche, sont chacune de 12 onces, mais partagées en deux modules de 6 onces chacun, comme cela se pratique toujours actuellement, en pareil cas. La plus petite, qui est la bocca Calderara, est de 1 once $\frac{1}{2}$.

En été, ces bouches débitent environ 92 onces d'eau qui ne rentre plus dans le canal. A l'exception de deux, toutes sont pourvues du module milanais ; 14, représentant ensemble une dépense de 76 onces $\frac{1}{2}$, ont droit à l'eau continue, d'après des contrats définitifs. Les autres ne la reçoivent qu'en vertu de locations annuelles, ou temporaires.

Outre l'inconvénient des herbes dont il a été

parlé plus haut, le canal de Pavie éprouve encore d'assez fortes filtrations ; ce qui tient à l'époque peu ancienne de son achèvement sur certains points. Le sable fin que charrient les eaux du Tessin doit être de nature à diminuer ce préjudice avec l'aide du temps, en s'introduisant peu à peu dans les parties les plus perméables du sol, sujet aux pertes d'eau.

Eu égard à ces différentes causes de déchet, les irrigations d'été ne s'effectuent que sur une superficie de 3.600 hectares. Mais le supplément qui a lieu en hiver porte à plus de 160 onces la quantité distribuée en cette saison.

Le prix de l'eau, ou de l'arrosage, est ordinairement moindre que sur le Grand-Canal.

Les droits de péage sur ce naviglio, continuent d'être réglés par l'Édit de Marie-Thérèse, du 10 juin 1778, ainsi que par les décrets des 5 janvier 1808 et 18 décembre 1820. Les produits, qui étaient en 1823 d'environ 30.000 fr., dépassent aujourd'hui 45.000 fr.

Sur près des trois quarts de sa longueur, le canal de Pavie est déjà pourvu de perrés et revêtement de berges, dont j'indique le système à la Pl. XXIII. Il le sera bientôt en totalité, car la nature du sol dans lequel il est ouvert, rend cette précaution nécessaire contre les éboulements et les filtrations.

CHAPITRE DOUZIÈME.

CANAL, OU RIVIÈRE DE LA MUZZA.

Dérivé, au commencement du XIII* siècle, de la rive droite de l'Adda à Cassano ; ayant 38.616ᵐ de longueur sur 35ᵐ de largeur moyenne, et portant 1.483 onces d'eau dans les provinces de Milan et de Lodi.—Canal de simple irrigation.

Historique.—Dès le commencement du XIIᵉ siècle, il existait, sous le nom de *Roggia Muzza*, un ancien canal d'irrigation, possédé principalement par un des hôpitaux de Milan, et ayant de l'ouest au sud un parcours considérable sur les provinces de Milan et de Lodi. Ce premier canal, d'une ancienneté qui paraît immémoriale, n'était alimenté que par des eaux de source et par les colatures d'autres irrigations, effectuées sur les territoires de Lavagna et des communes voisines. Vers l'an 1200, il reçut des accroissements assez considérables, par l'introduction de nouvelles sources qui permirent d'accroître l'étendue des terrains irrigués ; mais leur superficie était néanmoins assez restreinte.

En 1220, les habitants de cette contrée, d'après les grands résultats produits par l'ouverture du Naviglio-Grande, qui venait d'être terminé depuis à peu près soixante ans, conçurent le projet de créer, au moyen des eaux de l'Adda, un canal du même genre, mais plus grandiose encore. Ce vaste projet fut immédiatement mis à exécution. L'enthousiasme avec lequel les populations accueillaient l'idée de cette grande entreprise, le concours d'une immense quantité de travailleurs, et une persévérance à toute épreuve en assurèrent l'achèvement dans un délai très-court; de sorte que le territoire, situé entre l'Adda et Milan, au sud-est de cette ville, se trouva tout à coup en position de jouir du bénéfice de l'irrigation, plus complétement qu'aucune autre partie du Milanais. Le lit de l'ancienne Roggia-Muzza détermina le tracé à adopter, et ce lit, considérablement agrandi, ou plutôt presque entièrement creusé à neuf, reçut le nouveau canal qui, désigné d'abord sous le nom de *Nouvel Adda*, reprit ensuite celui de canal ou rivière de Muzza, qu'il porte encore aujourd'hui. Mais on s'aperçut bientôt qu'il ne suffisait pas, pour le succès d'une telle entreprise, d'avoir dérivé une énorme masse d'eau dans un lit artificiel; car, en créant ainsi un véritable fleuve avec de fortes pentes, on lui avait laissé toutes ses imperfections. Les crues de l'Adda étant des plus violentes, rendaient les irrigations difficiles et précaires. Il fallut donc penser au moyen de remédier à cet inconvénient, et c'est ce qui fut fait très-peu de temps après l'achèvement de la Muzza, par l'ouverture du grand canal de décharge de l'*Addetta*, qui va déboucher dans le Lambro septentrional à Melegnano.

L'Addetta, qui participe à l'abondance extraordinaire des eaux de la Muzza, n'est pas seulement un canal de décharge, il a en outre une double utilité, comme canal d'irrigation, pour une grande étendue des terrains inférieurs, et comme principal colateur, relativement à ceux dont l'arrosage a lieu plus en amont.

A l'époque ancienne à laquelle remonte l'ouverture de ces canaux, on ne fut préoccupé que du seul intérêt de l'agriculture. Il était cependant facile de les rendre navigables; on ne le fit pas. La Muzza, sinueuse, rapide, et entrecoupée de nombreux barrages, est, probablement pour toujours, hors d'état de recevoir des bateaux. L'Addetta et la rivière du Lambro sont aussi dans le même cas. On voit donc combien cette circonstance est à regretter, d'après l'importante ligne navigable qui eût été créée par ces canaux au centre du vaste territoire situé au sud de Milan.

L'introduction des eaux de l'Adda dans le lit même de l'ancien canal de la Muzza donna lieu, entre les anciens et les nouveaux usagers, à de longues et graves discussions. Ces contestations devinrent telles, que, dans le cours du XVIe siècle, le duc Jean Galéas Visconti fut obligé de s'interposer plusieurs fois, comme conciliateur, entre les intérêts dissidents, notamment dans les procès qui s'engagèrent entre la ville et l'hôpital de Milan d'une part, contre la ville de Lodi; procès célèbres qui se perpétuèrent indéfiniment.

Au commencement du XVI° siècle, le canal de la Muzza était déjà réuni au domaine public, et placé, à ce titre, sous la main de l'administration supérieure ; mais une commission spéciale (regia camera) était chargée de pourvoir à sa surveillance et à son entretien, ainsi que cela avait lieu pour les autres grands canaux du pays. A cette époque, la nécessité de travaux considérables, de conservation et de défense, se fit impérieusement sentir. Il ne s'agissait rien moins que d'empêcher l'Adda d'envahir entièrement le canal, comme il menaçait de le faire, vers le milieu de son trajet, entre Melegnano et Lodi ; ce qui eût amené un désastre probablement irréparable. Un système de digues et épis convenablement disposés, vers la prise d'eau et en aval, prévinrent une calamité si grande ; les réparations intelligentes, exécutées depuis sur ces ouvrages, donnent tout lieu de compter définitivement sur leur efficacité.

Immédiatement après sa création, le canal actuel de la Muzza se trouva pourvu des trois espèces de bouches dont j'ai donné la définition au commencement de ce volume ; savoir : des bouches gratuites, des bouches taxées et des bouches conventionnées. Les plus anciennes étaient grossièrement construites, la plupart en bois ou en mauvaise maçonnerie, de sorte que l'on éprouva de grandes difficultés, lorsqu'il fut question, en 1574, d'établir leur modellation suivant le système uniforme qui venait d'être appliqué avec tant de succès sur le Naviglio-Grande.

Les principaux usagers prétendirent avoir sur les eaux des droits de propriété incommutables qui, selon eux, ne pouvaient être subordonnés même aux règlements de l'administration publique. L'hôpital de Milan invoqua ses anciens droits et priviléges, contre toute limitation dans l'usage des eaux.

De telles prétentions n'étaient pas de nature à entraver pour toujours l'exécution d'une mesure aussi essentiellement d'intérêt général. Mais les difficultés qu'elles soulevèrent, et les longues contestations qui en furent la suite, retardèrent considérablement la cessation des abus qu'elle avait pour objet de détruire. Cependant, de 1586 à 1588, l'administration obtint déjà, en grande partie, le remplacement des anciennes martellières en bois, par des bouches, en pierre de taille, de dimensions bien arrêtées. Cependant la modellation resta imparfaite, en ce sens que l'on toléra, pour ces bouches, des hauteurs inégales, croissant en raison de leurs largeurs; ensuite les difficultés étant sans cesse renaissantes, l'opération marchait lentement. Au commencement du XVIIe siècle elle était loin d'être terminée, mais elle se continuait, et dans la seule année 1624, les ingénieurs du gouvernement procédèrent à la modellation de quarante-cinq bouches très-importantes, outre celles qui avaient été réglées à l'amiable entre les usagers et l'entrepreneur, espèce de fermier général auquel l'administration avait, dès cette époque, concédé la perception des droits ou redevances sur les eaux de la Muzza. De 1668 à 1700, plusieurs visites et recensements généraux des bouches de ce canal furent encore ordonnés par le gouvernement, dans le but d'arriver, autant que possible, à la réforme des abus dont on souffrait toujours; mais l'interprétation délicate et difficile des titres sur lesquels s'appuyaient les particuliers récalcitrants, la lenteur des procédures, la diversité des juridictions, sur les territoires de Milan et de Lodi, tout concourait à rendre la chose de plus en plus difficile.

Le renouvellement des baux ayant eu lieu en 1706, le gouvernement, pour trouver un entrepreneur, fut obligé de s'engager à faire procéder, dans un bref délai, à la modellation des bouches restant à régler sur la Muzza. De longs délais s'écoulèrent encore avant qu'on pût en venir à bout; et alors ce fut l'entrepreneur qui attaqua l'administration, en poursuivant contre elle la résiliation de son bail, et une demande en indemnité, attendu qu'il lui était impossible de remplir ses obligations, basées sur les volumes d'eau légalement concédés, tandis que les usagers, par le manque de régulateurs, trouvaient facilement moyen de s'en attribuer beaucoup plus qu'ils n'en payaient. On fut donc obligé de déléguer des ingénieurs pour faire procéder d'office à cette importante mesure, ce qui souleva des résistances et oppositions presque aussi vives que celles qui s'étaient manifestées sur le canal du Tessin. Cependant la réformation s'effectuait peu à peu et était même avancée à la fin du siècle précédent; mais 1789 arriva, et ici, comme partout, les travaux de cette nature se virent rejetés bien loin par la secousse révolutionnaire.

Le XVIIIe siècle s'écoula donc sans que la modellation, depuis si longtemps projetée, eût reçu complétement son exécution sur les bouches de la Muzza. Pendant le régime impérial, quoique plusieurs règlements aient été rendus sur cette matière, la mesure en question restait toujours en souffrance; elle fut, à la restauration, un des premiers soins dont s'occupa l'administration autrichienne. Une commission, investie de tous les pouvoirs nécessaires, fut instituée le 11 avril 1817, pour statuer sur cet objet, et proposa les mesures que l'administration des finances regardait comme indispensables à l'assiette des redevances et à la régularisation de cette branche des revenus publics. On obtint ainsi encore quelques réformes; mais néanmoins la régularisation de ces prises d'eau, si importantes, n'a jamais été complétement effectuée.

Description et tracé. — Le canal est dérivé de la rive droite de l'Adda à Cassano, au moyen d'un grand barrage, d'une construction analogue à celui qui existe sur le Tessin, et dont il a été parlé au chapitre précédent. La longueur totale du canal proprement dit, qui est de 38.616^m, se trouve partagée en deux portions distinctes ; la première, comprise entre Cassano et le pont de Lavagna, sur 10.646^{m.} de longueur, est du domaine public, et à ce titre entretenue aux frais de l'État ; la seconde partie, comprise entre ce point et le déchargeoir de Massalengo-Lodigiano, est considérée comme propriété des particuliers intéressés, et est entretenue par eux, sous la surveillance de l'administration publique. Le prolongement de 19.084^{m.} qui va de ce dernier déchargeoir jusqu'à l'Adda, ne sert que de canal de décharge et de colateur ; ses eaux sont à un niveau trop bas pour fournir à de nouvelles irrigations. En comptant ce prolongement, le parcours total de la Muzza est donc de 57.700^{m.} ; et y compris l'Addetta, son développement serait de 70.700^{m.}.

A partir de sa dérivation, sur un trajet d'environ 5.350^{m.}, la Muzza est placée dans le coteau, et se trouve assez encaissée ; ensuite elle entre dans la plaine où elle est tracée tantôt en déblai, tantôt en remblai ; mais ordinairement au niveau même du sol naturel, avec de grandes sinuosités.

La ressemblance de ce canal avec un cours d'eau naturel, est encore bien plus grande que cela n'a lieu pour le canal du Tessin, et son nom de *Fiume Muzza*, est parfaitement justifié par ses caractères extérieurs. Sa section est extrêmement variable ; sa largeur, qui est de 48^{m.} au pont de Cassano, n'est plus que de 28^{m.} au pont de Saint-Bernard, et de 32 à celui de Trucazzano ; elle est de 40 à celui de Lavagna ; sur d'autres points elle diminue jusqu'à 24^{m.}, et s'accroît jurqu'à 52^{m.}. Sa largeur moyenne peut être considérée comme étant de 35^{m.}; c'est du moins ainsi que l'admet l'administration des travaux publics de Milan.

La pente totale, sur la première partie du tracé, à la charge de l'État, est de 12^{m.},24; la même pente sur la seconde partie, à la charge des particuliers, est de 13^{m.},64, ensemble 25^{m.},88, ce qui pour le trajet total de 38.616^{m.} répond à une pente moyenne très-forte de 0^{m.},67 par kilomètre ou de $\frac{1}{1492}$; mais qui dans le cas actuel est en partie détruite par des barrages. Ces barrages, au nombre de 13, rachètent en effet une pente totale de 19^{m.},40 sur les 25^{m.},88 qui existent; de sorte que la pente superficielle des 14 biefs, compris entre eux, n'est plus que le quart de la précédente ou d'environ 0^{m.},14 à 0^{m.},15 par kil. Tout aurait donc été parfaitement disposé, sous ce rapport, pour une bonne navigation. Mais il est à remarquer que la Muzza a été créée 225 ans avant la découverte des écluses.

Principaux ouvrages d'art.—Outre les 13 barrages dont je viens de parler, et qui sont établis très-économiquement en libages, bois et fascines, même en graviers et fascines, les principaux ouvrages d'art du canal sont les suivants : 1° grand déversoir de superficie de 234^{m.} de longueur; 2° quatre déchargeoirs de fond, ayant ensemble 42 vannes accompagnées de canaux de décharge, qui transportent les eaux jusqu'à l'Adda ; 3° pont de Cassano, de St-Bernard, de Trucazzano et de Lavagna, les deux derniers ayant ensemble 13 arches ou travées ; 4° la martellière régulatrice placée en tête du canal de l'Addetta, composée de 9 grandes vannes, surmontées par un pont pour le passage de la route communale de Paullo, puis d'un pont-canal pour le passage de la Roggia-Friliana ; 5° autre grand empèlement régulateur, dit de Paullo, situé en aval du précédent et composé de six vannes, servant à la distribution régulière des eaux , dans la partie inférieure du canal, qui est entretenue par les particuliers ; 6° déchargeoir spécial, composé d'une seule vanne, et servant, à l'époque de la mise à sec du printemps, à écouler les colatures que reçoit toujours cette partie du canal ; 7° neuf repères ou caractères, formés chacun de trois pieux, à tête armée de fer, placés entre deux murs de jouée, pour régler le niveau du lit et la section du canal, à l'époque des curages annuels ; 8° enfin , environ 9.000^m· courants de perrés ou revêtements des berges, dans les parties où elles sont le plus exposées à être dégradées par les eaux, y compris les 540^m· existant aux abords du régulateurs de Paullo ; 9° deux maisons d'habitation, dont il est parlé ci-après ; 10° cinq hydromètres, dont le principal se trouve à St-Bernard, près Cassano. Ces hydromètres , tels qu'on les reconstruit actuellement, consistent en une colonne ou pilastre de granit, dans lequel est enchâssée une plaque de marbre, portant l'échelle de graduation. Les hydromètres de la Muzza sont surtout utiles à l'époque de la remise des eaux après les chômages annuels, afin de ne les introduire que graduellement, et autant que possible au fur et à mesure que les riverains rouvrent successivement les bouches. Sur la première partie du canal, les ouvrages d'art sont à la charge de l'État; sur la seconde, le régulateur de Paullo est le seul qui soit dans cette classe, tous les autres sont à la charge des particuliers.

Surveillance, entretien et curages.—Outre les ingénieurs et employés, deux gardes spéciaux sont attachés à la surveillance journalière des 10.646^m du cours de la Muzza, qui sont à la charge du gouvernement. Pour loger ces gardes, ainsi que pour recevoir les ingénieurs dans leurs tournées, l'administration a fait établir deux maisons d'habitation, placées, l'une à Cassano, l'autre à Paullo; elles sont très-vastes et composées chacune d'au moins 15 ou 16 pièces, outre les aisances et dépendances ordinaires. Diverses portions de terrain sont annexées au canal et servent au besoin, soit comme chantiers pendant les travaux de réparation, soit comme lieu de dépôt pour les produits des curages. En temps ordinaire, on en abandonne la jouissance aux gardes ou préposés.

Tous les travaux d'entretien à la charge du gouvernement, sur le canal de la Muzza, sont adjugés jusqu'en 1844, moyennant la somme annuelle de 19.685 livres d'Autriche, ou de 18.126 fr. Dans cette somme ne sont pas compris le salaire des deux gardes, montant ensemble à environ 1.100 fr.

Le canal est mis en chômage, tous les ans au mois de mars, pendant 25 jours ; c'est à cette époque que s'exécutent, non-seulement les curages et les faucardements, mais tous les travaux de réparations quelconques, tant aux digues qu'aux ouvrages d'art, sur la partie supérieure du canal ; ces travaux sont faits à la diligence de l'entrepreneur du gouvernement. Sur la partie inférieure, ils sont laissés à la disposition des usagers, qui sont tenus seulement de les terminer dans le délai prescrit.

La mise à sec s'opère par le même moyen que sur le canal du Tessin, avec le batardeau temporaire construit en chevalets, fascines et toiles, et représenté dans la pl. XXVI. Chaque année ce barrage mobile se place au pont Saint-Bernard, où il ne coûte que 750 francs. Mais tous les dix ans, il est nécessaire de l'établir à l'embouchure même du canal, pour pouvoir exécuter complétement les travaux de réparation et de curage qui concernent la première partie. Sa dépense s'élève alors à plus de 2.000 francs, d'après sa grande longueur et la difficulté de l'assurer contre le choc des eaux.

Portée d'eau, bouches, prix de l'arrosage, etc. — Il est d'usage, même à Milan, de calculer en onces de Lodi les eaux d'irrigation distribuées par la Muzza. Néanmoins, pour éviter la confusion résultant de cette diversité de mesures, et pour n'admettre ici que des données bien comparables entre elles, j'ai réduit toutes les évaluations ci-dessous en onces de Milan, d'après le rapport connu de ces deux unités, qui est de 1 à 0,52.

Des jaugeages faits en 1786, par l'ingénieur Valmagini, ont indiqué que le volume d'eau de la Muzza dépassait 1.768 onc. mil. En comparant ce résultat au débit total des bouches, qui est de 1.482 onces, ou de $65^{m.c.},208$ par seconde, on trouve une différence de 286 onces, ou de $12^{m.},58$ par seconde, représentant l'eau absorbée en filtrations, évaporation, pertes par les déchargeoirs et usages abusifs des bouches non réglées. Il est vrai de dire que les eaux de la Muzza sont tellement abondantes qu'on regarde à leur conservation de moins près que sur les autres canaux; qu'en second lieu, les grandes variations résultant du régime très-variable de l'Adda, exigent une manœuvre continuelle des déchargeoirs; ce qui ne peut avoir lieu sans dépenser de l'eau.

On voit, par l'inspection des hydromètres, que les eaux d'hiver se tiennent dans le canal moyennement à $0^{m.},25$ au-dessous de celles d'été; mais il y a de temps en temps des variations irrégulières tout à fait imprévues. Ainsi, par exemple, dans les mois de mars et avril 1825, les eaux mesurées à l'hydromètre de Saint-Bernard, se trouvaient ex-

traordinairement à $0^m,71$ en contre-bas du signal
des eaux d'hiver, et à plus de $1^m,00$ au-dessous du
niveau habituel des eaux d'été. A l'hydromètre de
Paullo, cette différence allait jusqu'à $1^m,32$. Ce
sont les plus basses eaux connues de la Muzza. Si
cet état de choses se fût maintenu quelque temps
encore, l'agriculture locale eût éprouvé un immense
préjudice, par la réduction obligée des arrosages.

Dans un recensement qui eut lieu, dès 1533,
sur les bouches de ce canal, on trouva que le nombre
en était de 50; savoir 27 taxées, et 23 tant gratuites
que conventionnées. Elles débitaient ensemble 746
onces. Aujourd'hui le nombre des bouches est porté
à 75; 8 sont situées à la partie supérieure du canal,
entre Cassano et Lavagna, et dérivent 258 onces;
les 67 autres sont sur la partie inférieure de Lavagna,
au dernier déchargeoir, et dérivent 1.224 onces. La
quantité totale d'eau distribuée est donc de 1.483
onces milanaises, ou de $65^{m.c.},208$ par seconde; ce
qui met, sous le rapport de ce grand volume, la
Muzza au-dessus de tous les canaux d'irrigation
existant jusqu'à ce jour.

Le total des bouches et la quantité d'eau qu'elles
débitent se subdivisent ainsi :

			onces.
Bouches gratuites	19, portant ensemble		318
Id. conventionnées	6,	*id.*	115
Id. taxées	50,	*id.*	1.050
Totaux	75		1.483

La plus petite de ces bouches est la bocca Povera Vistarina, qui n'est que de 0^{onc.},8 ; mais elle est là comme une exception, car la presque totalité des bouches de la Muzza sont très-grandes. Au premier rang on doit citer la bouche gratuite qui dessert le canal de la *Muzetta*, de la portée de 96 onces. Parmi les plus grandes on doit citer encore les suivantes : *Cavallera-Crivella*, de 78 onces ; *Regia Codogna*, de 68 onçes ; *Turana*, de 61 onces ; *Cattanea Comazza*, de 44 onces ; *Paduna*, de 40 onces, etc. Aucun autre canal d'arrosage n'alimente d'aussi nombreuses et d'aussi grandes dérivations : elles ont elles-mêmes leurs ouvrages d'art, leur administration particulière, et une distribution d'eau considérable, entre des canaux d'ordre inférieur.

Quelques-unes des bouches de la Muzza sont réglées suivant le module de Milan ; la plus grande partie le sont d'après le module de Lodi. Mais, ainsi que je l'ai dit, il en existe encore plusieurs qui ne le sont d'après aucun système, et qui ont échappé jusqu'ici, en vertu de titres prétendus, aux mesures réitérées qu'a prises l'administration pour obtenir, autant que faire se pouvait, cette importante régularisation.

L'étendue des terrains desservis par les eaux de la Muzza peut s'établir ainsi :

En été. . . . . . . 56.354 hectares.
En hiver 750

Le prix des eaux, réglé généralement sur la base des anciennes concessions, est excessivement minime ; et si les renseignements qui m'ont été fournis à cet égard sont exacts, la location de l'eau nécessaire à l'arrosage d'un hectare de prés, reviendrait à peine à 1 fr. par an.

Le produit des redevances, quoique loin d'être élevé, relativement à ce qu'il devrait être, n'est point aussi nul que cela a lieu pour le canal du Tessin. Les bouches taxées et conventionnées rendent annuellement 44.692 livres ou 34.412$^{fr.}$,28; de plus, les concessions d'eau d'hiver pour les usines, au prix minime de 14 livres ou 10$^{fr.}$,78 par roue, donnent, pour 120 roues, 1293$^{fr.}$,60, total pour le produit perçu pour le gouvernement, 35.705$^{fr.}$,88. Les usines alimentées par les eaux de la Muzza consistent en 62 moulins à blé, 26 huileries, 30 foulons à riz, 1 martinet, une scierie. Il y a encore à percevoir sur le même canal un faible droit d'environ 450 à 500 francs sur le fermage de la pêche. Par des améliorations qu'il est possible d'obtenir dans l'aménagement des eaux si abondantes de ce canal, sans augmenter ses dimensions, on portera prochainement de 39.000 à 40.000 fr. la faible portion de ses produits qui entre, sous forme de redevances, dans le trésor public.

CHAPITRE TREIZIÈME.

Dérivé, vers le milieu du XVe siècle, de la rive droite de l'Adda, sous l'ancien fort de Trezzo, et réuni, peu de temps après, au canal intérieur de Milan; ayant, en tout, 44.985^{m.} de longueur sur 12^{m.} de largeur; et portant 584 onces d'eau dans la province de Milan.—Canal d'arrosage et de navigation.

Historique. — Deux siècles s'étaient écoulés depuis l'ouverture de la Muzza, source immense de richesse qui avait totalement changé l'aspect du pays environnant. Néanmoins une grande partie de la plaine, à l'est de Milan, restait privée du bénéfice de l'irrigation. Frappé de cette situation, le duc François 1er Sforce accueillit avec empressement l'idée qui leur fut soumise d'ouvrir, en faveur de cette partie du Milanais, une seconde dérivation de l'Adda dont les eaux étaient assez abondantes pour que cela eût lieu sans faire aucun tort à l'alimentation de la Muzza, ayant son origine plus en aval. Cette idée une fois arrêtée, fut immédiatement mise à exécution. Les travaux commencés en 1460, et poussés avec vigueur, furent terminés en moins de quatre ans : ils eurent cependant à subir de rudes atteintes; et nul autre canal que celui de la Martesana ne supporta probablement d'aussi grandes avaries.

Il fut d'abord nommé canal Ducal, ou Petit-Canal,

pour le distinguer de celui du Tessin, qui échangeait en même temps son ancien nom de Ticinello contre celui de Grand-Canal ; mais, peu de temps après, cette nouvelle dérivation de l'Adda prit, pour sa désignation définitive, le nom même de la contrée qu'elle traverse au nord-est de Milan, et qui très-anciennement était appelée *la Martesana*.

Depuis quelques années seulement, la découverte des écluses à sas venait d'être appliquée en Italie, dans les murs même de Milan, sur le canal intérieur de cette ville. On en fit profiter également celui de la Martesana, qui devait être plus tard mis en communication avec lui. Afin de rendre le nouveau canal également commode pour la navigation ascendante et descendante, on y avait d'abord construit deux écluses à sas ; l'une fut établie près de Cascina-dei-Pomi où on la voit encore aujourd'hui ; l'autre était située à Gorla ; mais j'ignore par quel motif celle-ci a été supprimée en 1533 ; d'autant plus que les pentes du canal sont encore très-fortes en cet endroit.

Le Naviglio n'avait d'abord été ouvert que jusqu'aux faubourgs de Milan ; une immense amélioration restait donc à obtenir, puisqu'en opérant sa jonction avec le canal intérieur, on mettait ainsi l'Adda en communication avec le Tessin, en créant une grande ligne navigable du plus haut intérêt. Mais le canal, intérieur quoiqu'il y existât déjà une écluse, n'était point encore adapté à cet usage. Pour recevoir indistinctement les bateaux provenant des deux grandes rivières qui coulent à l'est et à l'ouest de la ville, il s'agissait d'y exécuter de grands travaux, de surmonter des difficultés, que l'état nécessairement fort imparfait des connaissances hydrauliques à cette époque semblait rendre insolubles. L'entreprise était difficile; aussi, pendant plus de vingt ans que la question fut agitée, personne ne se présenta pour en courir les risques. Cependant, en 1489, un Florentin, venu à Milan à l'occasion des fêtes du mariage du duc Jean Galéas Visconti, après avoir vu les lieux, déclara sans hésiter qu'il se chargeait de l'entreprise, en répondant de son succès. Cet homme, doué des dons les plus rares, non-seulement était peintre, musicien, sculpteur, architecte, ingénieur et mécanicien; mais il excellait à la fois dans ces diverses professions. Cet homme était Léonard de Vinci.

Ayant apaisé les réclamations qui s'étaient d'abord élevées au sujet du changement de niveau des eaux du canal intérieur, il y fit construire les cinq écluses actuelles qui opérèrent avec un plein succès la jonction tant désirée. Depuis lors le canal intérieur forma une seule ligne navigable avec celui de la Martesana, dont il est regardé comme le prolongement.

Dès avant le sac de Milan par Frédéric Barberousse en 1162, cette ville avait, sans doute comme moyen de fortification, un premier canal d'enceinte qui baignait le pied de ses murs. Lorsqu'elle fut réédifiée en 1172 sur un plan plus vaste, il devint le canal intérieur qui reçut depuis des perfectionnements successifs, notamment sous le gouvernement d'Azzo Visconti, duc de Milan, vers 1330, époque à laquelle ce canal prit le nom de *Redefosso* ou *Redefossi*, qu'on donne encore à une de ses décharges. Dans l'origine, il paraît qu'il avait 40 bras ou 24^{m}· de largeur. Mais depuis l'époque de sa jonction avec le Naviglio de la Martesana, par Léonard de Vinci, il fut ramené à peu près à la largeur uniforme de ce dernier qui est de 18 bras ou de 10^{m},80 à la cuvette, dimension qu'il a toujours conservée. Après cette belle entreprise, les derniers ducs de Milan, appréciateurs des grands talents de Léonard, auraient voulu se l'attacher définitivement, comme ingénieur hydraulicien. Louis XII, qui, après sa rapide conquête du Milanais, succéda en 1501 à ces souverains, lui avait même assigné sur les canaux, qu'il avait tant améliorés, une partie du droit de navigation; mais il ne jouit pas longtemps de cette faveur, car les autres souverains, et surtout Léon X, voulant aussi avoir leur part de son génie, le réclamaient avec instance. Il quitta donc Milan peu de temps après les fêtes magnifiques qu'il avait organisées pour solenniser l'entrée du roi de France dans cette capitale.

Dommages, réparations, améliorations diverses, etc. — La relation des dommages causés à diverses époques par la violence des crues de l'Adda, et celle des améliorations réalisées à la suite, pourraient occuper une très-grande place dans l'histoire du canal de la Martesana ; je me bornerai à un simple aperçu.

En 1480, une de ces crues terribles détruisit en partie la prise d'eau, et entraîna la rupture des digues voisines sur environ 120^m de longueur. En 1566 et 1568, les mêmes dégàts se renouvelèrent à la partie supérieure du canal, par les eaux de l'Adda, et à sa partie inférieure, par celles du Lambro et du Seveso, dont les crues ne lui sont pas moins nuisibles. En 1586, l'Adda, déplacé violemment de son cours habituel, se trouva reporté au pied même de la digue du canal, qu'il menaçait d'une ruine prochaine. Il fallut donc se hâter de lui ouvrir, à grands frais, un lit nouveau à travers la prairie de Fara. Enfin, en 1684, une autre crue plus terrible encore que les précédentes, occasionna les plus graves dégradations dans les ouvrages en lit de rivière, tant au barrage lui-même qu'aux constructions accessoires.

Ces grands dommages furent successivement réparés ; ils furent même l'occasion de quelques améliorations importantes. Déjà, au milieu du XVI° siècle, sous le gouvernement espagnol, on avait exécuté, aux abords de Milan, la grande rectification du Naviglio, qui, auparavant, était excessivement sinueux, depuis Cascina-dei-Pomi, jusqu'à son entrée dans la ville. Mais une amélioration plus essentielle restait encore à obtenir.

Vers 1560, c'est-à-dire environ un siècle après l'achèvement du canal, les bienfaits qu'il avait répandus sur le pays étaient déjà très-marqués, et les populations voisines avaient vu croître rapidement leur richesse et leur bien-être. Il restait cependant encore quelque chose à désirer, et l'on sentait vivement le besoin d'une augmentation notable dans la quantité d'eau dérivée de l'Adda, qui n'était alors que d'environ 484 onces.

Non-seulement tous les terrains convenablement situés ne pouvaient point avoir part à l'irrigation, mais souvent encore la navigation, devenue si importante depuis la jonction des deux rivières dans les murs de Milan, se trouvait retardée ou interrompue par suite de l'insuffisance des eaux. Dans ce cas, pour assurer le passage des bateaux, l'administration était obligée de requérir d'office la fermeture des bouches voisines des points où la pénurie se faisait sentir. Cette mesure, qui n'était pas tout à fait exempte d'arbitraire, donnait lieu aux plus vives réclamations de la part des usagers des eaux d'irrigation, attendu que ce cas n'était pas prévu dans leurs concessions. Il fut donc décidé, en 1572, qu'une quantité supplémentaire de cent onces d'eau serait introduite dans le canal. Mais la chose n'était pas sans difficultés, car la dérivation n'ayant point été destinée originairement à une si grande portée, il s'agissait d'exécuter sur toute sa longueur une augmentation de section, qui devenait très-difficile dans la région supérieure, où son lit était déjà creusé au milieu des roches escarpées de la côte de l'Adda; il s'agissait de modifier, ou de reconstruire à neuf, la plus grande partie des ouvrages d'art, de subir un chômage long et préjudiciable; il s'agissait enfin de subvenir à tant de dépenses, à une époque où les finances de tous les états de l'Europe se trouvaient plus ou moins obérés. Néanmoins, en présence des avantages évidents de cette opération, toutes les difficultés s'aplanirent, et dans la même année où le projet venait d'être arrêté, il se présenta des entrepreneurs pour le mettre immédiatement à exécution. On décida que le canal aurait 18 bras, ou $10^m,80$ de largeur à la cuvette; ce qui fut fait partout, sans avoir égard aux difficultés du terrain.

La dépense d'exécution s'éleva à 43.520 liv., ou à environ 1.300.000 fr. d'aujourd'hui; mais cette somme était minime, en comparaison des avantages qu'elle produisit immédiatement. On avait évalué par approximation à 22 onces la quantité d'eau à aliéner, pour réaliser de suite les fonds nécessaires à l'exécution de l'entreprise. Or, cette quantité d'eau, acquise par neuf particuliers, par bouches de 1 à 5 onces, produisit 68.775 livres, c'est-à-dire 3.126 livres par once, valeur que l'eau d'irrigation n'avait pas encore atteinte jusqu'alors.

On voit, en outre que, seulement sur la vente de ces 22 onces, formant moins du quart de l'accroissement total, et que l'on avait présumé devoir à peu près solder les travaux, il restait, toute dépense payée, 25.255 livres qui purent se capitaliser au profit de l'État. Tout cela s'explique lorsque l'on comprend les grands avantages de l'irrigation. Mais ensuite, il s'agissait ici d'une entreprise sortant des circonstances ordinaires, en ce qu'elle était, au plus haut degré, l'objet de la faveur publique, et qu'elle excitait le patriotisme des hommes de toutes les conditions. De sorte que la conception de l'entreprise, le payement de l'eau vendue d'avance, l'exécution des ouvrages et le concours des populations, tout cela eut lieu d'enthousiasme. Voici la narration intéressante que fait à ce sujet l'historien Settala (1).

« Trois cents maîtres maçons attaquèrent simultanément les roches de la côte, sur 20 à 30 bras (12^{m} à 18^{m}) de hauteur, et sur une très-grande longueur. Dans le même temps une multitude de manœuvres, travaillant au déblai des terres, les chargeaient dans des barques et bateaux qui allaient promptement se vider dans l'Adda. D'autres s'occupaient à faire entraîner ces déblais par les eaux dans la crainte qu'ils n'en arrêtassent le cours. Sur la

---

(1) SETTALA, *Rilus. del. nav. Martes.*, p. 90.

longueur de 8 à 9 milles (1.500^m), où le canal était mis à sec, les ouvriers étaient tellement nombreux, et se livraient avec tant d'ardeur à creuser le sol, à tailler la pierre, à poser des fondations, à élever des maçonneries, etc., qu'on eût cru voir une masse d'industrieuses abeilles occupées à recueillir leur miel. Les travaux se poursuivaient sans aucune interruption, dans la crainte des mauvais temps, de sorte que, pendant la nuit, toute la côte était illuminée par les étincelles qui jaillissaient continuellement des rochers, sous l'acier des outils. Les magistrats de Milan venaient en corps visiter les ateliers, afin d'encourager les travailleurs; c'est ainsi que, dans le délai prescrit, l'entreprise fut heureusement terminée, et reçue solennellement par le gouverneur en personne. »

L'avantage immédiat réalisé par cette belle opération fut, comme on l'avait désiré, l'introduction nouvelle de 100 onces d'eau dans le canal; 22 étaient à la vérité déjà aliénées à perpétuité, mais à un prix très-élevé, et les 88 onces restant disponibles étaient plus que suffisantes pour assurer en tout temps le service de la navigation, sans avoir désormais à imposer de fâcheuses restrictions aux arrosages. Les bateaux qui, jusqu'alors, n'avaient pu porter que 75 quintaux, furent mis aussitôt en état d'en recevoir 150. Le droit perçu au passage des écluses s'améliora, pour le gouvernement, à peu près dans la même proportion, sans que cela fît aucun tort au commerce. Le nombre des moulins et usines fut aussi beaucoup augmenté. C'est donc réellement de cette époque que date la grande prospérité du canal de la Martesana.

Un des premiers usages que l'administration fit du nouveau volume d'eau dont il venait d'être doté, fut de restituer pour le nettoiement des égouts de la ville de Milan, les 12 onces dont ils avaient été indûment privés depuis plusieurs années par le détournement du Nirone, dans l'intérêt de la citadelle. On avait bien objecté alors contre cette fâcheuse opération, que les eaux dérivées étaient indispensables pour l'entraînement des immondices de toute nature qui tendaient à s'accumuler dans ces égouts d'une manière funeste pour la santé publique; mais des raisons majeures avaient apparemment commandé une telle mesure.

Le canal de la Martesana, déjà si exposé aux ravages des eaux, eut encore à souffrir des désastres de la guerre. En 1658, lorsque l'armée française eut passé l'Adda, sous la conduite de François d'Este, duc de Modène, que Louis XIV avait institué généralissime de ses troupes en Italie, une mine fit sauter 45^m de longeeur de la grande digue du canal, en précipitant les matériaux dans la rivière. Une autre mine, disposée à la partie supérieure de la côte, encombra son lit un peu en avant de la brèche ainsi ouverte; de sorte que, par ce moyen infaillible, les eaux furent complétement détournées, ce qui mit à sec le canal jusque dans l'in-térieur de Milan. Les conséquences de cette opéra-tion étaient désastreuses; car, indépendamment de ce que l'eau de l'Adda était la seule employée dans toute la partie supérieure de la ville pour les usa-ges domestiques, les moulins se trouvant ainsi arrêtés, elle était menacée de famine.

Cependant les hostilités ayant promptement cessé sur ce point, l'administration publique se hâta de réparer le désastre. La chose était difficile, et deux inconvénients étaient également à craindre : d'une part, la privation des eaux devenant intolérable pour la ville de Milan, il fallait à tout prix lui en rendre immédiatement l'usage ; d'un autre côté, en réparant avec précipitation une avarie aussi grave que la rupture d'une digue de plus de 20^m de hau-teur, on s'exposait à ne faire qu'un ouvrage sans consistance et sans durée.

Voici de quelle manière on opéra, d'après les plans de l'ingénieur Robecco : comme déjà à cette époque il existait sous le canal, en ayal de la brè-che, une quantité assez considérable de siphons conduisant des eaux particulières provenant de plusieurs sources importantes, on exigea, pour cause d'utilité publique, le percement de la partie supérieure de ces siphons ; de sorte que les eaux jaillissant ainsi, sur un grand nombre de points à la fois, dans le lit même du canal, s'y rassemblè-rent en quantité notable, et suivant la pente du lit arrivèrent bientôt, comme une manne bienfaisante, au milieu de la ville altérée. Après qu'il eut été ainsi ingénieusement pourvu à cette première urgence, la partie supérieure du canal, en amont de la brèche, qui s'agrandissait de jour en jour, fut immédiatement mise à sec, au moyen du même batardeau de chômage, qui est encore en usage aujourd'hui ; et l'on put alors procéder, avec le temps et les soins nécessaires, à ce travail important, qui réclamait l'emploi de 14 à 15 mille mètres cubes de maçonnerie hydraulique. La brèche réparée, les siphons que l'on avait ouverts le furent bientôt à leur tour, et les eaux de l'Adda continuèrent d'arriver régulièrement à la partie supérieure de la ville.

Cet événement, dû aux chances déplorables de la guerre, ne fut pas le dernier de ce genre qui menaça l'existence du canal de la Martesana. Le 24 mars 1711, non plus par la même cause, mais par le seul effet de l'impétuosité des eaux, une autre grande rupture se manifesta encore, et plus de 200^m de longueur de la digue, située entre Vaprio et Groppolo, furent entièrement entraînés. Ce désastre ne pouvait pas arriver d'une manière plus funeste, au moment même de l'ouverture de la saison des arrosages. Il fallut donc faire toutes les diligences possibles pour assurer sa prompte réparation. L'ingénieur Pessina, qui fut immédiatement délégué pour visiter les lieux, reconnut la nécessité de reconstruire en maçonnerie de briques l'ancienne digue, qui n'était qu'en terre, de fortifier par des revêtements et contre-forts la partie restante, afin de préserver le lit du canal sur toute la partie en remblai, par un radier en béton, formé de chaux hydraulique, sable et cailloux. Ce système ayant été approuvé par l'administration, il fut procédé sans délai à l'exécution de ces ouvrages; et attendu que le gouvernement n'avait pas les fonds nécessaires, ce fut aux usagers des canaux que l'on eut recours pour subvenir à la dépense, comme cela s'était déjà fait dans une semblable occasion, sur le canal du Tessin, après la grande crue de 1705. Cette dépense, qui ici s'élevait à plus de 86.000 livres, fut réalisée de même au moyen d'une imposition extraordinaire de 100 livres par once d'eau continue, et de 80 livres par once d'eau temporaire, soit d'hiver, soit d'été. En outre, l'augmentation du droit de navigation sur tous les canaux du Milanais, augmentation qui devait cesser en 1713, fut provisoirement prorogée de manière à pouvoir couvrir, ou parfaire, le montant des emprunts qui furent contractés dans cette circonstance. De cette manière, on évita les retards et les pertes de temps qui eussent été si préjudiciables. Les travaux commencés vers le milieu d'avril furent terminés en moins de six semaines. Un concours immense de personnes de tout rang s'était porté sur le canal, le jour de leur réception. Des applaudissements universels, accordés à l'administration et aux ingénieurs, saluèrent le retour des eaux qui furent immédiatement rendues tant à la ville de Milan, qu'aux prairies, aux champs et aux rizières, assez à temps pour qu'aucune récolte ne fût compromise.

Quoique présentés d'une manière très-succincte, les détails contenus dans ce paragraphe montrent à combien de vicissitudes fut exposé le canal de la Martesana. Ces détails, et ceux du même genre, donnés dans les chapitres précédents, font faire en outre une réflexion que voici : c'est que, dans toutes les occasions importantes, dans tous les événements graves qui sont venus mettre en question l'existence des canaux du Milanais, le zèle de l'administration, le talent des ingénieurs, et le loyal concours des habitants, dans les sacrifices à supporter, n'ont jamais rien laissé à désirer. Il en serait encore de même aujourd'hui, dans ce pays où chacun apprécie d'une manière si sage les vrais intérêts publics.

Description et tracé.—Le canal de la Martesana, qui, a sa prise d'eau, à environ 10 kil. en amont de celle de la Muzza, est dérivé de la rive droite de l'Adda, à Concesa, au pied de l'ancienne forteresse de Trezzo, au moyen d'un grand barrage dont la disposition et les ouvrages accessoires sont représentés pl. VII. La longueur totale du canal actuel est de 44.985^m, savoir : 38.700^m depuis la prise d'eau jusqu'à Milan, et 6.285^m pour le canal intérieur de cette ville. De Trezzo à Groppolo, le canal est soutenu, pendant un trajet d'environ 9.000^m sur la côte de l'Adda, à une hauteur de 15^m à 20^m au-dessus du niveau de cette rivière. Dans ce trajet, qui a exigé de grands travaux, il est ouvert, tantôt dans la roche, tantôt dans des graviers, qu'il a fallu étancer par l'emploi de bétonages. Arrivé à Cassano, il forme un coude considérable, et, prenant une direction presque perpendiculaire à son premier trajet qui longe le cours de l'Adda, il se dirige vers Milan, suivant des directions tantôt rectilignes, tantôt sinueuses, mais généralement subordonnées aux pentes et accidents naturels du terrain. Il passe, près Gorgonzola, le torrent de la Molgora, sur un pont-canal composé de trois arches de chacune $19^m,50$ d'ouverture. Cet ouvrage, construit de 1460 à 1462, passe pour avoir été le premier de ce genre qui ait existé en Italie. Aux approches de Milan, il reçoit successivement les eaux du Lambro et du Seveso qui lui sont extrêmement nuisibles, et aux inconvénients desquelles les déchargeoirs, construits postérieurement, ne remédient que d'une manière très-insuffisante.

Les pentes du Naviglio de la Martesana, excédant beaucoup celles qui conviennent à un canal d'arrosage et de navigation, varient de $0^m,36$ à $0^m,58$ par kilomètre. Les principales communes qu'il traverse sont celles de Concesa, Vaprio, Fornaci, Groppolo, Gorgonzola, Colombarolo, Crezenzago et Milan.

Principaux ouvrages d'art. — Outre l'écluse et

le pont-canal dont il vient d'être fait mention, voici le détail des ouvrages d'art les plus essentiels existant sur ce naviglio :

1° Grand déversoir de Concesa, de 268^m de longueur à l'origine de la dérivation ; au même lieu, trois déchargeoirs ayant ensemble vingt-deux vannes de fond ; 2° à Vaprio, deux déchargeoirs semblables, ayant ensemble sept vannes ; 3° à Gorgonzola, le pont-canal dont il vient d'être fait mention ; 4° à Vimodrone, déchargeoir du Fugone, d'une seule grande vanne ; 5° au confluent du Lambro, deux déchargeoirs ayant ensemble dix-neuf vannes avec déversoir contigu de 27^m de longueur ; 6° à Cascina, l'écluse de navigation ; 7° au confluent du Seveso, un déversoir de 11 mètres ; 8° à Milan, le grand déchargeoir du Redefosso, composé de douze vannes, et le déversoir du même nom, de 23^m de longueur. Les massifs de ces déversoirs, ainsi que les seuils, jouées, ou bajoyers, des empèlements de décharge, sont construits en maçonnerie de briques ou de pierres de taille. Ils furent établis successivement, et au fur et à mesure des grandes avaries qui ont été signalées plus haut.

La seule écluse de navigation qui existe à Cascina-dei-Pomi, a 44^m,69 de longueur, 5^m,95 de largeur, et 1^m,82 de chute. Un moulin est établi sur le canal de fuite contigu, et son entretien est, par cette raison, à la charge de l'usinier.

Les autres ouvrages d'art du canal consistent dans

sept ponts et six aqueducs établis pour le passage de routes et chemins, ainsi que pour la conduite d'eaux de sources appartenant à des particuliers.

D'importants ouvrages de défense se trouvent réunis vers l'origine du canal et sur les dix premiers kilom., pendant lesquels il côtoie de très-près la rive droite de l'Adda. Ces ouvrages sont les suivants : 1° de Concesa à Vaprio, 1.860 mètres courants de perrés, ou murs de revêtement, en libages et galets, construits tant à sec qu'à mortier, et consolidés par des enrochements ; 2° de Vaprio à Groppolo, la digue de la Cappellata, de 815 mètres de longueur avec enrochement et pieux d'enceinte ; 3° la digue ou l'épi de Fara, de 370 mètres de longueur, construite en libages à sec, et consolidée à sa base comme la précédente ; 4° grand épi du Morone, long de 590^m, présentant aux abords du canal, dans les grandes crues de la rivière, une deuxième ligne de défense très-importante, déjà souvent mise à l'épreuve, et qui même a déjà été en partie détruite par la violence des eaux. Enfin, plusieurs autres constructions analogues existent dans le même but sur le reste du tracé, mais sont beaucoup moins importantes, attendu qu'elles protégent des parties bien moins menacées.

Les simples revêtements de berges en maçonnerie de briques occupent une longueur totale de 44.523^m, non compris les 12.570^m qui garnissent entièrement les deux rives du canal intérieur, et dont l'entretien est à la charge des riverains.

Les hydromètres sont nombreux sur cette dérivation, et cela s'explique par le besoin de surveiller attentivement l'approche des crues de l'Adda, qui lui ont été si désastreuses. Celui qui forme le principal régulateur est placé à Concesa. Le niveau normal des eaux y est repéré sur une plaque de granit, encadrée dans un massif de maçonnerie ordinaire. Dans les crues il sert à montrer à quel degré, ou en quel nombre il faut lever les vannes des déchargeoirs. Dans les très-basses eaux, outre la fermeture exacte de ces vannes, et le placement des hausses dont on les couronne, on est souvent obligé de diminuer l'ouverture de la Roggia dei Molini, dérivation assez considérable située à l'extrémité inférieure du grand barrage. D'autres repères invariables font aussi fonction de régulateurs sur plusieurs points du Naviglio, notamment à Vaprio, a Vimodrone, au confluent du Lambro, et à l'aqueduc de Saint-Marc à l'entrée de Milan. C'est surtout ce dernier repère dont l'observation est importante, parce que, d'après la manœuvre convenable des vannes du déchargeoir qui en est voisin, il sert à régler le volume et le niveau d'eau du canal intérieur de manière à y entretenir le volume que réclament la dépense régulière des bouches et le service de la navigation, sans néanmoins produire d'exhaussements notables, vu le grand nombre de maisons, fabriques et usines qui ont leur rez-de-chaussée presque aussi bas que le niveau normal des eaux. Le voisinage du confluent des eaux torrentielles du Lambro et du Seveso, rend cette surveillance de l'hydromètre de Saint-Marc encore bien plus importante. On doit incessamment établir encore quatre nouveaux hydromètres, du modèle uniforme adopté par l'administration, c'est-à-dire formés d'une plaque de granit de $1^m,60$ de longueur sur $0^m,60$ de largeur et $0^m 20$ d'épaisseur, dans laquelle est encastrée une plaque de marbre blanc de dimensions moindres, portant l'échelle de graduation en mesures milanaises. (Pl. XVII.)

Les ouvrages d'art existant sur le canal intérieur sont les suivants : 1° 17 ponts en maçonneries de briques et de pierres de taille ; à l'exception d'un seul qui a deux voûtes, ils sont tous à une seule arche de même largeur que celle du canal, qui varie de 9^m à $10^m,80$; 2° trois maisons et magasins appartenant à l'administration, avec des terrains aux abords, dont la jouissance est laissée aux gardes, sauf le temps où ils peuvent être réclamés comme chantiers ou lieu de dépôt pour les produits du curage; 3° cinq écluses à sas ayant depuis $0^m,75$ jusqu'à $1^m,80$ de chute ; leurs longueurs varient également depuis $31^m,50$ jusqu'à $36^m,30$, et leurs largeurs depuis $5^m,45$ jusqu'à $7^m,00$; 4° trois déchargeoirs de chacun deux vannes ; ils sont très-anciens ; celui qui est situé près de l'église Sainte-Apollinaire, et qui donne naissance à la Vettabia, remonte à l'année 1169, et fut réclamé par les habitants de la ville comme moyen d'écoulement pour ses égouts. Dans le chap. IX qui précède, j'ai dit pourquoi ce canal de décharge pouvait être regardé comme la première source des irrigations du Milanais.

Surveillance, entretien et curage. — Indépendamment des ingénieurs et des employés sous leurs ordres, la surveillance immédiate du canal est confiée à huit gardes, qui sont logés, comme sur les autres canaux, dans des maisons appartenant à l'administration. Les longueurs de leurs stations varient de 3.200 à 10.000 mètres. Les deux gardes dont les fonctions ont le plus d'importance, sont celui qui surveille à Concesa la prise d'eau proprement dite, ainsi que les travaux d'art qui l'avoisinent, et celui qui règle, aux portes de Milan, l'alimentation du canal intérieur.

Tous les ouvrages dont il vient d'être parlé dans le paragraphe précédent, sont à la charge de l'État, à l'exception des murs de revêtement du canal intérieur, qui, étant considérés comme murs de soutenement des propriétés riveraines, sont à la charge de la ville ou des particuliers.

Les chômages du canal de la Martesana, et, par conséquent, ceux du canal intérieur qui n'est que son prolongement, ont lieu deux fois par an ; le premier dure 17 jours, et a lieu en avril, et le second, qui dure 5 jours, a lieu en septembre. Pendant le chômage principal, qui est celui du printemps, le Naviglio doit être complétement mis à sec, et, par conséquent, complétement évacué par les bateaux. Des avis publiés par l'administration, dans le courant de mars de chaque année, renouvellent aux propriétaires, bateliers, et autres intéressés, l'obligation de se mettre en règle sur ce point. Le deuxième chômage, celui de septembre, n'est nécessité que par l'obligation d'enlever les boues et graviers que déposent le Lambro et le Seveso, par suite de leur communauté avec le canal. On profite, il est vrai, de ce chômage supplémentaire pour exécuter, une seconde fois et très-utilement, le faucardement des herbes qui croissent avec beaucoup de rapidité.

La mise à sec ordinaire du Naviglio s'exécute sans frais, avec beaucoup de facilité, au pont dei Pedoni, près Concesa, au moyen d'une paire de portes qui barrent l'arche gauche, et de deux vannes qui ferment l'arche droite. Mais comme, tous les huit ou dix ans, il devient nécessaire d'effectuer également cette mise à sec entre la prise d'eau et le pont susdit, ou entre Trezzo et Concesa, elle s'obtient au moyen du batardeau de chômage, usité actuellement sur tous les canaux du pays, et dont la description se trouve donnée au tome II. Ce batardeau, lorsqu'il est placé à l'embouchure du canal, dans l'Adda, a 16^{m} de longueur et $2^{m},40$ de hauteur, les frais que réclament sa pose et son enlèvement ne sont que de 350 livres d'Autriche ou de 270 fr. Pendant le chômage du printemps, qui est destiné principalement au nettoyage du canal intérieur, on établit un deuxième barrage temporaire à l'aqueduc Saint-Marc, près la porte neuve de Milan, afin d'obliger les eaux du Seveso et du Lambro à s'écouler par le déchargeoir du Redefosso. Depuis plusieurs années, il est question de remplacer les barrages temporaires, qui se placent en ces deux points, par des portes busquées dont la manœuvre serait beaucoup plus prompte. Les curages du canal intérieur s'exécutaient d'abord par sa mise à sec et par le dépôt des boues sur les bords. Ces boues provenant en grande partie des égouts de la ville et se composant des immondices tant des maisons particulières que des établissements publics, hôpitaux, boucheries, etc., répandaient une odeur fétide et des miasmes auxquels on attribua plusieurs fois les maladies épidémiques qui vinrent affliger la ville. De plus, leur enlèvement à l'état presque liquide se faisait avec difficulté, d'une manière à la fois dégoûtante et coûteuse, de sorte que l'opération était mauvaise de quelque manière qu'on la considérât.

Depuis longtemps ce mode a été abandonné, et actuellement le curage du Naviglio-Interno s'exécute, d'une manière beaucoup plus habile, par la manœuvre de rabots traînés par des chevaux, et par l'emploi des chasses, que l'on se procure en ouvrant, comme il convient, les portes d'écluses en amont et les déchargeoirs en aval. Les frais de cette opération qui se fait en hiver, et qui est infiniment moins coûteuse que l'ancienne méthode, continuent d'être supportés, moitié par les riverains, moitié par les propriétaires des égouts ayant leur débouché dans le canal. Le même système avantageux de curage au moyen des chasses d'eau se pratique, aujourd'hui pour le nettoyage des égouts de la ville par le seul emploi d'une bouche de 6 onces, réservée à cet effet sur le canal de la Martesana.

Pour rendre moins fréquents et moins considérables les curages du Naviglio-Interno, et ceux de la partie inférieure du canal de la Martesana, il avait été question, depuis très-longtemps, de faire cesser leur principale cause en opérant le passage du Lambro au moyen d'un pont-canal, comme cela existe sur le torrent de la Molgora. Vers le milieu du XVIe siècle, un projet avait même été rédigé à cet effet; et la dépense, qui était évaluée à un chiffre assez bas, devait être supportée, les deux tiers par le gouvernement, et l'autre tiers par les particuliers. Mais il s'éleva des doutes sur la bonté du projet qui fut indéfiniment ajourné; de sorte que le Lambro continue de déposer dans le canal, à chacune de ses crues, de grandes masses de graviers; inconvénient auquel les déchargeoirs, construits en 1588, ne remédient que très-imparfaitement. Les curages sont donc ici une opération des plus importantes, surtout dans l'intérieur de Milan. L'exécution de ces curages, ainsi que l'entretien des ouvrages d'art à la charge de l'État, sont adjugés à un entrepreneur, moyennant la somme annuelle de 24.237 fr.

Modellation, portée d'eau, prix de l'arrosage, etc. —Je ne dirai que très-peu de mots sur la modellation des bouches du canal de la Martesana ; cette opération y a subi à peu près les mêmes difficultés que sur les autres canaux du Milanais, et a cependant fini par se réaliser d'une manière assez complète. Vers la fin du XVIe siècle, le nombre des bouches était de 6o, non compris les deux principales, destinées, l'une pour le service de la ville, l'autre pour le château de Milan. A cette époque, la navigation se trouvant fréquemment gênée, ou même interrompue, notamment sur le canal intérieur, des restrictions furent alors imposées à la dépense des eaux; des règlements sévères prescrivirent, sans distinction, la fermeture des bouches pendant deux jours de la semaine; mais ces précautions furent insuffisantes, et l'on en vint forcément à l'application du module milanais, qui depuis trois siècles a continué de servir de régulateur à tous les canaux du pays. Quoique son application n'ait eu lieu d'abord qu'incomplétement, 35 ou 4o onces d'eau furent aussitôt restituées au canal; ce qui suffit pour y maintenir en tout temps la navigation qui était en souffrance. Pendant les XVIIe et XVIIIe siècles, les choses restèrent à peu près dans le même état; car, bien qu'il existât encore beaucoup de prises d'eau sans régulateur, on n'obtint la réformation que d'un certain nombre d'entre elles, et des difficultés réelles ou des titres positifs s'opposèrent à la modellation des autres.

La portée d'eau du canal, mesurée par la dépense légale des bouches, est de 584 onces ou de $25^{m.c.}$,696 par seconde. 92 onces forment la dotation du canal intérieur, et 492 se distribuent sur le Naviglio-Martesana. La même portée d'eau évaluée *à priori*, d'après un jaugeage fait à Concesa, les eaux étant à leur niveau normal, a été trouvée de 654 onces, ou de $28^{m.c.}$,776 par seconde, ce qui donnerait une différence de 70 onces ou de $3^{m.}$,08 par seconde, que l'on doit, d'après cela, considérer comme absorbées : 1° par l'évaporation, 2° par les filtrations, 3° par les abus qui ont encore lieu au moyen d'un certain nombre de bouches non réglées.

Les bouches du canal de la Martesana sont au nombre de 85, non compris les 30 qui se trouvent sur le canal intérieur. Elles sont généralement modellées et servent, tant pour l'irrigation que pour le roulement des usines. Sur ces 85 bouches, 75 sont à gauche et 10 à droite du canal. Les plus petites sont les Bocchetti, Balabio et Orrigoni, de chacune $\frac{1}{4}$ d'once continue. La plus grande est la Bocca Serbelloni, de 27 onces, en trois bouches séparées, de chacune 9 onces; disposition utile que l'administration exige toujours actuellement, pour éviter des différences fâcheuses dans le débit, par once, des grands et des petits orifices. Les autres grandes bouches du canal sont de 12 à 15 onces; la portée moyenne est de 5 à 6. Les unes sont concédées pour l'eau continue, ou des deux saisons; un assez grand nombre sont temporaires, et restreintes à l'eau d'été ou à l'eau d'hiver. Il en est de même qui sont limitées à tant de jours, à tant d'heures. Quelques-unes de ces bouches sont assujetties à rendre les colatures dans la partie inférieure du canal. Parmi celles qui ont été l'objet des plus anciennes concessions à titre gratuit ou onéreux, il en est certaines qui ne sont pas autrement limitées que par cette désignation : « pour l'irrigation de tel jardin, pour l'irrigation de telle portion de prairie; » disposition reconnue comme étant des plus fâcheuses, attendu qu'elle prête considérablement à l'arbitraire et aux abus, et devient tôt ou tard une source de contestations.

Les bouches d'été absorbent les 492 onces d'eau disponibles dans l'état actuel du canal; les bouches d'hiver, concédées à perpétuité, en absorbent 305. De plus, sur ce canal, comme sur les autres, l'administration accorde aux usagers des bouches d'été, des concessions éventuelles d'eau d'hiver, jusqu'à concurrence de la quantité disponible. Cette quantité, variable, d'une année à l'autre, suivant la demande plus ou moins grande qui en est faite, est évaluée moyennement à 150 onces, ce qui porte à 455 onces le total de l'eau d'hiver que distribue annuellement le canal de la Martesana.

Sur le canal intérieur, compris depuis l'aqueduc de Saint-Marc jusqu'à l'écluse de Viarenna, il existe 3o bouches qui sont toutes à écoulement continu ; il y en a 23 à gauche et 6 à droite. Une partie seulement est régulièrement modellée. La plus grande est celle de la fabrique d'armes, d'environ 3o onces, mais d'un débit variable, attendu qu'elle est sans module. Une autre grande bouche, aussi dans le même cas, est la bocca Borgognona, du débit d'environ 24 onces. La plus petite bouche (bocchetto Vittoria) n'est que de $\frac{1}{3}$ d'once ; la dimension moyenne de ces bouches du Naviglio-Interno est de 3 à 4 onces. Il est à remarquer que, tandis que le canal de la Martesana ne fournit au canal intérieur que 92 onces d'eau, les bouches de ce dernier en débitent plus de 136 onces, c'est-à-dire plus de moitié en sus, en partie pour l'irrigation, mais principalement pour le roulement des usines, et autres usages industriels ou domestiques, dans l'intérieur de la ville. Cette circonstance est facile à concevoir, car les 7 ou 8 premières bouches qui absorbent d'abord les 92 onces susdites les rendent presque en totalité dans la partie moyenne du canal pour l'usage des bouches situées en aval, dont quelques-unes restituent elles-mêmes leurs eaux dans les biefs inférieurs, d'où elles sont ensuite distribuées en arrosages.

Ici se vérifie l'observation que j'ai déjà faite sur ce qu'on voit fréquemment dans la Haute-Italie un même volume d'eau devenir plusieurs fois productif, en servant consécutivement aux usines, à la navigation et aux arrosages.

Les prix minimes qui servent de base pour les adjudications des eaux du canal de la Martesana sont fixés ainsi qu'il suit, pour chaque once milanaise.

				Liv. d'Autr.	Francs.	
de	eau		vente	13.000 liv.	11.310,fr.	00
	continue		location à bail	550	478	50
Cassano			id. éventuelle	520	452	40
à	eau		vente	11.600	10.092	00
Colombarolo	d'été		location à bail	500	435	00
			id. éventuelle	464	403	68
de là	eau		vente	13.500	11.745	00
	continue		location à bail	575	500	25
à			id. éventuelle	540	469	80
Milan	eau		vente	12.200	10.614	00
	d'été		location à bail	525	456	75
			id. éventuelle	478	424	66

Prix moyen de l'eau d'hiver. . . . . 77 liv.   67 fr. 00

Rapport avec celui de l'eau d'été. . . . . . . 1 à 6

D'après cela, pour les irrigations ordinaires d'été, le prix moyen annuel de la location de l'eau, calculé par hectare, n'est que de 12,fr.15; ce qui est extrêmement avantageux pour l'agriculture.

Le nombre des donations et aliénations s'étant successivement accru, sur le canal de la Martesana,

27

qui a bientôt quatre cents ans d'existence, les redevances qui y subsistent encore, sont, pour l'État, d'un produit tout à fait minime.

Les irrigations effectuées avec ces eaux s'étendent en été, sur environ 22.000 hectares, parmi lesquels on remarque quelques rizières; et en hiver, sur 4.600 hectares de *marcite*.

Sur la partie supérieure du canal, il existe environ 60 roues hydrauliques appartenant à des moulins, papeteries, scieries, filatures, foulons à riz et fabriques diverses; 32 autres roues semblables sont encore mises en mouvement dans l'intérieur de la ville, notamment sur les déchargeoirs du Naviglio-Interno. Ces diverses roues, qui sont à aubes et d'un système fort ancien, consomment beaucoup trop d'eau; et, quoique ce soient probablement des roues de même forme qui aient, dans l'origine, donné lieu à l'ancienne dénomination, de la *ruota*, volume d'eau de 6 onces, réputé être la force motrice d'une roue ordinaire, il n'en est pas une seule, parmi celles que je cite, qui fonctionnerait convenablement avec ce débit normal de 264 litres par seconde.

Ici finit la tâche que j'avais entreprise en ce qui touche la description détaillée des canaux d'arrosage de l'Italie. Les bords de l'Adda ne sont point cependant les colonnes d'Hercule de l'irrigation. Elle se propage, même encore avec beaucoup de succès, sur une grande étendue des plaines, situées dans les provinces de Mantoue, Vérone, Bergame, Brescia,

Crémone, etc. Mais cette industrie n'est plus aussi florissante dans ces provinces que dans le Milanais; en quittant les confins de ce territoire, on la voit décroître sensiblement jusqu'aux bords de l'Adige où elle cesse à peu près totalement. Quoiqu'une grande quantité de dérivations destinées aux arrosages existent dans ces provinces, il ne serait plus maintenant ni instructif, ni intéressant de décrire ces canaux dont la plupart n'ont qu'une portée de 3o, 4o ou 6o onces, alimentés d'une manière médiocre, et n'offrant généralement aucun ouvrage remarquable.

Je me borne donc, dans le chapitre suivant, à les indiquer sommairement et à les comprendre dans le résumé général des irrigations de la Lombardie.

CHAPITRE QUATORZIÈME.

Irrigations des provinces de Bergame, Crema et Crémone.

En continuant de suivre la marche que j'ai adoptée dès le commencement des descriptions contenues dans ce volume, je parlerai d'abord des irrigations effectuées à l'est du territoire milanais, par le moyen de divers canaux dérivés de la rive gauche de l'Adda. Elles jouissent de la régularité que procure la situation avantageuse et le grand volume de cette rivière. Ces dérivations sont au nombre de trois, savoir :

    1° Roggia Vajlata, de . . . . .   85 onces.
    2° Naviglio Retorto de . . .   190
    3° Roggia Rivoltana, de . . .   151

    Ensemble. . . . . .   426 onces.

La première et la troisième desservent les provinces de Bergame et Crema, la seconde le territoire de Crema seulement.

L'Oglio qui sort du lac d'Isseo, avec un volume régulier, fournit aussi de bons arrosages aux terrains situés sur ses deux rives. Les provinces de Bergame et de Cremone, profitent principalement des eaux distribuées sur la rive droite. Les cinq canaux existant sur cette rive, sont les suivants :

1° Rogia Sale, de la portée de . .   23 onces.
2° Roggia Madama.   40
3° Naviglio Tivico, ou de Cremone.   420
4° Naviglio Pallavicino (ancien). .   90
5° Naviglio Pallavicino (nouveau).   72

Ensemble. . . . . .   645 onces.

La province de Bergame use également des eaux du Serio, qui alimentent neuf dérivations principales, dont les six premières sont à droite, et les trois dernières à gauche. Voici leurs noms et leurs portées :

1° Roggia Serio. . . . . . .   45 onces, 50
2° Roggia Morlana.   35   , 50
3° Roggia Guidana.   11   , 00
4° Roggia Vescovada.   8   , 00
5° Roggia Fonte Perduto. . . .   7   , 00
6° Roggia Secchia.   9   , 00
7° Roggia Borgognona. . . .   31   , 00
8° Roggia Bonsaporta.   23   , 00
9° Roggia Cattanea.   11   , 00
10° Six autres roggie de moindre
importance.   70   , 00

Ensemble. . . . . .   251 onces, 00

Six canaux d'arrosage sont dérivés du Brembo ; le premier, qui est sur la rive droite, dessert le territoire de Bergame, les quatre autres, sur la rive gauche, s'étendent sur celui de Crema. Ils sont disposés ainsi :

1° Soriola de Filago. . . . . . . 23 onces.
2° Roggia Brambilla. 34
3° Roggia Visconti. 45
4° Roggia Trevigliese. 68
5° Roggia Melzi. 23
6° Soriola Alinina. 171

Ensemble. 364

Dans les trois provinces de Bergame, Crema et Crémone, les dérivations réunies de l'Adda, de l'Oglio, du Serio et du Brembo, représentent donc ensemble. . . . . 1.685 onces.

Irrigations alimentées par des
   sources. 200
Total des eaux d'été employées
   dans ces provinces. . . . . 1.885 onces.

Arrosant, eu égard aux rizières, environ 62.000 hectares.

Irrigations de la province de Brescia.

Les principales sont celles qui sont effectuées à l'aide des dix canaux de la rive gauche de l'Oglio ; plusieurs d'entre eux sont importants, et le lac d'Iseo leur procure une alimentation bien réglée. Voici leurs noms et leurs portées :

1° Roggia Fusa. . . . . . . 151 onces, 50
2° Seriola di Chiari. 200
3° Seriola Castrina. 144

à reporter. . 495   50

Report. . . .	495	, 50
4° Seriola Trenzana.	100	
5° Seriola Bajona.	102	
6° Seriola Rudiana.	60	, 50
7° Seriola Castellana.	81	
8° Seriola Vescovada.	80	
9° Seriola Rovati.	85	
10° Seriola di Orci-Novi. . .	50	
Ensemble.	1.054^{onces}	, 00

La première de ces dérivations, la roggia *Fusa*
ou *Fosia* prend naissance, tout près du point où
la rivière sort du lac, au lieu dit Monte-Fosio, d'où
elle a tiré son nom. Elle fut ouverte en 1347, par
les soins des comtes d'Iseo, seigneurs de cette contrée
dans le moyen âge. Pendant les guerres qui ensan-
glantèrent l'Italie dans le XVI° siècle, cette propriété changea plusieurs fois de mains ; mais depuis
longtemps elle appartient à la commune de Novate,
qui en retire un très-grand avantage.

Ce canal est un de ceux qui furent compris dans
les traités conclus au XVIII° siècle, entre l'impé-
ratrice Marie-Thérèse et la république de Venise,
par suite de ce que l'Oglio, d'où il dérive, formait
jadis frontière entre les États de ces deux puissan-
ces. Le traité qui concerne la Roggia Fusa, est celui
dit de Vaprio, en date du 17 août 1754.

Avec une largeur réduite d'environ 8^m, la Roggia
depuis son origine jusqu'à Rovate, est navigable

sur 3o kil. de longueur, pour de petits bateaux qui chargent 1000 à 1.200 kilog., ce qui est très-utile au pays situé dans le voisinage du lac, au nord de la province de Brescia. Les irrigations qu'il procure ont lieu principalement sur les communes de Erbusco, Rovato et autres territoires voisins.

La même province reçoit aussi les eaux de la Mella, rivière de médiocre importance, dont le régime n'est pas constant. Elles sont distribuées au moyen de six petits canaux, le premier à droite, les cinq autres à gauche; ils sont distribués ainsi :

    1° Seriola Gambarese. . . . . 58 onces.
    2° Canale Celato. 3o
    3° Fiume Rova. 56
    4° Fiume Grande. 53
    5° Seriola Capriana. 45
    6° Seriola Morica. 35
                         ————
    Ensemble. . . . . . . 277 onces.

Enfin, elle profite encore des arrosages plus considérables que lui procure la Chiese; mais ils n'ont pas non plus la régularité désirable. Trois canaux s'alimentent dans cette rivière, le premier, qui est à sa droite, est le plus important.

    1° Naviglio. . . . . 23o onces.
    2° Seriola Lonata. 190
    3° Seriola Calcinata. 37
                         ————
    Ensemble. 457

Irrigations alimentées, dans la province de Bres-

cia, par les eaux de l'Oglio, de la Mella et de la
Chiese. . . . . 1.788 onces.

Eaux de source employées. . .   112

Volume total des eaux d'été consacrées aux irrigations. . . 1.900 onces.

Ce volume d'eau arrose, dans les mêmes circonstances que ci-dessus, environ 62.800 hectares.

Irrigations des provinces de Mantoue et Vérone.

La majeure partie des eaux qui arrosent le
territoire de Mantoue, sont dérivées du Mincio,
par le moyen du canal connu sous le nom de *Fossa
di Pozzolo*, qui remonte à une origne extrêmement
ancienne. La prise d'eau et les autres principaux
ouvrages de ce canal furent détruits dans la guerre
de 1630; de sorte que les eaux débordèrent sur les
campagnes où elles causèrent de grands dommages.
Les usagers de cette dérivation empruntèrent alors
une somme de plus 200.000 fr., pour subvenir
aux reconstructions et réparations nécessaires. En
1637, il y existait déjà 14 bouches, distribuant ensemble environ 200 onces d'eau; leur partage entre
les usagers se faisait par heure et en raison de
l'étendue des propriétés respectives, mais sans
qu'on suivît de règle bien fixe à cet égard. Des
règlements dont je parle dans le tome II, sont in-
tervenus ensuite pour régulariser cet usage.

La prise d'eau dans le Mincio est effectuée sur la
commune de Pozzolo, au sud de Mantoue, au moyen

d'un grand barrage de 420^m de longueur, formé de blocs et libages, revêtus de fortes dalles, la plupart en marbre, maintenus par des pieux de rive. Dans ce barrage, qui est établi très-obliquement sur l'un des bras de la rivière, il y a cinq déchargeoirs ayant ensemble 16 vannes de fond. La prise d'eau proprement dite, que l'on nomme l'ouvrage de Pozzolo (Edifizio di Pozzolo), consiste en une martellière de 8 vannes, ayant chacune, comme dans le Milanais, 0^m,87 de largeur. Aux abords et en aval de cette embouchure, sur une assez grande longueur, les rives du canal sont revêtues de perrés, les uns avec mortier, les autres à sec. Le canal de Pozzolo, qui a moyennement 10 à 12^m de largeur et un développement considérable se ramifie en plusieurs branches, au moyen desquelles ses eaux sont presque entièrement épuisées avant d'arriver au Pô, à la droite duquel elles aboutissent cependant.

Les territoires irrigables des provinces de Mantoue et de Vérone, confinent à de vastes marais; dans les années pluvieuses, on n'y pourrait presque rien récolter; mais la culture du riz, qui y a pris, depuis longtemps, une très-grande extension, donne des produits importants et y est extrêmement lucrative.

Outre le canal de Pozzolo, qui puise ses eaux dans le Mincio, les arrosages des provinces de Mantoue et Vérone s'alimentent de plusieurs rivières, dont les principales sont le Tartaro, le Tartarello, le Piganzo, le Tione, l'Essere, l'Esseretto, la Frasca, l'Osone, etc., auxquelles il faut joindre le lac de Derotta, et plusieurs sources importantes. 70 bouches, formant l'origine d'un pareil nombre de canaux secondaires, existent depuis une époque très-ancienne pour la distribution de ces eaux, qui a été réglée avec beaucoup de soin, attendu qu'elles se partageaient entre deux États différents, à l'époque où la province de Mantoue, appartenant toujours à l'empire d'Autriche, celle de Vérone était possédée par la république de Venise.

Je cite, dans le tome II, les dispositions réglementaires des traités conclus, à cet effet, entre ces deux gouvernements.

Les arrosages dont il s'agit se répandent principalement sur les communes de Castiglione, Médale, Giudizzolo, Cerasara, Goito, Rodigo et Custatone; les mêmes eaux servent aussi au roulement d'un grand nombre d'usines.

La superficie irriguée dans ces deux provinces est aujourd'hui d'environ 43.400 hectares, parmi lesquels on compte plus de 9.000 hectares de rizières.

Quoiqu'on y rencontre des colatures ou canaux destinés à recevoir le superflu des irrigations supérieures, les eaux de cette nature sont employées moins soigneusement que dans le Milanais.

Résumé des irrigations de la Lombardie.

En récapitulant les superficies arrosées : 1° dans le Milanais ; 2° dans les autres provinces de Lombardie, on trouve le résultat suivant :

1° *Dans le Milanais ,*

	En été.	En hiver.
C. du Tessin	31.500 h.	660 h.
C. de Bereguardo.	3.900	84
C. de Pavie.	3.600	160
C. de la Muzza	56.300	750
C. de la Martesana	22.000	456
Canaux secondaires dérivés de l'Adda, du Lambro, de l'Oloniste	2.280	260
Irrigations du Haut-Milanais . .	2.000	80
Eaux de sources employées soit directement, soit dans des canaux déjà existants . . .	13.600	480
Colatures. . . , ...	11.000	
Irrigations du Milanais. . .	146.180	3.430

2° *Dans les autres provinces :*

	En été.	En hiver.
Prov. de Bergame, Crema et Crémone.	62.000[h]	900[h]
P. de Brescia	62.800	700
P. de Mantoue et de Vérone. .	44.100	
Ensemble.	168.900	1.600
Total pour la Lombardie.	315.080	5.030
Soit en nombre ronds. .	315.000[h]	5.000[h]

Sur le total des irrigations d'été, il serait nécessaire de distinguer des cultures ordinaires les rizières, qui n'ont de rapport avec elles ni pour le mode d'arrosage ni pour les produits. Mais leur superficie, qui est variable d'une année à l'autre, n'est pas partout exactement connue. Cependant on peut approximativement évaluer ces rizières, au moins au 7e de la superficie totale indiquée ci-dessus, c'est-à-dire à 47.000 hectares. De sorte qu'il resterait encore 268.000 hectares en prairies et autres cultures, arrosables dans le même système.

J'avais d'abord l'intention de parler, à la fin de ce chapitre, des avantages produits par les irrigations en Italie. Mais quoique ce calcul ne puisse être donné que d'une manière approximative; il ne saurait être bien saisi qu'à l'aide des considérations pratiques contenues dans le tome II, et à la suite desquelles j'ai préféré le placer.

Qu'il suffise donc de savoir ici que les canaux de la Lombardie et du Piémont, sans compter les importants services qu'ils rendent à la navigation et aux usines, créent annuellement, par le seul fait des arrosages, une valeur de plus de trente-sept millions de francs.

FIN DU TOME PREMIER.

ERRATA.

P.   9, l. 27, *au lieu de* arrive à,—*lisez* : atteint.
P. 22, l. 29, *au lieu de* plus les eaux,—*lisez* : plus elles.
P. 35, l. 21, *au lieu de* porte romaine,—*lisez* : Porte Romaine.
P. 42, l. 13, *au lieu de* nombreux petits canaux,—*lisez* : divers canaux.
P. 42, l. 17, *au lieu de* de ces canaux,—*lisez* : d'entre eux.
P. 50, l. 26, *au lieu de* par les canaux,—*lisez* : par ceux.
P. 51, l. 5, *au lieu de* Martezana,—*lisez* : Martesana.
P. 56, l. 20, *au lieu de* très-accessoire,—*lisez* : accessoire.
P. 58, l. 16, *au lieu de* rempli,—*lisez* : atteint.
P. 85, l. 13, *au lieu de* navigables,—*lisez* : irrigables.
P. 129, l. 18, *au lieu de* irrigation,—*lisez* : arrosage.
P. 132, l. 3, *au lieu de* on Cateratta,—*lisez* : Con Cateratte.
P. 140, l. 2, *au lieu de* cette partie la plus méridionale, — *lisez* : ce lieu le plus méridional.
P. 158, l. 25, *au lieu de* Fraix,—*lisez* : Foix.
P. 166, l. 26, *au lieu de* grandes améliorations,—*lisez* : grands avantages.
P. 166, l. 26, *au lieu de* Narcite,—*lisez* : Marcite.
P. 179, l. 7, *au lieu de* compromettaient,—*lisez* : menaçaient.
P. 192, l. 26, *au lieu de* l'eau manqua,—*lisez* : elle manqua.
P. 214, l. 9, *au lieu de* avoir atteint ce but,—*lisez* : l'avoir atteint.
P. 221, l. 2, *au lieu de* riche,—*lisez* : neuf.
P. 241, l. 5, *au lieu de* considérables,—*lisez* : importants.
P. 241, l. 16, *au lieu de* rive droite,—*lisez* : rive gauche.
P. 243, l. 6, *au lieu de* prise d'eau,—*lisez* : saignées.
P. 245, l. 6, *au lieu de* pour les eaux du canal,—*lisez* : sur le canal.
P. 245, l. 17, *au lieu de* des canaux nouveaux,—*lisez* : des nouveaux.
P. 249, l. 2, *au lieu de* régence,—*lisez* : règne.
P. 250, l. 12, *au lieu de* l'administration royale, — *lisez* : l'administration.
P. 251, l. 21, *au lieu de* ces canaux,—*lisez* : ces dérivations.
P. 260, l. 11, *au lieu de* Corisio,—*lisez* : Carisio.
P. 262, l. 1, *au lieu de* traité, — *lisez* : tracé.
P. 274, l. 14, *au lieu de* l'un,—*lisez* : l'une.
P. 328, l. 24, *au lieu de* constitue,—*lisez* : représente.

TABLE

DES CHAPITRES DU TOME PREMIER.

INTRODUCTION.

LIVRE I.

CANAUX DU MIDI DE LA FRANCE.

LIVRE II.

CANAUX DU PIÉMONT.

LIVRE III.

CANAUX DE LA LOMBARDIE.

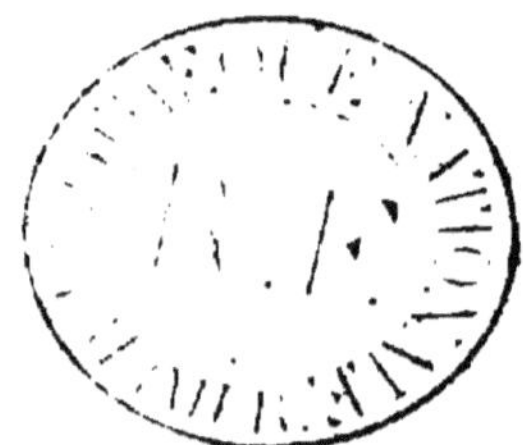